IMMANUEL BIRMELIN

MACHO ODER MIMOSE

So erkennen Sie die
Persönlichkeit Ihres Hundes und
schaffen eine **innige Bindung**

IMMANUEL BIRMELIN

MACHO
ODER MIMOSE

So erkennen Sie die
Persönlichkeit Ihres Hundes und
schaffen eine **innige Bindung**

Inhalt

Inhalt

DIE GU-QUALITÄTSGARANTIE

Wir möchten Ihnen mit den Informationen und Anregungen in diesem Buch das Leben erleichtern und Sie inspirieren, Neues auszuprobieren. Bei jedem unserer Produkte achten wir auf Aktualität und stellen höchste Ansprüche an Inhalt, Optik und Ausstattung.
Alle Informationen werden von unseren Autoren und unserer Fachredaktion sorgfältig ausgewählt und mehrfach geprüft. Deshalb bieten wir Ihnen eine 100 %ige Qualitätsgarantie.

Darauf können Sie sich verlassen:
Wir legen Wert auf artgerechte Tierhaltung und stellen das Wohl des Tieres an erste Stelle. Wir garantieren, dass:
• alle Anleitungen und Tipps von Experten in der Praxis geprüft und
• durch klar verständliche Texte und Illustrationen einfach umsetzbar sind.

Wir möchten für Sie immer besser werden:
Sollten wir mit diesem Buch Ihre Erwartungen nicht erfüllen, lassen Sie es uns bitte wissen! Nehmen Sie einfach Kontakt zu unserem Leserservice auf. Sie erhalten von uns kostenlos einen Ratgeber zum gleichen oder ähnlichen Thema. Die Kontaktdaten unseres Leserservice finden Sie am Ende dieses Buches.

GRÄFE UND UNZER VERLAG. *Der erste Ratgeberverlag – seit 1722.*

Jeder Hund
ist eine feinfühlige
Persönlichkeit

Wer ich bin, bin ich dank meiner lieben Mutter und meiner Hunde. Sie haben meine Persönlichkeit geprägt. Meine Mutter hat mich mit fünf Jahren auf den Hund gebracht. Sie schenkte mir einen Chow-Chow. Seitdem habe ich nie mehr ohne Hunde gelebt. Ich habe ihre Seelen berührt und sie die meine. Schon als junger Mensch erkannte ich, dass jeder Hund eine eigene Persönlichkeit hat – was alles andere als selbstverständlich ist. Die Wissenschaft beschäftigt sich erst seit wenigen Jahren mit der Persönlichkeit von Tieren. Aber bis heute ist ein Großteil unserer Gesellschaft nicht bereit, Tiere als Persönlichkeiten zu betrachten. Wenn es um gute Hundehaltung geht, liegt der Fokus häufig nur auf artgerecht. Dabei ist das Eingehen auf das individuelle Wesen ebenso wichtig wie Art und Rassezugehörigkeit. Gerade beim Erziehen und Ausbilden des Hundes wird seine Persönlichkeit viel zu wenig berücksichtigt. Die Hundehalter-Welt ist voll von Erziehungsrezepten. Glauben Sie nicht alles. Erst die richtige Prise Gefühl und Verstand schafft innige Nähe. Viel Spaß beim »Entdecken« Ihres Hundes!

Immanuel Birmelin

Der Persönlichkeit
auf der Spur

Selbst wenn alle Welpen eines Wurfes gleich aussehen, so hat doch jeder von ihnen eine eigene Persönlichkeit. Wem es gelingt, das Wesen seines Vierbeiners zu ergründen und entsprechend darauf einzugehen, der macht sich selbst und seinen Hund glücklich.

Ein Hund namens Felix

Felix war ein langhaariger Altdeutscher Schäferhund – ein wahrer Prachtkerl. Er hatte als einziger seiner Geschwister lange Haare und sah aus wie ein Kuschelbär. Schon aus diesem Grund fiel die Wahl meiner Frau und mir nicht schwer. Felix zog als neues Familienmitglied bei uns ein. Felix wurde gut sozialisiert und lernte das ABC der Hundeerziehung im Nu. Er war sehr neugierig, abenteuerlustig und verträglich – sowohl Artgenossen als auch Menschen gegenüber. Angst kannte er kaum. Unser vierbeiniger Liebling war ein verschmuster Draufgänger, der es liebte, hinter den Ohren gekrault zu werden. Acht Jahre lebten wir zusammen im Glück, aber dann, an einem Frühsommertag, geschah es. Felix wurde schwer krank. Er bekam starken Durchfall, konnte keine Nahrung mehr bei sich behalten und hatte hohes Fieber. Er war so geschwächt, dass er sich kaum noch bewegen konnte.
Die niederschmetternde Diagnose der Tierärzte: Felix litt an der gefährlichen Viruserkrankung Staupe. Diese Krankheit verläuft oft tödlich, wenn der Hund nicht dagegen geimpft ist. Doch vor 1960 gab es noch keine lebensrettende Impfung. Meine Frau, seinerzeit als junge Ärztin an der Uni-Klinik tätig, nahm den Kampf gegen die Krankheit auf. Ihre Mittel waren zu damaliger Zeit sehr begrenzt. Sie kochte Karottengemüse und

Suppe in allen erdenklichen Variationen und fütterte den Patienten Löffel für Löffel, bis der Durchfall endlich stoppte. Nach einer Woche intensiver Betreuung war der Kot von Felix wieder normal geformt. Unser Vierbeiner schien über dem Berg und erholte sich rasch. Doch die Freude währte nur kurz … Etwa vierzehn Tage später passierte es: Meine Frau trank stehend einen Kaffee in der Küche, als Felix aus heiterem Himmel anfing zu knurren. Ich nahm die Bedrohung gar nicht ernst, sondern las weiter in meinem Buch im Wohnzimmer. Küche und Wohnzimmer grenzten aneinander, die Tür stand offen. Plötzlich setzte Felix zielgerichtet zum Sprung an, mit der Absicht, meiner Frau in die Kehle zu beißen. Solch einen Angriff eines Hundes auf einen Menschen habe ich bis heute nie wieder gesehen. In allerletzter Sekunde konnte ich Felix am Schwanz packen und ihn von meiner Frau wegziehen. Ich ging auf Felix los und schrie ihn an. Glücklicherweise reagierte er auf mich. Er ließ von seinem Angriff ab. Nach dieser Attacke verhielt sich Felix wieder »normal«. Er ließ sich streicheln und beschmusen, als wenn nichts gewesen wäre. Doch meine Frau war enttäuscht. Sie hatte so viel Liebe, Kraft und Empathie in den kranken Felix gesteckt. Sollte dies der Dank sein?

Krankheit kann die Persönlichkeit verändern Nach ausgiebiger Recherche fanden wir heraus, dass das Staupevirus auch das Gehirn angreifen und schädigen kann. Die Folge sind schwere neurologische Erkrankungen. War dieser aggressive Angriff auf meine Frau eine Konsequenz der Erkrankung von Felix? Die Tierärzte waren dieser Meinung. Wir machten uns Sorgen, wie es mit uns dreien weitergehen sollte. Einige Tierärzte rieten uns, Felix einschläfern zu lassen, weil seine Aggressivität eine schlummernde Zeitbombe sei. Niemand wusste, welche Veränderungen in seinem Gehirn stattgefunden hatten, geschweige denn, wie man ihn heilen konnte. Mit einem mulmigen Gefühl im Bauch entschlossen wir uns, mit Felix weiterzuleben. Menschen griff Felix nicht wieder an. Aber seine Gelassenheit und Friedfertigkeit anderen Artgenossen gegenüber hatte er verloren. Er wurde ängstlicher und aggressiver, und manche Begegnung mit anderen Hunden endete in einer Keilerei. Der Friede war dahin. Felix lebte noch drei Jahre. Wir machten das Beste aus dieser Situation. Einige seiner Persönlichkeitsmerkmale wie Zuverlässigkeit, Fruchtlosigkeit und Neugierde waren verschwunden. Felix war nicht mehr der Alte. Seine Persönlichkeit hatte sich verändert. Die Persönlichkeit von Tieren war in jener Zeit für die Wissenschaft noch kein Thema. Der Wandel fand erst in den letzten zehn Jahren statt, als man sich der Tierpersönlichkeit mit neuen biochemischen und bildgebenden Verfahren näherte.

Wenn Medikamente Segen bringen Erst zwanzig Jahre nach meinem
Erlebnis mit Felix sah ich mich plötzlich wieder durch Cody, einen
Dalmatiner-Rüden, mit der Veränderung der Persönlichkeit konfrontiert.
Wir drehten gerade in den USA für unseren Film »Wenn die Tiere reden
könnten«. Cody lebte in einem Vorort von Philadelphia. Von einem Tag
auf den anderen änderte er sein Verhalten schlagartig. Er drehte sich im
Kreis und versuchte sich in den Schwanz zu beißen. Jede Einmischung in
sein sinnloses Tun beantwortete er mit Knurren und Schnappen. Seine
Besitzer Mike und Mary waren ratlos, entsetzt, hilflos und sehr traurig.
Kein Tierarzt der Umgebung konnte ihnen helfen. Durch Zufall hörten sie
von Doktor Karen Overall, einer Spezialistin für psychische Erkrankungen
bei Hunden. Karen Overall diagnostizierte bei Cody eine Zwangsneurose
(→ Seite 27) und verabreichte ihm ein Medikament, das auf die Psyche
der Hunde einwirkt. Dieses Medikament – ein Psychopharmakon – wurde im Tierversuch an Hunden erprobt und dann bei Menschen mit einer
Zwangsneurose erfolgreich eingesetzt. Auch bei Cody zeigte es Wirkung.
Nach einigen Tagen trat Besserung ein. Cody lief weniger im Kreis herum
und schnappte kaum noch nach seinem Schwanz. Er wurde vollständig
von seiner Zwangsneurose befreit, aber nicht geheilt, denn ohne die
Pille kommt es unweigerlich zu einem Rückfall. Oder anders ausgedrückt:
Nur mit der Pille kann Cody seine Persönlichkeit stabilisieren. Ohne sie
bricht das chemische Gebäude seines Gehirns ein, und er ist ein anderer.

Wo die Persönlichkeit verankert ist

Die Persönlichkeit von Mensch und Tier ist im Gehirn verankert. Unterschiedliche Gehirnteile arbeiten zusammen, um aus einem Organismus
eine Persönlichkeit entstehen zu lassen. Aber darüber später mehr, wenn
wir uns mit dem Aufbau des Menschen- und Hundegehirns beschäftigen
(→ Seite 34). Zuerst wollen wir der Frage nachgehen: Was versteht man
unter Persönlichkeit, und wie kann man die Persönlichkeit von Menschen
und Tieren erfassen?
Der Verhaltensphysiologe und Hirnforscher Gerhard Roth schreibt in
seinem Buch »Persönlichkeit, Entscheidung und Verhalten«: »Menschen
zeigen in dem, was sie tun, ein zeitlich überdauerndes Muster. Dies
nennen wir ihre Persönlichkeit. Sie ist eine Kombination von Merkmalen
des Temperaments, des Gefühlslebens, des Intellekts und der Art zu
handeln, zu kommunizieren und sich zu bewegen. Personen unterscheiden sich gewöhnlich untereinander in der Art dieser Kombinationen.

SCHON GEWUSST ?

Europäische Jäger und
Sammler haben vor etwa
19.000 bis 32.000 Jahren
als erste Menschen Hunde
gehalten. Das fanden
finnische Forscher heraus.
Zuvor vermutete man den
Ursprung der Hunde in
Ostasien. Doch nachdem
DNA-Proben von Hunden
und Wölfen, die vor 1000
bis 36.000 Jahren lebten,
und heute lebenden Hun-
den und Wölfen verglichen
wurden, spricht vieles dafür,
dass der Ursprung der heutigen Hunde Europa ist.

Zur Persönlichkeit gehören insbesondere die Gewohnheiten, das heißt die Art und Weise, wie sich eine Person normalerweise verhält.« (→ Literatur, Seite 236) Folgt man dieser Definition, fällt es einem nicht schwer, Tieren eine Persönlichkeit zuzuordnen.

Für Hundehalter steht es außer Frage, dass ihr Vierbeiner eine Persönlichkeit besitzt. Sie zweifeln keine Minute daran, denn täglich setzen sie sich bewusst oder unbewusst mit ihr auseinander – manchmal mit Freude, manchmal mit Ärger.

Aber warum haben sich die Verhaltenswissenschaftler so schwergetan, die Persönlichkeit der Tiere zu untersuchen? Es ist doch ein zentrales und spannendes Forschungsgebiet und führt zu einem tieferen Verständnis unserer Mitgeschöpfe. Das hat mehrere Gründe:

Individualität oder Persönlichkeit erschwert die Forschungsarbeit. Viele wissenschaftliche Erkenntnisse, Regeln und Gesetze gelten nämlich nur unter Ausblendung der persönlichen Eigenschaften des untersuchten Lebewesens. Erkenntnisse, die unter bestimmten Bedingungen durch Einzelbeobachtungen an Individuen gewonnen wurden, sind nicht problemlos zu verallgemeinern. Es fehlt die statistische Überprüfung, daher ist das Weglassen individueller Unterschiede oft notwendig, um überhaupt Zusammenhänge erkennen zu können.

Die Eigenschaften einer tierischen Persönlichkeit zu erfassen, ist sehr schwierig, denn die Definition von Gerhard Roth erklärt zwar, was eine Persönlichkeit ausmacht, aber sie sagt nichts über die Persönlichkeitseigenschaften, sprich Merkmale aus.

Auf der Suche nach den »Big Five«

Ein schwerer und langer Weg Forschung lag vor den Persönlichkeitsforschern – gleich, ob sie nun Mensch oder Tier ergründen wollten. Ein erster, aber wichtiger Schritt war die Erkenntnis, nicht individuelle Persönlichkeitsmerkmale für sich alleinstehend zu bestimmen oder zu messen, sondern zu fragen, in welchen Persönlichkeitsmerkmalen Menschen sich quantitativ und qualitativ voneinander unterscheiden. Die jahrelange Suche nach den sogenannten »Big Five« hatte begonnen. Zunächst wurden aus gängigen Lexika alle nur erdenklichen Wörter gesucht, mit denen menschliche Eigenschaften beschrieben wurden. Aus der Vielzahl der Wörter und Begriffe blieben die »Big Five« übrig. Die Mehrzahl der Psychologen und Verhaltensforscher sind der Auffassung, dass durch die »Big Five« die Persönlichkeit am ehesten beschrieben wird. Was verbirgt sich hinter den »Big Five«?

TIPPS & TRICKS

Die individuelle Persönlichkeit des Hundes ist wichtiger als seine Rassemerkmale. Ein ängstlicher Hund braucht beispielsweise sehr viel Zuspruch und Zuwendung. Ein forscher Hund dagegen muss ab und zu gebremst werden.

▸ Wer die Persönlichkeit seines Vierbeiners erkennt und entsprechend darauf eingeht, tut sich mit dessen Erziehung leichter.

Es sind fünf Merkmalsbereiche oder Verhaltensdimensionen, die durch die Angaben ihrer gegensätzlichen Extremformen charakterisiert sind. Allerdings gibt es dazwischen viele Abstufungen.

Verträglichkeit – Unverträglichkeit Sie bezeichnet im positiven Sinn die Eigenschaften: mitfühlend, nett, bewundernd, herzlich, warm, großzügig, vertrauensvoll, hilfsbereit, nachsichtig, kooperativ, feinfühlig. Und im negativen Sinn: kalt, unfreundlich, streitsüchtig, hartherzig, grausam und knickerig.

Extraversion – Introversion Diese Persönlichkeit ist: selbstsicher, energisch, offen, dominant, sozial und abenteuerlustig. In ihrer negativen Ausprägung: reserviert, still, scheu und zurückgezogen (→ Seite 27).

Offenheit – Verschlossenheit Sie umfasst die positiven Eigenschaften: interessiert, originell, wissbegierig, begeisterungsfähig und neugierig.

Negativ besetzt dagegen: wenig interessiert, Angst vor Neuem, intellektuell eng, einseitig.

Emotionale Stabilität – Emotionale Instabilität (= Neurotizismus)
Im positiven Sinn: selbstsicher, wenig anfällig für Zweifel und negative Gefühle, stabil. Negativ betrachtet: instabil, mutlos und schnelles Resignieren.

Gewissenhaftigkeit – Nachlässigkeit Positiv gesehen: organisiert, sorgfältig, planend, berechenbar. Negativ gesehen: unorganisiert, sorglos, zerstreut, unzuverlässig und unordentlich.

Natürlich ist das Modell der »Big Five« nicht unumstritten, weil es den Eindruck erweckt, dass eine Person mithilfe von fünf starren etikettierten Schubladen charakterisiert wird. Aber dem ist nicht so. Die Persönlichkeitsforscher sind sich durchaus bewusst: Es gibt jeweils unzählige Unterschubladen und fließende Übergänge. Diese Kategorisierung wurde rein quantitativ und statistisch gewonnen. Über die neurobiologischen Vorgänge in unseren Köpfen sagt sie aber nichts aus.

Persönlichkeitsmerkmale der Tiere

▸ Ein Persönlichkeitsmerkmal meines Berner Sennenhundes Rico ist die Angst. Selbst jedem Artgenossen nähert er sich nur mit eingeklemmtem Schwanz.

In der Persönlichkeitsforschung des Menschen hat man in den letzten Jahren große Fortschritte gemacht. Aber wie steht es mit der Erforschung der tierischen Persönlichkeit? Dem amerikanischen Psychologen Samuel D. Gosling von der Universität Berkley in Kalifornien gelang es, eine Brücke über den tiefen Graben der Psychologie und Verhaltensbiologie zu bauen. Ob die Brücke hält, wird die Zukunft zeigen. Aber erste wesentliche Schritte wurden getan. Gott sei Dank, denn wer Zugang zur

Persönlichkeit seines Hundes hat, hält den Schlüssel für dessen Wohlbefinden und Gesundheit in der Hand. Warum das so ist, werden wir im Einzelnen noch genau besprechen. Aber so viel sei vorweg gesagt: Sowohl Mensch als auch Hund geht es besser, und der Mensch erspart sich viel Ärger und Zeit bei der Ausbildung seines Tieres. Beide wachsen harmonisch zusammen. Insofern ist die Arbeit von Samuel D. Gosling nicht hoch genug einzuschätzen (→ Literatur, Seite 236).
Gosling hat sich die Mühe gemacht, die Literatur zu durchforsten. Akribisch suchte er nach Berichten, in denen tierische Persönlichkeiten beschrieben wurden. Die Wissenschaftler fragten sich: Was sind die wesentlichen Persönlichkeitsmerkmale der Tiere? Sie versuchten das in der Psychologie erfolgreiche Modell der »Big Five« auf die Tiere zu übertragen. Ihre Mühe hat sich gelohnt. Sie fanden bei den unterschiedlichsten Tierarten wie Schimpansen, Gorillas, Hyänen, Schweinen, Ratten, aber auch unter Vögeln, Fischen (Guppys) und Kraken Persönlichkeitsmerkmale, die man den »Big Five«-Kategorien zuordnen konnte. Natürlich kann man dieses Modell nicht eins zu eins auf die restliche Tierwelt übertragen. Bei Einzelgängern wie bei Hauskatzen oder Orang-Utans, einer Menschenaffenart, wird der Faktor Verträglichkeit innerhalb der Art eine untergeordnete Rolle spielen. Bei Schimpansen, unseren nächsten Verwandten, passt das »Big Five«-Modell von allen Tieren am besten. Und wie weit ist das »Big Five«-Modell bei unseren Hunden anwendbar?

Rico, der Schwierige

Antworten darauf geben Flocke, ein Schäferhundmix, Barry, eine Bernhardinerhündin, Robby, ein Retriever, und Rico, ein Berner Sennenhund. Mit Rico machte ich die schrecklichste und traurigste Erfahrung, die ich je mit einem Tier hatte. Er war der erste Hund, den ich mir als Kind selbst aussuchen durfte. Ein Freund meiner Eltern schwärmte von Berner Sennenhunden. Er erzählte mir, wie treu und anhänglich diese Hunde sind. Bis zu diesem Zeitpunkt hatte ich nur Erfahrung mit älteren Chow-Chows, die sehr selbstständig sind und ihren eigenen Dickkopf haben. Für einen 11-jährigen Jungen keine geeigneten Partner. Ich träumte von einem Berner Sennenhund. Diese Rasse war Ende der 1950er-Jahre ausgesprochen selten in Deutschland. Aber der Zufall half. In unserer »Badischen Zeitung« wurden Berner Sennenhunde zum Kauf angeboten – 700 Kilometer entfernt von unserem Wohnort, in Hannover.
Rico wurde vom Züchter in eine Transportkiste gepackt und mit dem Zug nach Freiburg geschickt.

Völlig verängstigt, mit eingezogenem Schwanz, sah er uns an, als wir die Transportkiste öffneten. Er gab keinen Ton von sich. Wir führten seine Angst auf den Transportstress zurück und dachten uns nicht viel dabei. Zu Hause hatten wir alles vorbereitet, Schlafecke mit Decke im Flur unserer Wohnung, Futter, Wasser und ein Seil, an das wir mehrere Zweige zum Spielen angebunden hatten. Spielsachen für Hunde gab es in jener Zeit noch nicht. Meine Mutter und ich waren guten Mutes. Wir versuchten, Rico zu streicheln, aber jeder Annäherung wich er aus und rannte davon. Wir gaben ihm Zeit, sich an die neue Umgebung zu gewöhnen, wir drängten ihn nicht. Als sich Ricos Verhalten nach einer Woche immer noch nicht änderte, wurden wir stutzig. Er ließ sich nur durch Futter anlocken, nahm es vorsichtig, aber schnell zwischen die Zähne und rannte davon. Rico reagierte wie ein wilder Fuchs oder Wolf. Auch nach drei Wochen änderte sich sein Verhalten nicht. Um mit ihm spazieren zu gehen, musste man ihn einfangen und anleinen. Mit eingezogenem Schwanz und vollkommen ängstlich näherte er sich anderen Hunden. Artgenossen und Menschen mied er. Dennoch war er an der Umwelt interessiert. Riechend und hellwach untersuchte er die Felder, die mein Elternhaus umgaben. Leider konnte man ihn nur selten von der Leine lassen, weil immer die Gefahr bestand, dass er wegrannte. Auf Zuruf reagierte er nur, wenn er hungrig war und ich ihm etwas zu fressen gab. Ich war verzweifelt. Rico bekam all meine Liebe und Kraft. Immer und immer wieder versuchte ich, ihn zu streicheln, und ging, sooft ich konnte, mit ihm spazieren. Ein Zusammenleben mit ihm in der Wohnung war auf die Dauer nicht möglich, denn er wurde nie stubenrein. Nach sieben Monaten vergeblichen Versuchen, sein Vertrauen zu gewinnen, ließ mein Vater einen großen Zwinger auf dem Fabrikgelände bauen. Ich hatte den Eindruck, dass Rico sich im Zwinger wohler fühlte. Hier war er frei von menschlicher Belästigung. Trotz leichter Besserung blieb Rico zeitlebens ein scheuer, ängstlicher Hund und mied die Menschen.

Waren Menschen Rico fremd? Eine eindeutige Antwort auf Ricos Verhalten gibt es nicht, aber Hypothesen, die sein Verhalten erklären können. In ihren Experimenten konnten die Forscher Scott, Fuller und Freedman zeigen, dass Hunde Menschen meiden, wenn sie im Alter von neun bis 14 Wochen keinen Kontakt mit Menschen hatten. Hunde müssen frühzeitig lernen, was Menschen sind. Fehlt ihnen die Erfahrung, dass Menschen Teil ihrer sozialen Umwelt sind, entwickeln sie keine Vorstellung für den Umgang mit Menschen. Das Fenster, in dem gelernt wird, was Menschen sind, ist nur in einer ganz bestimmten Entwicklungsphase geöffnet. Dieses Zeitfenster ist maßgeblich für die Prägung eines

Bei der Auswahl eines Welpen sollten Sie genauestens darauf achten, dass der Kleine gut sozialisiert ist. Er sollte unbedingt Kontakt zu verschiedenen Menschen und Artgenossen gehabt haben und mit vielen Umweltreizen vertraut sein.

▸ »Hier bin ich der Größte.« Robby, der Retriever, fühlt sich im Wasser besonders wohl und sicher. An Land wirkt er dagegen eher unsicher.

Tieres. All dies wusste man zu der Zeit, als ich Rico bekam, noch nicht. Die Entdeckung der Prägung durch den Nobelpreisträger Konrad Lorenz fand erst später statt. Die Prägung ist ein spezifischer Lernvorgang, der dadurch gekennzeichnet ist, dass man das Gelernte kaum vergisst und dass der entsprechende Lernvorgang nur in einer bestimmten Entwicklungsphase stattfindet. So müssen etwa die australischen Zebrafinken in ihrer Kindheit die Merkmale lernen, wie ihr späterer Sexualpartner aussieht. In diesem Fall spricht man von sexueller Prägung. Die Sozialisation des Hundes mit dem Menschen ist ein prägungsähnlicher Vorgang, von dem man Mitte der 1950er-Jahre noch keine Vorstellung hatte. Vermutlich hatte Ricos Züchter keinen Kontakt zu seinen Welpen, und sie hatten nie einen Menschen in der wichtigen Prägungsphase zu Gesicht bekommen. Das würde Ricos Verhalten weitgehend erklären, allerdings nicht seinen Umgang mit Artgenossen. Warum mied er auch sie?

War Rico ein Autist? Ich stelle eine gewagte Hypothese auf, denn ich vermute, Rico war ein tierischer Autist. Für Autisten ist der Umgang mit anderen Menschen schwierig. Viele meiden Blick- und Körperkontakt und können Mimik und Gestik nur schlecht deuten. Neben Kommunikationsstörungen gehören dazu auch Wiederholungen bestimmter Bewegungen und Wortäußerungen. Ob Tiere Autisten sein können, ist heute noch eine Streitfrage. Die Pharmaindustrie ist da schon weiter. Sie hat Mäuse geschaffen, die autistische Merkmale aufweisen. Die Versuchsmäuse putzen sich unaufhörlich, andere hüpfen ständig auf der Stelle, und sie zeigen kein Interesse an Käfiggenossen. An diesen Tieren versucht man Medikamente zu entwickeln, die die Symptome des Leidens erleichtern. Erste Erfolge sind schon zu verzeichnen, zumindest bei Mäusen. Wie immer der Streit auch ausgeht, ich bin überzeugt, Rico war einer der seltenen Fälle eines autistischen Hundes, denn er mied nicht nur Menschen, sondern auch Artgenossen.

SCHON GEWUSST ?

Hunde verstehen und nutzen die Gesten des Menschen besser als Schimpansen. Das fanden Forscher des Max-Planck-Instituts Leipzig heraus. Keiner der Menschenaffen konnte etwas mit der Zeigegeste des Menschen anfangen. Die Hunde dagegen achteten auf die Geste und brachten den Gegenstand, auf den der Mensch gezeigt hat.

Barry, der Fels in der Brandung

Nachdem es mir nicht gelungen war, das Eis zwischen Rico und mir zu brechen, kauften mir meine Eltern einen zweiten Hund: einen Bernhardinerwelpen namens Barry. Die ganze Familie war hin und weg. Jeder knuddelte dieses kuschelige, 14 Wochen alte Bernhardinermädchen. Der Einzige, der Barry links liegen ließ, war Rico. Er nahm keine Notiz von ihr, und das blieb auch so. Barry war in allen Punkten das Gegenteil von Rico. Sie war anhänglich, zutraulich, selbstbewusst und frei von jeglicher Angst. Sie war ein Bilderbuchhund – eine Hundepersönlichkeit, wie man sie selten findet. Wendet man auf sie das »Big Five«-Modell an, so stellt man fest, dass vier von fünf Persönlichkeitsmerkmalen bei ihr zutreffen.

Verträglichkeit Barrys Verträglichkeit machte das Leben mit ihr leicht. Man musste nie Angst haben, dass sie nach anderen Hunden oder Menschen schnappte. Auf sie war hundertprozentig Verlass. Meine ein- bis dreijährigen Nichten und Neffen turnten auf ihr herum. Selbst wenn sie ihr mit ihren kleinen Händen ins Maul fassten oder sie am Schwanz zogen, ließ sie sich nicht aus der Ruhe bringen.

Extraversion Die Bernhardinerhündin kannte ihre Stärke genau und verhielt sich Artgenossen gegenüber selbstsicher und dominant – immer bereit, mit ihnen auf Entdeckungstouren zu gehen. Einmal musste sie ihre Abenteuerlust fast mit dem Leben bezahlen. Barry spazierte mit einem befreundeten Hund in das anliegende Trinkwasserschutzgebiet. Ein Jäger hatte nichts Besseres zu tun, als auf sie zu schießen. Zum Glück wurde sie nur schwer verletzt und konnte sich mit aller Mühe die etwa einen Kilometer lange Strecke nach Hause schleppen. Aber der Schock oder die Anstrengung waren so groß, dass sie fast alle Haare verlor und selbst der einst buschige Schwanz kahl war. Es ist nicht selten, dass der Körper von Mensch und Tier so auf einen extremen Schock reagiert. Nachdem die Schrotsplitter aus ihrem Körper entfernt wurden, erholte sich Barry rasch. Sie war wieder die Alte und hatte auch keine Angst vor Schüssen.

Offenheit Barry war sehr lernfreudig. Ihre Neugierde entzückte die Arbeiter in der Fabrik meines Vaters. Oft schlenderte sie durch die Fabrikhalle und beschnupperte die Maschinen. Welcher Hund interessiert sich schon für Maschinen? Ihr besonderes Interesse galt einer großen Zugmaschine, die zur Herstellung von Kerzen diente. Die Maschine bestand aus zwei großen Trommeln, die im Abstand von etwa fünf Metern angeordnet waren. Auf beiden Trommeln war Kerzendocht aufgespannt, der durch die Bewegung der Trommel durch ein flüssiges Wachsbad gezogen wurde. Eines Tages siegte die Neugier über die Vorsicht. Barry hüpfte in das Wachsbad. Glücklicherweise war das Wachs nicht heiß. Mit »Wachsbeinen« stand sie vor den Arbeitern und schaute sie Hilfe suchend an.

Emotionale Stabilität Wie stabil ihr Nervenkostüm war, demonstrierte Barry wahrlich in einer Feuerprobe. Durch menschliches Versagen brannte die Fabrik bis auf die Grundmauern ab. Dabei explodierten Gasflaschen, und drei Menschen kamen ums Leben. Meine Schwester behielt die Nerven. Sie rannte zum Zwinger, um Rico und Barry zu befreien. Doch nur Barry kam ihr entgegen, Rico dagegen flüchtete in das Gartenhaus, seinem Schlaf- und Ruheraum. Noch so häufiges lautes Rufen half nicht: Rico blieb im Gartenhaus. Selbst als meine Schwester beherzt ins Gartenhaus eintrat und ihn hinausjagen wollte, bewegte er sich nicht von der Stelle. Diese Instinkthandlung wurde ihm zum Verhängnis. Rico verbrannte. Barry dagegen zeigte keinerlei Panikreaktion oder Angst. Brav folgte sie meiner Schwester an einen sicheren Ort.

Zum Punkt Gewissenhaftigkeit Ob Hunde gewissenhaft sind, glaube ich nicht, denn das würde voraussetzen, dass sie ihr Handeln planen und berechnen und im Kopf durchspielen, wie effektiv und wirkungsvoll ihr Tun ist. Das traue ich Hunden nicht zu, obwohl wir in unseren eigenen Versuchen zeigen konnten, dass Hunde eine Vorstellung von dem haben, was sie tun. Ich glaube, es ist ein großer Unterschied zu wissen, was man tut, oder zu wissen, wie man es tut.

Im Hinblick auf den Beschützerinstinkt Barry zeigte ein Persönlichkeitsmerkmal, das zwar bei Hunden unterschiedlich stark entwickelt ist, aber zum Wesen eines Hundes gehört: sein Frauchen oder Herrchen zu beschützen. Bei Menschen ist diese Eigenschaft nicht so ausgeprägt, daher wurde sie im »Big Five«-Modell nicht berücksichtigt. Barrys

»Schutztrieb« war enorm. Sie verteidigte mich gegen jedermann, auch gegen meinen Bruder.

Mein Bruder war acht Jahre älter als ich, und wir bekamen wegen einer Lappalie einen fürchterlichen Streit. Mein Bruder schlug auf mich ein. Als Barry dies bemerkte, rannte sie zähnefletschend und knurrend herbei. Sie baute sich mit ihren 65 Kilo und gesträubten Nackenhaaren vor meinem Bruder auf, ihre Eckzähne funkelten. Mein Bruder verstand die Botschaft und schlich mit abgewendetem Kopf leise aus dem Zimmer. Ich verbrachte jede freie Minute mit Barry. Zusammen durchstreiften wir die Wälder und waren immer auf Entdeckungstour. Barry legte den Grundstein meiner lebenslangen Liebe zu Hunden.

Wisla und Robby

Wisla, die Bernhardinerhündin, ist die schillerndste Hundepersönlichkeit, die mir je begegnet ist. Wisla kam erst im Alter von 18 Monaten in unsere Familie. Hierzu gehörte schon seit Jahren Robby, ein lieber und manchmal sturer Retriever. Robbys Lebenselixier war das Wasser. Hier war er der König. Im Alltagsleben jedoch konnte er sich gegen die meisten Rüden nicht behaupten, sondern ordnete sich ihnen freiwillig unter. Im Wasser aber drehte Robby den Spieß um, gab sich mutig und draufgängerisch. Rüden, vor denen er Angst hatte, riss er im Wasser den Spielstock aus dem Maul und knurrte sie an. So lern- und begriffsstutzig Robby an Land war, so clever verhielt er sich im Wasser. Er tauchte sogar nach Gegenständen unter Wasser. Wisla und Robby vertrugen und respektierten sich bis zu jenem Tag …

Auf Gefühle eingehen Meine Frau und ich kehrten von einer Afrikareise zurück. Schwanzwedelnd und bellend wurden wir von unseren beiden daheimgebliebenen Vierbeinern begrüßt. Robby drückte sich temperamentvoll an Wisla vorbei, um als Erster die Streicheleinheiten zu empfangen. Die Reaktion von Wisla kam prompt. Sie schnappte nach Robby und attackierte ihn. Ich ging sofort dazwischen und brüllte sie an. Wisla erschrak und ließ von Robby ab. Mir war klar, dass ich die beiden nicht mit ihren Gefühlen alleinlassen konnte, weil sich sonst später vielleicht Feindschaft unter ihnen ausbilden könnte. Wisla mit dem Gefühl der Eifersucht, Robby mit dem Gefühl der Angst. Nach dem Streit rief ich die beiden Tiere zu mir, streichelte sie mit der rechten bzw. mit der linken Hand, sprach mit ihnen und drückte sie an mich. Ziel meiner Handlung war, Robby Sicherheit und Geborgenheit zu vermitteln und Zuneigung zu zeigen. Und Wisla sollte spüren, dass sie von uns geliebt und nicht

TIPPS & TRICKS

Ein älterer Hund, der neu in Ihre Familie kommt, braucht Zeit, seine neue Umgebung und für ihn fremde Menschen kennenzulernen. Begegnen Sie unerwünschtem Verhalten nicht gleich mit Härte und Strafe. Erst wenn das Tier eine Bindung zu Ihnen aufgebaut hat, können Sie sein Verhalten durch Belohnung verändern.

▶ Das Charakteristische der meist selbstbewussten Chow-Chows sind ihre blaue Zunge, die Lefzen und der Gaumen.

zurückgesetzt wird, aber Robby nicht angreifen darf. Die beiden Vierbeiner vertrugen sich wieder – zumindest ein Jahr lang.

Dann trat ein schlagartiger Wandel im Verhalten von Wisla ein. Wir kehrten von einer Reise zurück. Meine Frau und ich freuten uns auf unsere Vierbeiner, nicht so Wisla auf uns, besser gesagt auf mich. Mit grimmigem Gesicht, gefletschten Zähnen und knurrend kam sie auf mich zu. Ich war fassungslos, aber nicht ängstlich, blieb stehen, wich keinen Zentimeter zurück und redete mit liebkosenden Worten auf Wisla ein, um ihre Aggression zu mindern. Es half nichts. Als Wisla jedoch meine Frau erblickte, stürmte sie auf sie zu und begrüßte sie freudig. Mich ließ sie im wahrsten Sinne des Wortes links liegen. War dieses Verhalten ein Machtspiel um die Alphaposition (→ Wissen kompakt, Seite 27), wie viele Hundetrainer glauben? Oder war es die Wut, dass ich sie so lange alleine gelassen hatte. Nach etwa fünf bis zehn Minuten wandelte sich ihr aggressives Verhalten in Zärtlichkeit um. Sie leckte mich an den Händen, sabberte mir ins Ohr und sprang um mich herum. Wir waren wieder ein Herz und eine Seele. Ich halte es für falsch, in solch einer Situation auf der Alpharolle zu bestehen, denn verletzte Gefühle werden durch Herausstellen der Dominanz nicht geheilt. Nach meiner Auffassung war Wisla enttäuscht, dass ich sie alleine ließ. Wisla hat mich vermisst und litt darunter. Da sie zu mir die stärkste Bindung hat, wurde meine Frau verschont. Zugegeben, das ist eine sehr menschliche Sicht des Sachverhalts, aber vieles spricht dafür.

Wisla für ihr Verhalten zu bestrafen oder zu rügen, halte ich für falsch. Bei Kindern würde niemand auf die Idee kommen, sie zu tadeln, wenn sie bei der Rückkehr der Eltern mürrisch reagieren. Und das ist gut so, denn ob Kind oder Hund – beide befinden sich im Zwiespalt der Gefühle. Einerseits beherrscht sie die Freude des Wiedersehens, andererseits die Wut, verlassen worden zu sein. Wisla zeigt ihre Gefühle deutlich. Sie knurrt, bleibt wie angewurzelt stehen, und ihre gesamte Mimik verrät ihre Wut. Nur bis zum Schwanz reicht ihre Wut nicht, denn der verrät etwas anderes, nämlich Freude. Sie wedelt mit dem Schwanz. Man sieht ihr den Konflikt an. Währenddessen spreche ich mit ihr, bis sich der Knoten löst. Erst nach etwa zehn Minuten ist der Spuk vorbei, denn offenbar braucht das Gefühl ihrer Wut so lange, um sich zu verflüchtigen.

Das Verlassenwerden ist für Wisla ein großes Problem, obwohl während unserer Abwesenheit nur Personen in unserem Haus wohnen, die sie liebt – wie etwa Corina. Doch meine Frau und ich akzeptieren und respektieren Wislas Verhalten uns gegenüber, weil es Teil ihrer Persönlichkeit ist. Und die möchten wir auf keinen Fall verändern.

Wislas Vorgeschichte Marianne und Kim sind Dänen. Sie haben Wisla als Welpen gekauft und großgezogen. Obwohl sie Wisla sehr liebten, mussten sie das Tier abgeben, denn ihre gesamte Zeit verschlang ihr geistig und körperlich behinderter Sohn. Insgeheim hofften sie, dass der Hund dem Jungen helfen könnte, aber dem war leider nicht so. Zwei Jahre später besuchten Marianne und Kim Wisla bei uns in Freiburg. Würde Wisla die beiden freudig begrüßen oder aggressiv reagieren? Als Wisla Kim und Marianne in einer Entfernung von etwa 30 Metern bemerkte, stutzte sie und blieb stehen. Kim rief sie auf Dänisch beim Namen. Wisla ging vorsichtig einige Meter auf die beiden zu, machte dann aber wie von der Tarantel gestochen kehrt und rannte zurück zu meinem Auto. Sie hatte Marianne und Kim erkannt, wollte aber nichts mehr mit ihnen zu tun haben. Als ich Wisla anleinte und sie zu Marianne und Kim zurückführte, schaute sie in eine andere Richtung. Und als Kim sie am Rücken streicheln wollte, duckte sie sich weg. Diese Verhaltensweise kannte ich bis dahin von Wisla nicht. Normalerweise knurrt sie, wenn sie Personen nicht mag. Doch Wisla ist eben eine Persönlichkeit , die nicht in unsere übliche Denkschablone von Hunden passt. Vielleicht ist die frühere Trennung von Marianne und Kim die Ursache für ihr aggressives Verhalten, wenn ich von einer Reise zurückkehre. Der Begriff Trennungs- schmerz verdeutlicht, wie sehr ein Tier unter solch einer Situation leidet. Bei Graugänsen haben Professor Kotrschal und sein Team von der Uni Wien festgestellt, dass die Stresshormone ansteigen, wenn man den Ganter von seiner Gans trennt. Der Hormoncocktail im Blut verändert sich. So ähnlich stelle ich mir auch die biochemischen Vorgänge in Wislas Kopf vor.

Wisla und die Männer Wisla und Robby respektierten sich zwar, aber von großer Liebe keine Spur. Beide waren im besten Alter, sich fortzu- pflanzen, als sie zusammentrafen. Ich wollte keinen der beiden Hunde kastrieren lassen, doch Hundekinder wollte ich auch nicht. Insgeheim hoffte ich, dass Wisla Robby verschmähte. Doch gibt es überhaupt Sympathie und Antipathie zwischen Rüde und Hündin, wenn es um den Fortpflanzungstrieb geht? Wisla beantwortete die Frage eindeutig. Sie ist alles andere als ein triebgesteuerter Roboter, der keine Wahl- und Entscheidungsmöglichkeiten hat. Wisla verschmähte Robby. Sie ließ sich nicht von ihm decken. Wenn er versuchte aufzureiten, knurrte sie ihn unmissverständlich an und schnappte nach ihm – jedes Mal, wenn er es bei ihr versuchte. In den vielen Jahres ihres Zusammenlebens wehrte Wisla Robby immer ab. Andere Rüden dagegen hätten – ohne mein Eingreifen – leichtes Spiel bei Wisla gehabt. Ihre Abneigung oder Zuneigung beschränkte sich aber nicht nur auf Artgenossen, sondern auch auf Menschen. Einem alten Studienfreund meiner Frau verwehrt Wisla knurrend und bellend den Eintritt in unser Haus. Es dauert etwa fünf bis zehn Minuten, bis ich ihr klargemacht habe, dass dieser Mensch willkommen ist. Ich nehme Wisla am Halsband und sage mit scharfer eindeutiger Betonung »Stopp!«. Zwischendurch will ich Vertrauen gewinnen, indem ich ruhig auf sie einrede und ihr erkläre, dass er unser Freund ist. Mit der freien Hand klopfe ich ihm auf die Schulter. Hat sie verstanden, brauche ich den ganzen Abend nicht zu befürchten, dass sie ihn attackiert. Sie mag unseren Freund nicht, die Frage ist nur, warum. Er kann mit Tieren nichts anfangen, sie interessieren ihn nicht. Vielleicht spürt Wisla das. Andere Freunde sind auf Anhieb willkommen und werden schwanzwedelnd begrüßt ...

SCHON GEWUSST ?

Ihre Chef-Stellung in der Mensch-Hund-Beziehung wird nicht gefährdet, wenn Sie Ihren Hund im Spiel gewinnen lassen. Wis- senschaftler führten mit Besitzer und Hund einen Wettkampf im Tauziehen durch. Gleich, wie oft der Besitzer oder der Hund gewann, an den Dominanz- verhältnissen änderte sich daraufhin nichts.

Begegnung mit der Wissenschaft

Kein Zweifel – alle meine Hunde waren und sind unverwechselbare Persönlichkeiten und besondere Charaktere. Und für sie alle gilt, was Gosling in seinen Studien an Hunden feststellte: dass das Persönlichkeitsmerkmal Gewissenhaftigkeit (= conscientiousness) bei Hunden nicht existiert (→ Seite 16). Wer aber die Berichte und Veröffentlichungen unterschiedlicher Tierarten nach Persönlichkeitsmerkmalen durchforstet, wie es Gosling und sein Team getan haben, stellt fest: Um den Tieren gerecht zu werden, muss das »Big Five«-Modell um zwei Merkmalskomplexe erweitert werden – und zwar um Dominanz und Aktivität (→ Literatur, Seite 236). Die Dominanzbeziehungen im Hunderudel spielen im Leben eines Hundes und in der Entwicklung seiner Persönlichkeit eine bedeutendere Rolle als bei uns Menschen in unserer Gesellschaft.

Die Forscher Kenth Svartberg und Björn Forkman haben 15.329 Hunde unterschiedlicher Rassen und Mischlinge verschiedenen Tests unterzogen (→ Literatur, Seite 236). Bei einem der Tests wurden die Reaktionen der Hunde auf eine fremde Person geprüft. Man protokollierte alle Verhaltensweisen der Vierbeiner: Rennt der Hund beispielsweise weg, zieht er den Schwanz ein, knurrt er und sträubt das Nackenfell, oder kratzt er sich. Gleich welche Verhaltensweisen ein Hund zeigte, sie wurden festgehalten und geordnet. Im Klartext heißt das zum Beispiel: Knurrt der Hund, sträubt er das Nackenfell und fletscht die Zähne, wurden diese Verhaltensweisen als Aggression bezeichnet. Die Auswertung aller Tests ergab, dass Verspieltheit, Neugierde, Furchtlosigkeit, Jagdneigung, Geselligkeit und Aggressivität typische Persönlichkeitsmerkmale von Hunden sind. Gosling und Svartberg näherten sich auf zwei unterschiedlichen Wegen der Persönlichkeit, daher sind auch ihre Forschungsergebnisse etwas unterschiedlich.

Gosling benutzte die Methode der Psychologen, indem er Fragebogenaktionen durchführte, die auf Hunde abgestimmt sind. Besitzer und Hundesachverständige beobachteten die Hunde, während diese mit anderen Artgenossen, Gegenständen und Menschen interagierten. Zu diesen Handlungen der Hunde wurden Fragen gestellt, die sowohl Besitzer als auch Sachverständige beantworten mussten. Svartberg hingegen benutzte eher die verhaltensbiologische Methode, indem er Hunde Testreihen aussetzte und deren Verhalten protokollierte und analysierte. An der Front der Persönlichkeitsforschung bei Hunden tut sich einiges – und das ist gut. Nur wenn ich weiß, welche Hundepersönlichkeit ich vor mir habe, kann ich auf das Wesen eingehen.

SCHON GEWUSST ?

Die DNA-Analyse von Wolf und Hund ergab, dass sich beide kaum unterscheiden. 99,6 Prozent der Gene haben Wolf und Hund gemeinsam. Aber der kleine genetische Unterschied hat es in sich. Er ist für das Aussehen der Hunde verantwortlich und bringt Zwerge wie den Chihuahua und Riesen wie den Bernhardiner hervor (→ Saetre, Literatur Seite 236).

Beispielsweise einen ängstlichen Hund als Schutzhund auszubilden, ist kontraproduktiv und Zeitverschwendung. Ohne zu vergessen, dass beide Testmethoden verlässliche und gültige Persönlichkeitsmaße bieten, ist es mir ein großes Anliegen, darauf hinzuweisen, dass sich damit nur die groben, testbaren Wesenszüge eines Lebewesens darstellen lassen. Eine Wisla hätte damit nur oberflächlich beschrieben werden können, und der wahre Kern ihres Wesens bliebe unentdeckt. Um die Persönlichkeit eines Menschen zu erfassen, braucht man vielleicht ein ganzes Leben. Für Tiere und speziell für Hunde gilt das Gleiche. Nur ein Zusammenleben auf der Basis von Respekt und Liebe gibt uns die Chance, die Persönlichkeit des Gegenübers zu entdecken.

Zusammenfassend können wir feststellen, dass Forscher gezeigt haben, dass Hunde über Persönlichkeitsmerkmale verfügen und damit eine Persönlichkeit besitzen. Die Kategorisierung der Merkmale ist aber rein qualitativ und statistischer Natur. Sie sagt nichts darüber aus, wo und wie Persönlichkeit entsteht, geschweige denn über die neurobiologischen Vorgänge eines Organismus.

WISSEN KOMPAKT

RUND UM DIE PERSÖNLICHKEIT
Fachbegriffe leicht verständlich erklärt

• Zwangsneurose
Eine psychische Störung, bei der sich dem Betroffenen bestimmte Gedanken, Impulse oder Handlungen gegen seinen Willen aufdrängen. Man unterscheidet zwischen Zwangsgedanken, Zwangsimpulsen und Zwangshandlungen, wie etwa sich ständig zu waschen, um sich vor Krankheitserregern zu schützen.

• Extraversion
Lateinisch »extra« = außerhalb und »vertere« = wenden. Diese Persönlichkeitseigenschaft umschreibt eine Person, die den Austausch und das Handeln innerhalb sozialer Gruppen als anregend empfindet.

• Introversion
Lateinisch »intro« = hinein und »vertere« = wenden. Introvertierte Charaktere legen ihre Aufmerksamkeit eher auf ihr Innenleben.

• Alphaposition
In der klassischen Hundeerziehung hat der Mensch die Alphaposition. Aus Hundesicht ist er der Höchste in der sozialen Hierarchie. Er ist das Leittier und bestimmt, was getan wird. Zum Leittier werden nur Tiere, die sich gegenüber Artgenossen durchsetzen oder mehr Erfahrung und Wissen über die Umwelt haben als andere Gruppenmitglieder.

DER GROSSE PERSÖNLICHKEITSTEST

Wie schätzen Sie Ihren Hund ein? Ist er eher mutig oder ängstlich, von Natur aus offen oder Neuem gegenüber misstrauisch? Gehört Spielen für ihn zu den Highlights, und liebt er knifflige Aufgaben? Finden Sie es mit diesem Persönlichkeitstest heraus.

1. Ist Ihr Hund ein Spieler?

Objektspiel – Werfen eines Gegenstandes
Sie werfen Ihrem Hund ein Spielzeug, wie zum Beispiel ein Apportierholz, einen Ball oder ein Stoffseil, einige Meter weit weg.

A ○ Kann Ihr Hund es kaum erwarten, dass Sie das Spielzeug werfen, und rennt er diesem sofort und schnell hinterher?

B ○ Rennt Ihr Hund dem Spielzeug hinterher?

C ○ Rennt der Hund auch dann dem Spielzeug hinterher, wenn es eine fremde Person wirft?

D ○ Rennt der Hund dem Spielzeug nicht hinterher?

Kampfspiel – Kämpfen beispielsweise um ein Dummy, ein Seil oder ein Tuch
Bewegen Sie vor den Augen Ihres Hundes das Dummy, das Seil oder das Tuch.

A ○ Beißt Ihr Hund sofort hinein, beginnt zu zerren und versucht den Gegenstand für sich zu gewinnen?

B ○ Beißt Ihr Hund zaghaft in den Gegenstand hinein?

C ○ Zeigt Ihr Hund keinerlei Interesse an dem Gegenstand?

Verfolgungsspiel – Hunde jagen sich gegenseitig
Sie und ein anderer Hundebesitzer lassen beide Hunde gleichzeitig von der Leine und beobachten, was die Vierbeiner tun. Verhält sich Ihr Hund wie Hund A?

A ○ Hund A fordert Hund B zum Spielen auf und rennt weg. Hund B versteht die Signale von Hund A und verfolgt diesen. Während der häufigen Spielszenen tritt oft ein Rollentausch auf. Der Gejagte wird zum Jäger und umgekehrt.

B ○ Nachdem sich die Hunde 2- bis 3-mal gejagt haben und hintereinander hergerannt sind, beenden sie ihr Spiel. Einer der Spieler oder beide Vierbeiner haben die Lust verloren und interessieren sich jetzt für andere Dinge, die um sie herum vorgehen.

C ○ Hund B geht auf die Spielaufforderung von Hund A nicht ein.

Frauchen oder Herrchen als Spielpartner des Vierbeiners

A ○ Spielaufforderung. Fordert Sie Ihr junger Hund mit einem Spielzeug im Maul auf, jetzt mit ihm zu spielen?

B ○ Rollentausch. Verfolgt Sie Ihr Hund, wenn Sie die hündische Spielaufforderung (Vorderkörper-Tiefstellung) nachahmen, indem Sie die Hände mit dem Boden berühren und den Vierbeiner auffordern, Ihnen zu folgen?

C ○ Versteckspiel. Sucht Sie Ihr Hund, wenn Sie sich beispielsweise hinter einem Baum oder Busch verstecken? Dies macht jungen Hunden besonders viel Freude. In dieser Enwicklungsphase lernen sie nämlich auf diese Weise spielerisch, dass Objekte auch dann noch da sind, obwohl man sie gar nicht sehen kann.

D ○ Desinteresse. Hat der Hund grundsätzlich keine Lust, mit Ihnen zu spielen?

2. Ist Ihr Hund ängstlich?

Hat Ihr Vierbeiner Angst vor neuen optischen Reizen wie etwa flatternden Tüchern im Wind oder unbekannten Gegenständen auf dem Spaziergang?

A ○ Flüchtet Ihr Vierbeiner vor dem unbekannten Objekt?

B ○ Wendet sich der Hund vor dem angstauslösenden Objekt mit dem ganzen Körper langsam ab und läuft schließlich davon?

C ○ Dreht der Hund nur den Kopf zur Seite und geht dann auf das Objekt zu?

Hat der Vierbeiner Angst vor lauten Geräuschen, zum Beispiel wenn ein Buch vom Tisch fällt, die Tür laut ins Schloss fällt oder das Fenster zuknallt?

A ○ Flüchtet Ihr Hund vor der angstauslösenden Quelle, beziehungsweise sucht er Schutz bei Ihnen?

B ○ Erschrickt er kurz, bleibt aber ansonsten an Ort und Stelle stehen beziehungsweise liegen?

C ○ Bleibt der Hund unbeeindruckt von dem lauten Geräusch?

Hat Ihr Hund Angst vor Menschen, die vorbeirennen beziehungsweise sich schnell und ruckartig bewegen?

A ○ Wendet sich der Hund ab und zieht sich zurück?

B ○ Macht der Vierbeiner sich klein, indem er die Ohren angelegt und den Schwanz einzieht?

C ○ Verbellt der Hund den Menschen?

D ○ Beißt der Hund in die Luft, oder schnappt er vielleicht sogar nach dem Menschen?

Hat Ihr Vierbeiner Angst gegenüber fremden Artgenossen, wenn er ihnen unangeleint begegnet?

A ○ Läuft er beim bloßen Anblick des anderen Hundes weg?

B ○ Bleibt er stehen, duckt sich, dreht den Kopf seitlich nach unten und klemmt den Schwanz ein?

C ○ Knurrt der Vierbeiner, hebt den Kopf, sträubt die Nackenhaare und schaut den Kontrahenten direkt an?

3. Ist Ihr Hund eher neugierig oder ängstlich?

Sie betreten mit Ihrem angeleinten Hund einen fremden, möglichst leeren Raum, zum Beispiel die Garage. Zuvor haben Sie in die Mitte des Raumes einen Gegenstand, etwa eine große Kiste oder eine Tonne, gestellt. Wichtig ist, dass der Hund den Gegenstand nicht kennt. Schließen Sie die Tür hinter sich, sodass nur Sie und der Hund im Raum sind. Leinen Sie den Hund ab.

A ○ Geht der Hund ohne langes Zögern und ohne Umwege auf den unbekannten Gegenstand zu?

B ○ Verbellt er den Gegenstand und nähert sich ihm schnuppernd?

C ○ Nähert er sich dem Gegenstand mit leicht eingeklemmtem Schwanz?

D ○ Bleibt der Vierbeiner stehen und verbellt den Gegenstand?

E ○ Bleibt er mit angelegten Ohren und leicht eingeklemmtem Schwanz stehen?

F ○ Versucht er, in den Gegenstand zu beißen oder ihn zu manipulieren?

4. Ist Ihr Hund mutig oder ängstlich?

Der Hund begegnet einem Menschen, der einen Regenmantel trägt und sein Gesicht durch einen Hut weitgehend verdeckt hat.

A ○ Zieht der Hund den Schwanz ein und wendet sich ab?

B ○ Reagiert er nicht und läuft weiter?

C ○ Bellt der Hund die Person an?

D ○ Bellt der Hund die Person an, knurrt, stellt seine Nackenhaare und trägt den Schwanz erhoben?

Eine Person steht vor dem Hund. Der Hund ist angeleint und beobachtet die Person. Plötzlich öffnet diese einen Regenschirm.

A ○ Weicht der Hund aus, versucht er wegzurennen und lässt sich zudem kaum beruhigen?

B ○ Weicht er aus, bleibt dann stehen beziehungsweise sitzen, schaut die Person und den Regenschirm an und beruhigt sich sofort?

C ○ Weicht der Hund aus, nähert sich dann aber dem Regenschirm und schnuppert daran?

D ○ Verbellt der Hund den Regenschirm?

5. Ist Ihr Hund offen?

Ist Ihr Hund fremden Menschen gegenüber offen und zutraulich?

A ○ Verhält sich Ihr Vierbeiner freundlich, und lässt er sich von fremden Personen streicheln? Sucht er den direkten Kontakt?

B ○ Geht der Hund auf die fremde Person zu, beriecht sie und wendet sich dann aber ab?

C ○ Hält der Hund einen gewissen Abstand zur fremden Person und zeigt kein Interesse?

Wie verhält sich Ihr Hund gegenüber einer Gruppe von Hunden?

A ○ Sucht er den direkten Kontakt zu anderen Gruppenmitgliedern, indem er beispielsweise zum Spiel auffordert, Blickkontakt herstellt oder andere Interaktionen anbietet?

B ○ Ignoriert Ihr Hund größtenteils andere Hunde in der Gruppe?

C ○ Reagiert er schnell gereizt, wenn sich andere Hunde zu stark nähern (Individualdistanz unterschritten)?

D ○ Provoziert Ihr Hund häufig Auseinandersetzungen?

6. Besitzt Ihr Hund Durchstehvermögen, und löst er schnell ein Problem?

Legen Sie eine durchsichtige Plastikröhre, die etwa 80 cm lang ist und einen Durchmesser von etwa 10 cm hat, waagerecht auf den Boden. Die Röhre ist an einer Seite geschlossen, die andere Seite ist geöffnet. Durch die Öffnung wird eine Schnur, an die ein Wienerle angebunden ist, bis zum Ende der geschlossenen Seite eingeführt. Die Schnur ragt ungefähr 30 cm aus der Öffnung heraus. Die Aufgabe Ihres Vierbeiners besteht nun darin, die Schnur mit dem Wienerle aus der Röhre zu ziehen.

A ○ Bleibt der Hund tatenlos stehen oder sitzt und interessiert sich nicht für die Aufgabe?

B ○ Geht Ihr Hund mehrere Male zur Schnur und zieht daran, ohne die Wurst zu angeln? Und gibt er schließlich auf? Interessant ist in diesem Zusammenhang auch, wie lange sich Ihr Vierbeiner insgesamt mit dieser Aufgabe beschäftigt.

C ○ Hat Ihr Hund nach einigen Minuten und ein paar Versuchen das erste Mal die Wurst geangelt?

D ○ Beißt der Hund in die Plastikröhre und verharrt an der Stelle, wo er die Wurst sieht? Er bemüht sich nicht weiter, das Wienerle zu ergattern.

AUSWERTUNG:

1. Ist Ihr Hund ein Spieler?

Objektspiel: A und C = Er liebt Objektspiele; B = Objektspiele sind für ihn nicht unbedingt der Hit; D = Kein Interesse an Objektspielen.

Kampfspiel: A = Kampfspiele sind seine Welt; B = Er spielt mehr aus Langeweile mit; C = Der Hund hat kein Interesse an Kampfspielen.

Verfolgungsspiel: A = Er liebt Verfolgungsjagden; B = Er mag Verfolgungsspiele nicht sonderlich; C = Er hat kein Interesse.

Mensch als Spielpartner: A, B, C = Der Hund spielt gern mit Menschen.

Allgemein: Wählt Ihr Hund vorwiegend A, dann spielt er alle Spiele gleich gern und ist ein Spielertyp. Hat er Präferenzen für eine Spielart, dann wählt er immer vorwiegend A.

2. Ist Ihr Hund ängstlich?

Optische Reize: A = Sie machen ihm Angst; B = Die Angst hält sich in Grenzen; C = Er ist mutig.

Geräusche: A = Er hat Angst; B = Die Angst ist nicht groß; C = Er hat keine Angst.

Menschen: A = Er ist ängstlich; B = Er ist ängstlich; C = Er ist mutig; D = Er versucht die Ängstlichkeit zu verbergen.

Fremde Artgenossen: A = ängstlich; B = weniger ängstlich; C = mutig.

Allgemein: Wenn der Hund immer eher A und B wählt, hat er eine ängstliche Natur. Wählt er eher C und D, ist er nicht ängstlich.

3. Ist Ihr Hund neugierig oder ängstlich?

A = neugierig; B = weniger neugierig; C = ängstlich. D = unsicher; E = ängstlich; F = neugierig.

4. Ist Ihr Hund mutig oder ängstlich?

Aussehen: A = ängstlich; B = gleichgültig; C = unsicher; D = mutig.

Regenschirm: A = ängstlich; B = unbekümmert; C = mutig; D = mutig.

5. Ist Ihr Hund offen?

Gegenüber Menschen: A = Er ist aufgeschlossen; B = offen; C = zurückhaltend.

Gegenüber fremden Hunden: A = offen/verträglich; B = Sie sind ihm schnuppe; C = zurückhaltend; D = streitsüchtig.

6. Besitzt Ihr Hund Durchstehvermögen?

A = uninteressiert; B = geringes Durchstehvermögen; C = Er hat Durchstehvermögen mit Lösung des Problems; D = geringes Durchstehvermögen, keine Aufgabenlösung.

Wo entsteht die Persönlichkeit?

Wo und wie entsteht die Persönlichkeit eines Hundes, und wie verändert sie sich im Laufe des Lebens? Interessante Fragen, deren Antworten Ihnen eine ganz neue Sicht auf das Zusammenleben mit Ihrem Vierbeiner und dem richtigen Umgang mit ihm geben werden.

Wisla und das Alter

Mit ihren zehneinhalb Jahren ist Wisla nun ein Methusalem unter den Bernhardinern. Nach Mitchell beträgt bei kleinen Hunden die durchschnittliche Lebenserwartung 11 Jahre, bei Hunden mittlerer Größe 10 Jahre und bei großen Hunden 7 Jahre. Ausnahmen bilden der Münsterländer mit 14 Jahren und der Zwergpudel mit 13 bis 14 Jahren. Warum gerade diese beiden Rassen so alt werden, weiß man noch nicht. Die grauen Haare an Wislas Schnauze und ihr Verhalten verraten ihr Alter. Mitten in der Nacht bellt oder wimmert sie und läuft umher. Das ist für mich das Zeichen, dass sie hinaus in den Garten will. Aber im Gegensatz zu früher, als sie temperamentvoll einer Fährte folgte, macht sie heute nur ein paar Schritte, bleibt stehen und schaut sich desorientiert um. Auf Zuruf reagiert sie selten. Ihre Schlafdauer hat um ein Vielfaches zugenommen. Sie verschläft fast den ganzen Tag, und dennoch habe ich den Eindruck, sie erfreut sich am Leben. Wir schmusen täglich miteinander, was sie sichtlich genießt. Sie ist jetzt – im hohen Alter – noch unfolgsamer als früher. Wisla zeigt nahezu alle Alterserscheinungen und Verhaltensänderungen, die man auch bei ihren Artgenossen beobachtet und gemessen hat. Was geschieht im Kopf der alternden Hunde? Werden sie auch dement oder können an Alzheimer erkranken (→ Seite 44/45)?

Die Persönlichkeit sitzt im Gehirn

Was hat das Alter der Hunde mit deren Persönlichkeit zu tun? Am alternden Gehirn, ob bei Mensch oder Hund, kann man die Veränderung feststellen. Sie erlaubt uns, Rückschlüsse auf das Verhalten zu ziehen, wie etwa, dass die Lernfähigkeit abnimmt. Das hat mit dem Umbau oder Abbau der Nervenzellen zu tun. Ist die Veränderung oder der Umbau des alten Gehirns groß, wie es bei der Alzheimererkrankung oder Demenz der Fall ist, verabschiedet sich allmählich die ursprüngliche Persönlichkeit beim Menschen (→ Seite 44/45). Diese Veränderungen sind ein Beleg dafür, dass der Sitz der Persönlichkeit das Gehirn ist und sich mit der Entwicklung des Gehirns die Persönlichkeit bildet.

Ein junges Gehirn kann geformt werden

Seit nunmehr 12 Monaten stellt der kleine Balu unseren Alltag gehörig auf den Kopf. Aber bevor wir später seine Persönlichkeitsentwicklung verfolgen, werfen wir einen Blick auf sein Gehirn. In seinem jungen Gehirn finden wir keine Plaques (→ Seite 44) und andere Ablagerungen. Sein Gehirn ist ein fertiger Rohbau und dessen Inneres eine große Baustelle. Im Minutentakt können wir heute mithilfe moderner Technik und biochemischer Tricks verfolgen, wie Nervenzellen untereinander Kontakt aufnehmen und neue Informationseinheiten bilden. Im Wesentlichen ist das Hundegehirn vergleichbar mit dem Gehirn des Menschen, allerdings ist es um einiges kleiner und damit viel leichter. Das Gehirn der Hunde mit einem Körpergewicht von 7 bis 59 Kilogramm beträgt etwa 68 bis 135 Gramm. Das heißt: Mein Balu von heute mit einem Körpergewicht von 65 Kilogramm hat ein Hirngewicht von etwa 150 Gramm. Das ist recht wenig. Ein Zahlenvergleich verdeutlicht dies noch besser: Vergleicht man das Hirngewicht in Prozent zum Körpergewicht je nach Größe des Hundes, so schwankt es zwischen 0,2 und 1 Prozent. Beim Menschen beträgt das Gewicht des Gehirns etwa 2 bis 2,3 Prozent der Körpermaße.

Der Aufbau des Gehirns

Das Hundegehirn ist ein typisches Säugetiergehirn wie das des Menschen. Es besteht aus sechs Teilen:
- dem verlängerten Mark,
- der Brücke (Pons → Wissen kompakt, Seite 41),
- dem Kleinhirn,

▸ Wie ein Hund die Außenwelt erlebt, hängt davon ab, welche Eindrücke er sammelt und wie sie im Gehirn verarbeitet werden.

▸ dem Mittelhirn,
▸ dem Zwischenhirn und
▸ dem End- oder Großhirn.

Bei kleinen Säugern und kleinen Gehirnen sind diese Teile hintereinander angeordnet wie Perlen auf einer Schnur. Bei Tieren mit großen Gehirnen wie etwa Walen, Elefanten und Hunden sind die einzelnen Hirnteile in komplizierter Weise ineinander geschoben, und einige Teile – wie das Endhirn oder Großhirn – sind groß geworden und haben fast alle anderen Teile überdeckt.

Besonders groß geworden ist die Großhirnrinde. Sie umfasst beim Menschen auseinandergefaltet 2200 Quadratzentimeter, enthält 15 Milliarden Nervenzellen und hat eine Dicke von etwa 2 bis 5 Zentimetern. Sie lagert sich wie ein mehrfach gefaltetes Tuch um den Rest des Gehirns. Die Myriaden von Nervenzellen (Neurone → Wissen kompakt, Seite 41) sind unter- und miteinander über Kontaktpunkte verbunden. Diese Kontaktpunkte werden Synapsen genannt. Hier entsteht der

Informationsaustausch zwischen den Zellen. Da eine Zelle mit Tausenden anderen Nervenzellen verbunden ist, entsteht hier ein großes Verrechnungszentrum. Durch die Aktivität der Nervenzellen entwickeln sich in unserem Gehirn Farben, Gerüche und Emotionen. Die Nervenzellen sind das Substrat, mit dem wir denken und fühlen.

Das Bewusstsein liegt in der Großhirnrinde

Auch die Großhirnrinde ist ein riesiges Rechenzentrum. Hier treffen alle Informationen von anderen Hirnteilen ein, werden bewertet und unter Umständen neu berechnet, sodass im Kopf des Tieres und des Menschen seine persönliche Welt entsteht.

Das Produkt ist ein Lebewesen mit eigenen Gefühlen, eigener Lernfähigkeit und eigener Intelligenz. Wie wir also die Außenwelt erleben, ist einzig und allein in der Architektur unseres Gehirns begründet, und das gilt natürlich auch für unsere Hunde.

Unsere Vorstellungswelt unterliegt aber auch Täuschungen. Bestes Beispiel sind die optischen Täuschungen. Unser Verstand durchschaut zwar die Täuschung, aber unser Auge fällt immer wieder aufs Neue darauf herein. Es schadet nicht, nein, es würde uns und unseren Vierbeinern sogar helfen, wenn wir uns diese Begrenzung immer wieder ins Gedächtnis rufen und unsere eigene Einschätzung der Wirklichkeit kritisch hinterfragen. Und nicht, wie es heute Mode ist, für jedes Problem im Umgang mit Tieren ein Rezept hervorzuzaubern. Wagen Sie mehr Nähe und lassen Sie sich auf die Persönlichkeit Ihres Hundes ein ...

Im Dienst der Wissenschaft Welche Rolle das Großhirn spielt, wurde in einem Experiment von Professor Goltze im Jahr 1893 an der Universität Straßburg demonstriert. Bitte erschrecken Sie nicht, wenn ich Ihnen dieses grausige Experiment näher beschreibe. Keinesfalls befürworte ich Experimente, die den Anschein erwecken, Wissenschaftler würden »über Leichen gehen«, nur um ihren eigenen Wissensdurst zu befriedigen. Doch das Experiment wurde nun einmal vor mehr als 100 Jahren durchgeführt, das Ergebnis ist niedergeschrieben und – wie ich finde – für das Thema dieses Buches besonders aufschlussreich.

Professor Goltze entfernte operativ drei Hunden das Großhirn. Der erste Hund überlebte 51 Tage, der zweite 92 Tage, und der dritte wurde nach 18 Monaten eingeschläfert. Der letzte Hund starb weder an den Folgen der Operation noch an einer bestimmten Krankheit. Aus den genauen Aufzeichnungen des Wissenschaftlers über das Verhalten des Hundes nach der Operation geht hervor:

Das Gehirn des Hundes will lernen und denken. Bieten Sie Ihrem Hund deshalb viele verschiedene Anregungen, und sorgen Sie unbedingt für neue Sinneseindrücke. Lassen Sie ihn außerdem häufig mit Artgenossen spielen.

▸ Bewegung hält fit. Ein Spurt über die Wiese macht diesem Youngster riesig Spaß und powert ihn ordentlich aus.

▸ Sensibilität: Das Tier nimmt Schallempfindungen wahr, kann also hören. Es reagiert auf Tast- und Temperaturreize und ist nicht blind. Wie gut oder eingeschränkt der Hund die Sinnesreize wahrnimmt, ist unklar.

▸ Bewegung: Schon drei Tage nach der Operation geht das Tier von selbst, ohne zu fallen, im Zimmer umher. Am meisten überraschte die Beobachtung, dass dieser Hund ohne Großhirn wieder die Fähigkeit erwarb, von selbst zu fressen und zu trinken. Fleisch fraß er nur dann, wenn das Fleisch vor seine Schnauze gehalten wurde.

▸ Ausfallerscheinungen: An dem enthirnten Tier fielen alle diejenigen Äußerungen weg, aus welchen wir Verstand, Gedächtnis, Überlegungen und Intelligenz des Tieres schließen. Dem Hund fehlte jeder Ausdruck der Freude und des Neides; er kümmerte sich ebenso wenig um Menschen wie um andere Tiere.

Bewusstsein und Unbewusstsein

Der Hund, dessen Großhirnrinde von Professor Goltze entfernt wurde, lebte in einer Welt des Unbewussten. Einer Welt, in die wir schwer eintreten können. Wir erleben sie zwar, wissen es aber nicht. Es stellt sich die Frage: Wie sieht eine Welt ohne Bewusstsein aus?

So schrecklich das Experiment ist, öffnet es uns einen kleinen Türspalt in eine verborgene Welt. Der renommierte Neurobiologe Gerhard Roth entführt uns in diese geheimnisvolle Welt (→ Literatur, Seite 236). »Wir können neue Dinge und Vorgänge wahrnehmen, sofern diese Dinge nicht zu kompliziert sind.« Im Falle des Hundes ohne Großhirn hat dieser beispielsweise wieder gelernt, alleine zu fressen und zu trinken. »Zudem sortiert unser Wahrnehmungssystem die Inhalte vor. Wir können komplizierte Dinge tun, sofern sie stark eingeübt werden. Wir können sogar Dinge unbewusst lernen, indem wir sie immer und immer wieder erfahren. Wir wissen dann gar nicht, wieso wir können, was wir können. Wir haben Gefühle, Wünsche und Motive, die aus dem Unterbewusstsein kommen und uns antreiben, und meist wissen wir nicht, warum. Insbesondere ist unserem Bewusstsein alles verschlossen, was vor der Geburt und in der ersten Zeit nach der Geburt auf uns einwirkte – so wichtig es auch gewesen sein mag. Wir sehen, dass das Unbewusste viel umfassender ist als das Bewusstsein und uns in unserem Handeln, insbesondere in den alltäglichen, aber auch in den ganz entscheidenden Dingen unseres Lebens stärker bestimmt als das Bewusstsein.«

Wenn das Unbewusste unser Handeln so weitgehend bestimmt, welche Aufgabe hat dann das Bewusstsein? Auch hier möchte ich Gerhard Roth zu Wort kommen lassen. »Bewusstsein ist aus der Sicht der Hirnforschung eine besondere Art der Informationsverarbeitung, die dann eingeschaltet wird, wenn das Gehirn mit neuen und wichtigen Daten, mit großen heterogenen Datenmengen und vielen Details konfrontiert wird, die auf ihre Bedeutung und ihre Zusammenhänge hin überprüft werden müssen, und ganz allgemein, wenn es um komplexen Sinn und komplexe Bedeutung geht.« (→ Literatur, Seite 236)

Für Hirnforscher und Neurophysiologen gibt es keine Zweifel, dass die Großhirnrinde unser Bewusstsein erzeugt, uns logisch denken lässt und uns Zusammenhänge aufzeigt. Und sie zweifeln auch nicht, dass praktisch alle Gehirnteile – sprich das gesamte Gehirn – an der Persönlichkeit beteiligt sind. Aber wo im Gehirn entsteht beispielsweise eine extrovertierte, nach außen gewandte Persönlichkeit und in welchem Teil eine introvertierte, ein Charakter, der eher scheu und nach innen gekehrt ist (→ Seite 15 und 27)?

Das Vier-Ebenen-Modell der Persönlichkeit

Eine klare Abgrenzung in einzelne Hirnteile funktioniert nicht, um bestimmte Persönlichkeitsmerkmale zu lokalisieren, weil alle Hirnteile untereinander agieren. Aus diesem Grunde beschreibt Gerhard Roth in seinem Buch »Persönlichkeit, Entscheidung und Verhalten« (→ Literatur, Seite 236) das Vier-Ebenen-Modell der Persönlichkeit.

Ich bevorzuge dieses Modell, weil es im Gegensatz zu vielen anderen in hervorragender Weise Hirnanatomie, Neurophysiologie und Verhalten kombiniert. Und weil ich der Ansicht bin, dass dieses Modell in weiten Teilen auch auf die Tiere übertragen werden kann. In diesem Modell sind die vier Ebenen nach dem evolutorischen Alter geordnet:

Die erste Ebene Sie ist die älteste Ebene, und ein Teil von ihr ist im Hirnstamm angesiedelt. Er ist entwicklungsgeschichtlich der älteste Teil unseres Denkorgans. Diese unterste Ebene steht im Informationsaustausch mit den drei anderen Ebenen.

Die Vorgänge auf dieser Ebene sind für die vitalen Lebensvorgänge verantwortlich, wie Kreislauf, Körpertemperatur, Nahrungs- und Flüssigkeitsaufnahme, Wachsein und Schlaf. Aber ebenso werden auf dieser Ebene affektive, gefühlsbetonte Verhaltensweisen wie Angriffs- und Verteidigungsverhalten, Dominanz- und Paarungsverhalten, Flucht und Erstarren, Aggressivität, Wut usw. gesteuert. Bekannte Verhaltensweisen, die manchen Hundehaltern oft Kopfzerbrechen bereiten und Themen für Hundeseminare sind.

Die zweite Ebene Die zweite Ebene ist hauptsächlich der Schauplatz von Amygdala, dem Mandelkern (→ Seite 41), und dem limbischen System (→ Seite 41). Die Amygdala ist ein kompliziert aufgebauter Zellkomplex im Großhirn. Sie spielt eine wichtige Rolle beim Entstehen von überwiegend negativen oder stark bewegenden Gefühlen.

Die Angst zum Beispiel ist ein schlechter Begleiter des Lebens – gleich ob für Mensch oder Tier. Sie fesselt die positiven Gefühle, die Entscheidungsfähigkeit und das Denkvermögen. Während des Angstzustandes spielen sich viele Prozesse in unserem Körper und ebenso im Körper eines Hundes ab. Der Hormoncocktail wird durchgeschüttelt, bestimmte Hormone im Blut steigen an und verraten das Gefühl.

Hunden ist die Angst auf den Körper geschrieben. Die Signale ihrer Körpersprache sind eindeutig: geduckter Körper, krummer Rücken, gesenkter Kopf, schleichende Bewegung, eingekniffener Schwanz und das Vermeiden von Blickkontakt. Wer einmal von der Angst gepackt wurde, hat große Schwierigkeiten, sie wieder loszuwerden (→ Zeichnung, Seite 16).

SCHON GEWUSST ?

Biochemische Untersuchungen von Wolf, Koyote und Hund ergaben, dass in den Zellen des Hirnbereiches bei Hunden andere Gene eingeschaltet und aktiv sind als bei Wolf und Koyote. Dies erklärt, warum sich Hunde und Wölfe so sehr in ihrem Verhalten unterscheiden. Hunde sind keine Wölfe. Der oft strapazierte Vergleich Wolf/Hund bei der Erziehung des Hundes ist oft falsch.

Positive Gefühle wie Spaß, Freude und Lust werden ebenfalls von der zweiten Ebene gesteuert – vom mesolimbischen System, das sich überwiegend im Mittelhirn befindet. Es hat drei wichtige Aufgaben:

▸ Hier ist unser Belohnungssystem verankert, denn es produziert Stoffe (Opiate), die in Menschen und Tieren positive Empfindungen hervorrufen (→ Seite 101).

▸ Hier werden positive Konsequenzen von Ereignissen oder unseres Handelns registriert und dies zur Grundlage der dritten Funktion, den Organismus zu motivieren, gemacht.

▸ Der Organismus wird motiviert, damit er das wiederholt, was zuvor zu einem positiven Zustand geführt hat. Dies geschieht über die Ausschüttung des Botenstoffes Dopamin, der von Nervenzellen abgegeben wird. Zusammenfassend lässt sich sagen, dass die beiden Ebenen die unbewusste Grundlage der Persönlichkeit und des Selbst sind. Gerhard Roth sagt dazu: »Diese Ebene bleibt ein Leben lang egoistisch und egozentrisch und stellt immer die Frage: Was habe ich davon? Sie ist das Kleinkind in uns.« Viele Hundefreunde sind der Auffassung, dass Hunde von Natur aus Egoisten sind und dass sie nie das Stadium des Kleinkindes überwinden. Meine Erfahrungen und Erlebnisse mit Hunden sprechen dagegen, und sie werden durch Hirnanatomie und Physiologie unterstützt. Denn die Persönlichkeitsentwicklung endet nicht auf diesen beiden Ebenen. Hunde verharren nicht in der Kleinkindphase, sondern sind sich vieler Dinge bewusst, und sie können einfache logische Schlüsse ziehen, wie wir später sehen werden.

Je weiter wir die höheren Ebenen erklimmen, desto komplexer werden die Verhaltensweisen, die dort gesteuert werden.

Die dritte Ebene Sie umfasst die limbischen Areale der Großhirnrinde. Hier entsteht soziales Lernen, Sozialverhalten, Aufmerksamkeitssteuerung, Belohnungserwartung und Risikoabschätzung. Nach Gerhard Roth ist dies der entscheidende Einflussort der Erziehung beim Menschen. »Auf dieser Ebene lernen wir, uns den Bedingungen der natürlichen und gesellschaftlichen Umwelt anzupassen.« Fähigkeiten, die auch unsere Hunde erwerben können. Ich scheue mich nicht, dieses Modell auf den Hund zu übertragen, da ich wie der Psychologe vom Max-Planck-Institut, Professor Mike Tomasello, der Auffassung bin: »Wie immer man es nimmt, es gibt keinen wirklich fundamentalen qualitativen Unterschied zwischen Mensch und den anderen Tieren, wenngleich es teilweise deutliche quantitative Unterschiede gibt, eben im Nachdenken, in der Handlungsplanung, der Kooperativität oder in der Sprache.« Dem ist nichts hinzuzufügen, und es entspricht genau meiner Gedankenwelt.

TIPPS & TRICKS

Junge Hunde – unter sechs Monaten – spielen zu gern und können sich noch nicht auf eine gestellte Aufgabe konzentrieren. Dem müssen Sie Rechnung tragen. Lassen Sie den Welpen stattdessen lieber mit Artgenossen spielen, und bieten Sie ihm neue Sinneseindrücke durch spannende Spaziergänge an.

Die vierte Ebene Inwieweit das höchste Plateau, die vierte Ebene der Persönlichkeit, auf Hunde übertragbar ist, bedarf noch gründlicher Forschung, denn es ist die kognitiv-kommunikative Ebene. Eigenschaften, die besonders den Menschen auszeichnen. Unter Kognition versteht man in etwa mentale Fähigkeiten, die beim Erfassen und Meistern einer Situation beteiligt sind. Fähigkeiten wie Probleme lösen, Absichten verfolgen, Entscheidungen treffen, Erwartungen hegen, Konzepte bilden und Ähnliches. All dies findet man auch rudimentär bei unseren Hunden. Nicht so die Sprache. Die menschliche Sprache ist die Krönung der Kommunikation unter den Lebewesen dieses Planeten. Im menschlichen Gehirn findet man einen Bereich, der für einfache Wortbedeutungen und Satzstrukturen zuständig ist. Man nennt ihn nach ihrem Entdecker Wernicke-Areal. Interessanterweise haben alle Säugetiere in ihrem linken Temporallappen (Teil des Großhirns) ein Areal, das dem Wernicke-Areal entspricht und für innerartliche Kommunikation zuständig ist. Deshalb können zum Beispiel Säugetiere wie Menschenaffen mit dem Menschen und auch untereinander in einer Sprache kommunizieren, die der eines

WISSEN KOMPAKT

RUND UM DAS GEHIRN
Fachbegriffe leicht verständlich erklärt

- **Amygdala**
Sie wird wegen ihrer Form auch Mandelkern genannt, der für die Entstehung von Gefühlen unentbehrlich ist. Bei Entfernen des Mandelkerns entsteht bei Mensch und Tier nicht mehr das Gefühl der Angst.

- **Limbisches System**
Dieser Teil des Gehirns dient der Verarbeitung von Emotionen und ist an vitalen Funktionen wie Nahrungsaufnahme, Verteidigung und Sexualverhalten beteiligt.

- **Hippocampus**
Er spielt für den Erwerb des Langzeitgedächtnisses eine entscheidende Rolle.

- **Neurone**
Eine Nervenzelle oder ein Neuron ist eine auf Erregungsleitung und Erregungsübertragung spezialisierte Zelle, die als Zelltyp in Gewebetieren und damit in nahezu allen vielzelligen Tieren vorkommt.

- **Pons**
Der Pons (lateinisch für »Brücke«) ist ein Abschnitt des Gehirns. Er gehört, zusammen mit dem Kleinhirn, zum Hinterhirn. An einem Gehirn fällt die Brücke als deutlich erhabener Querwulst zwischen Mittelhirn und Nachhirn auf. Zusammen mit Hinterhirn und Mittelhirn bildet der Pons den Hirnstamm.

Der Hinweis-Test:
Versteht Sie Ihr Vierbeiner?

Aufbau des Tests

Sie brauchen: zwei Hocker oder Stühle, zwei Tassen, ein Leckerli und zum Beispiel einen Tischtennisball oder Tennisball. Stellen Sie die Stühle mit jeweils einer umgestülpten Tasse nebeneinander. Ihr Hund sitzt oder steht in etwa einem Meter Abstand vor dem Aufbau und beobachtet, was Sie tun.

Belohnung verstecken

Verstecken Sie nun vor den Augen Ihres Vierbeiners ein Leckerli unter einer der Tassen. Auf die Tasse, unter der das Leckerli liegt, legen Sie dann einen Gegenstand wie beispielsweise einen Tennisball. Zu Beginn des Tests muss der Hund unbedingt sehen, dass Sie den Gegenstand auf die Tasse legen, unter der sich das Futter befindet.

Kleinkindes entspricht. Fehlt den Hunden also die vierte Ebene? Keineswegs, denke ich, denn Hunde gehören zu den Meistern der Kommunikation im Tierreich. Sie kommunizieren nicht nur untereinander, sondern sie sind Profis im Entschlüsseln der Signale, die der Mensch ihnen sendet. Auf manchen Feldern der Kommunikation schlagen sie sogar unsere nächsten Verwandten, die Schimpansen, wie Forscher des Max-Planck-Instituts in Leipzig herausgefunden haben (→ Schon gewusst, Seite 20). Diese Fähigkeit trat in der Evolution erst relativ spät auf die Bühne, denn die Vorfahren der Hunde, die Wölfe, versagen gänzlich bei diesem Test. Warum sind die Hunde solche Ausreißer? Hunde sind

Tassen vertauschen

Vor dem Tassentausch wird dem Vierbeiner die Sicht mithilfe eines Tuchs versperrt. Legen Sie dann den Tennisball auf die Tasse, unter der die Belohnung liegt. Anschließend entfernen Sie das Tuch wieder und fordern den Vierbeiner auf, sich seine Belohnung zu holen. Findet er die richtige Tasse heraus, stülpen Sie die Tasse um und geben ihm seinen verdienten Lohn.

Keine leichte Übung

Findet Ihr Hund das Futter dagegen nicht, geht er leer aus. Nach zwei bis drei Versuchen hat er wahrscheinlich begriffen, dass das Futter immer unter der Tasse ist, auf der der Gegenstand liegt. Einige unserer Hunde, die wir getestet haben, brauchten bis zu zehn Versuche, bis sie die Zeichen verstanden hatten. Die Übung ist nicht leicht, denn als Zeichen gilt einerseits, dass der Besitzer einen Gegenstand auf die Tasse legt, und andererseits der Gegenstand selbst.

von Geburt an darauf vorbereitet, mit dem Menschen in Kontakt zu treten und seine Gesten und Blicke zu deuten. Diese Fähigkeit erleichtert die Ausbildung eines Hundes ungemein. Darauf gehe ich später noch ein. Der Aufbau des Hundegehirns und die Verrechnung der Information in den verschiedenen Hirnarealen, die eine Persönlichkeit herausschälen, ähneln der des Menschen so sehr, dass es mir nicht als plausibel erscheint, Hunden die Persönlichkeit abzusprechen. Ihre Ängste und Freuden entstehen, wie schon besprochen, in den gleichen Hirnarealen wie bei uns. Selbst ihr Gedächtnis arbeitet nach den gleichen neurobiologischen Prinzipien wie beim Homo sapiens.

Veränderte Persönlichkeit: Wenn der Hund plötzlich nicht mehr der Alte ist

Viele Hundehalter wissen oft gar nicht, wann die Krankheit Ihres Vierbeiners begann. Eines Tages wedelt der Liebling nicht mehr so freudig mit dem Schwanz, um Herrchen oder Frauchen zu begrüßen. Er findet seinen Schlafplatz nicht, sondern wandert ziellos durch die Wohnung, oder aber er kennt auf einmal den Spazierweg nicht mehr, den er viele Jahre zusammen mit seinem Menschen gegangen ist.

In ihrer Doktorarbeit kam Dr. Stephanie Dominique Czasch von der Universität Gießen zu erstaunlichen Ergebnissen: »Im Gehirn der Hunde finden sich altersabhängige Veränderungen wie diffuse Plaques, die den Befunden alter Menschen entsprechen.« Plaques sind große Eiweißablagerungen (Beta A4-Protein oder ß–Amyloid) im Gehirn des Menschen und vieler Tierarten und erinnern an Stofffetzen in einem Kabelsalat. Sie liegen hauptsächlich in der Großhirnrinde, im Mandelkern und im Hippocampus (→ Wissen kompakt, Seite 41).

Was Plaques bewirken Noch geben die Eiweißablagerungen im Gehirn den Forschern Rätsel auf. Vermutlich unterbrechen sie die Kommunikation der einzelnen Nervenzellen untereinander. Das heißt, der Informationsaustausch ist gestört oder lahmgelegt. Das hat Konsequenzen, wie die Forscher Cummings und Head feststellten. Hunde mit einer großen Anzahl von Plaques hatten ein schlechteres Kurzzeitgedächtnis und schnitten bei Lerntests schlechter ab als jene mit weniger Eiweißablagerungen. Inwieweit diese Plaques für das Ausbrechen der Alzheimererkrankung und die Altersdemenz verantwortlich sind, ist noch Diskussionsstoff der Wissenschaft. Aber dass die Ablagerungen ein Mosaikstein im Puzzle um die Erforschung dieser beiden Krankheiten sind, ist wissenschaftlich unbestritten. Die Ähnlichkeit des alternden Menschen mit dem alternden Hund ist dabei verblüffend. Sie reicht sogar bis in die molekularen Bausteine. Hunde sind eine der wenigen Tierarten, bei denen der chemische Aufbau des Proteins (Beta A4-Protein), aus dem die Plaques gebildet werden, gleich dem des Menschen ist. Aber einen Unterschied gibt es: Bei Menschen wird mit zunehmendem Alter das Großhirn einschließlich Neuronen (→ Wissen kompakt, Seite 41) bis zu einem gewissen Grad abgebaut.

In den Gehirnen alter Hunde treten im Vergleich zu jungen Hunden keine auffälligen makroskopischen, also mit bloßem Auge sichtbaren Veränderungen auf. Warum sich Mensch und Hund in diesem Punkt unterscheiden, ist meines Wissens noch ungeklärt. Vielleicht ist die im Verhältnis zum Menschen kurze Lebenszeit der Hunde dafür verantwortlich.

KRANKHEITSSYMPTOME

Das sogenannte Cognitive Dysfunktionssyndrom (CDS) bei älteren Hunden zeigt viele Parallelen zur Alzheimer-Demenz-Erkrankung beim Menschen. Dabei werden Verhaltensveränderungen des Vierbeiners durch Durchblutungsstörungen des Gehirns hervorgerufen. Die Symptome dieser Krankheit können sehr unterschiedlich sein:

▸ Orientierungslosigkeit: Manche Hunde vergessen, wo sich die Tür öffnet. Sie bleiben hilflos in einer Ecke stehen. Andere stehen vor der Wand und wissen nicht mehr weiter.

▸ Veränderter Schlaf-Wach-Rhythmus: Der Hundesenior schreckt nachts häufig spontan aus dem Schlaf auf, ist verwirrt und bellt dabei oft hell und schrill. Tagsüber schläft er ein Vielfaches mehr als früher.

▸ Unsauberkeit: Kot und Urin können nicht mehr zuverlässig gehalten werden. Der Hund ist nicht mehr stubenrein.

▸ Angst: Die betroffenen Hunde erkennen unter Umständen ihren eigenen Besitzer plötzlich nicht mehr und geraten in einer völlig vertrauten Situation in Angst und Schrecken.

▸ Aggression: Einige Vierbeiner sind schreckhafter als früher und verhalten sich dabei aggressiv.

▸ Starrsinn: Hunde mit Dysfunktionen des Gehirns können sich nicht mehr so schnell an veränderte Bedingungen anpassen.

▸ Apathie und Gleichgültigkeit: Manche Hunde wollen nicht mehr spielen oder freuen sich nicht mehr auf den gemeinsamen Spaziergang.

Eine sichere Diagnose kann nur der Tierarzt nach umfassenden neurologischen Untersuchungen stellen. Die Demenz ist beim Hund, ebenso wie beim Menschen, nicht heilbar. Doch der Krankheitsverlauf kann oft durch Medikamente verlangsamt werden. Lasssen Sie sich von Ihrem Tierarzt beraten.

WAS SIE TUN KÖNNEN

Wappnen Sie sich mit viel Liebe, Geduld und Verständnis. Lassen Sie Ihren Vierbeiner so wenig wie möglich alleine. Manche Hunde lehnen plötzlich bestimmte Menschen oder den vertrauten Artgenossen ab. Üben Sie Nachsicht. Wirkt der Hund verwirrt und orientierungslos, sprechen Sie beruhigend auf ihn ein und versuchen Sie so, Kontakt zu ihm herzustellen. Animieren Sie ihn nicht zu wilden Spielen. Respektieren Sie die Schlafzeiten des Seniors. Genießen Sie gemeinsame Rituale wie etwa die tägliche Fellpflege und Schmusestunden. Häufige, kurze Spaziergänge können Abwechslung und Anregung in den Alltag bringen. Verteilen Sie die tägliche Futterration auf zwei oder drei Portionen über den Tag.

▸ Er hat das Leben noch vor sich. Das Gehirn des Welpen ist frei von Plaques, den schädlichen Eiweißablagerungen.

▸ In die Jahre gekommen. Ältere Hunde können, ebenso wie ältere Menschen, an Durchblutungsstörungen des Gehirns leiden.

Der Einfluss der Gene und der Umwelt

Die einen meinen, das Erbgut hätte den größten Einfluss auf die Persönlichkeit, die anderen halten die Umwelt für maßgeblich. Tatsache ist jedoch, dass beide im Wechselspiel gesehen werden müssen. Und das ändert die bisherige Sichtweise auf unsere Hunde grundlegend.

Wer prägt die Persönlichkeit stärker?

Ob Gene oder Umwelt den Menschen stärker prägen, ist eine Frage, die die Gemüter erhitzt. Jeder hat seine Meinung, und die Wissenschaft tut sich schwer, harte Fakten zu liefern. Dies liegt in der Natur der Sache, denn es ist wirklich alles andere als einfach, Umwelt und Gene isoliert zu betrachten. Die Wissenschaft richtete daher ihre Anstrengung auf die Erforschung eineiiger Zwillinge. Sie sind sich so ähnlich, dass man sie kaum unterscheiden kann. Das ist kein Zufall, denn ihre genetische Ausstattung ist identisch. Sie gleichen sich wie ein Ei dem anderen. Ein Heer von Psychologen wurde auf sie angesetzt. Man analysierte ihre Lebensläufe und suchte sie überall auf der Welt. Keine Mühen wurden gescheut. Mit aller Kraft wollte man die Frage, ob Gene oder Umwelt den Menschen stärker prägen, lösen. Und zunächst sah es so aus, als käme man den Dingen schnell auf die Spur.
Eineiige Zwillinge fallen zum Beispiel dadurch auf, dass sie die gleichen Vorlieben haben. Selbst dann, wenn sie durch Hunderte von Kilometern getrennt waren oder von ihrer gegenseitigen Existenz nichts wussten. Man fand viele Gemeinsamkeiten, und die Forschungsergebnisse ließen das Pendel in Richtung Gene ausschlagen. Man vermutete, dass der genetische Einfluss bei der Entwicklung der Persönlichkeit stärker ist als

die Umwelt. Aber gute Wissenschaft ist kritisch, und schon bald fand man Schwachpunkte in der Theorie. Einer von ihnen ist: Es kommt vor, dass ein Zwilling an einer Erbkrankheit leidet, der andere jedoch nicht. Wie kann das sein? Schließlich besitzen beide eine vollkommen gleiche Erbausstattung. Auch die beiden eineiigen Zwillinge Lori und Reba Schapell aus den USA nährten die Zweifel.

Die Schwestern sind an der linken Schläfe zusammengewachsen und leben daher zwangsweise in der gleichen Umwelt. Dennoch ist jede von ihnen eine eigene Persönlichkeit. Es ist ein Leben aus lauter Gegensätzen. Reba ist ehrgeizig, Lori eher unmotiviert. Reba putzt sich gerne heraus, Lori wirft sich achtlos in die Kleider, die bei einem Kirchenbasar als Ladenhüter übrig blieben. Reba trägt ihre Haare lang, Lori kurz. Reba ist sarkastisch, Lori ist gutmütig.

Das Pendel schlug zurück, und die Forscher, die der Umwelt mehr Einfluss einräumten, gewannen an Boden.

Gene und Umwelt – ein Team

Neue Forschungen zeigen, dass die Frage vielleicht falsch gestellt ist. Man kam zu der Erkenntnis, dass das Aufteilen der Standpunkte in zwei Lager nicht weiterführte, und versuchte stattdessen herauszufinden, wie diese beiden Kontrahenten, Gene und Umwelt, zusammenarbeiten. Forscher suchen nach Genen, die einen Einfluss auf die Entfaltung der Persönlichkeit haben, oder untersuchen, wie Umwelt und Gene zusammenarbeiten, um die biologischen Wurzeln zu bestimmen.

Einer von ihnen ist Professor Norbert Sachser von der Universität Münster. Er und sein Team möchten diese harte Nuss knacken, indem sie die Tiere, in diesem Fall Mäuse, in einem Experiment »befragen«. Sie sind auf der Spur der Ängstlichkeit.

Ängstlich oder mutig?

Die Angst der Mäuse lässt sich in einem Hochlabyrinth quantifizieren. Die Apparatur ist einfach und genial zugleich. Auf einem etwa einen Meter hohen Pfahl werden zwei Bretter rechtwinklig geschraubt, sodass ein Kreuz entsteht. Der eine Schenkel dieses Kreuzes hat Wände, der andere nicht, ist also ungeschützt. Setzt man die Maus in die Mitte, sprich in die Kreuzung des Hochlabyrinths, so geht sie vorzugsweise auf den geschützten Schenkel mit Wänden. Das ist weiter nicht verwunderlich, da

▸ Die jungen Bordeaux-Doggen erkunden ihr Umfeld. Neue Eindrücke und
  der regelmäßige Kontakt zu Artgenossen stabilisieren die Persönlichkeit.

Mäuse grundsätzlich dunkle, geschützte Gänge aufsuchen. Haben sich
die Tiere lange genug an diese Situation gewöhnt, werden einige von
ihnen mutiger und betreten vorsichtig den Schenkel ohne Wände. Wie
sich ihr Verhalten deutlich ändert, wenn man ihnen ein Medikament
verabreicht, das beim Menschen Ängste verkleinert, durfte ich hautnah
miterleben, denn wir filmten das Experiment für unsere Dokumentation
»Wenn die Tiere reden könnten«. Für mich war es ein schlagender Beweis
dafür, dass Angst reduziert werden kann.

Das Medikament bewirkte bei den Mäusen, dass sie nun bevorzugt auf
dem Schenkel ohne Wände herumliefen und ihn genau inspizierten.
Dann wollten Sachser und sein Team wissen, inwieweit Erfahrung und
Sozialisation die Ängstlichkeit beeinflussen.

Dazu bedarf es aber Tiere mit genetisch gleicher Ausstattung. Mäuse
sind für diese Art der Untersuchungen die idealen Tiere. Sie pflanzen sich
leicht fort, und man kann auf diese Weise Tiere züchten, die von ihrem
Erbgut her das gleiche Angstpotenzial haben.

49

Verschiedene Welten

Sachser und sein Team bildeten zwei Gruppen von Mäusen. Die eine Gruppe lebte in Standard-Käfigen, wie sie in allen Labors der Welt verwendet werden. Die andere Gruppe hatte Premium-Käfige mit Klettergerüst, Röhren und anderem Spielzeug zur Verfügung. Als nun die Mäuse auf das Hochlabyrinth gesetzt wurden, reagierten sie verblüffend unterschiedlich (→ Ängstlich oder mutig?, Seite 48). Die Mäusekandidaten, die in dem kargen Käfig – ohne Erkundungsmöglichkeiten – gehalten wurden, betraten kaum den Schenkel ohne Wände. Sie waren ausgesprochen ängstlich. Die Mäuse aus der Erlebnispark-Haltung zeigten sich wesentlich mutiger und erkundeten häufiger den offenen Schenkel. Sie waren ihrer Umwelt gegenüber aufgeschlossener.
Das ist ein wichtiges wissenschaftliches Ergebnis, auch für die Haltung von Zoo-, Zirkus- und Haustieren. Das Fazit von Norbert Sachser aus weiteren Versuchen an anderen Säugetieren ist: Die Ängstlichkeit ist genetisch verankert, kann aber durch Sozialisationsprozesse in der Kindheit verändert werden. Das ist ein hochbrisantes Ergebnis.
So scheinen der frühe Kontakt zu anderen Artgenossen und eine reich strukturierte Umwelt – ebenso wie beim Menschen – soziale Sicherheit zu geben und die Ängstlichkeit im späteren Leben zu dämpfen (→ Eine reich strukturierte Umwelt macht stark, Seite 52/53). Weder die genetischen Anteile der Ängstlichkeit noch die Umwelterfahrungen dürfen getrennt voneinander betrachtet werden: Nur ein Zusammenspiel beider ergibt das gesamte Bild! Viele verschiedene Gene und eine Vielfalt von Umweltfaktoren können Einfluss auf die Ängstlichkeit einer Persönlichkeit nehmen und das Endergebnis beeinflussen.

Welche Gene sind für die Angst verantwortlich?

Wie weiß man aber, welche Gene überhaupt etwas mit der Emotion Angst zu tun haben? Wissenschaftler machen das wie manche Kinder mit ihrem technischen Spielzeug, um herauszufinden, wie es funktioniert: Um herauszufinden, was ein bestimmtes Gen macht, zerstören sie es und überprüfen dann, was nicht mehr funktioniert, in unserem Fall also, ob sich etwas an der Ängstlichkeit der Tiere ändert. In der Fachsprache nennt man einen Mäusestamm, dem zu diesem Zweck ein Gen zerstört wurde, eine »Knock-out-Mutante«.
Serotonin-Transporter-Knock-out-Mauslinie Es gibt viele verschiedene solcher Mauslinien in Bezug auf angstähnliches Verhalten. Eine der interessantesten und wichtigsten ist jedoch die sogenannte Serotonin-

Transporter-Knock-out-Mauslinie. Ihr fehlt ein Gen zum Rücktransport von Serotonin – einem wichtigen Gehirnbotenstoff – in die Gehirnzellen. Also reift das Gehirn mit einem ständigen Überschuss an Serotonin zwischen den Zellen heran. Der Organismus muss ein Gehirn aufbauen, ohne dieses Gen zur Verfügung zu haben. Kommt dabei nun ein Tier heraus, das ein verändertes Angstverhalten zeigt, zum Beispiel im Hochlabyrinth, wie ich es auf Seite 48 ausführlich beschrieben habe, ist dies ein schlagender Beweis dafür, dass dieses Gen etwas mit der Ängstlichkeit zu tun haben muss.

Und genau das war es, was man bei den Serotonin-Transporter-Knock-out-Mäusen gefunden hat. Tiere, denen dieses Gen fehlt, verhalten sich deutlich ängstlicher als Tiere ohne diesen Defekt.

Besondere Brisanz erhält dieses Ergebnis durch einen ähnlichen Befund beim Menschen. Auch hier hat jeder Mensch unterschiedlich viel Serotonin im Gehirn zur Verfügung. Manche Menschen tragen eine Genvariante des Transporters, die wenig von diesem Serotonin-Transporter herstellt – ihr Gehirn reift also auch mit einem Überschuss an Serotonin in den Zwischenräumen der Gehirnzellen heran. Andere dagegen tragen eine Version in sich, die mehr Serotonin produziert. Wissenschaftler haben herausgefunden, dass Menschen, die das weniger produktive Gen haben, einem wesentlich höheren Risiko ausgesetzt sind, an einer Angststörung zu erkranken.

Und auch auf Hunde lässt sich dieses Ergebnis übertragen, wobei deutlich wird, dass man keinem Hund mit entsprechend genetischer Veranlagung seine Angst vollkommen abgewöhnen kann. Doch der Grad seiner Ängstlichkeit ist beeinflussbar, etwa indem der Vierbeiner eine glückliche Kindheit hat und später einen Besitzer, der entsprechend liebevoll auf seine ängstliche Natur eingeht. Dazu eine kleine Geschichte von Bella, die ich seinerzeit von meinem Vater übernahm und der ich zumindest einige ihrer Ängste nehmen konnte (→ Bellas Ängste, Seite 54).

▶ Eine glückliche Kindheit und der liebevolle Umgang mit dem Vierbeiner können die ängstliche Veranlagung eines Hundes mildern.

Eine reich strukturierte Umwelt macht stark: Abwechslung im Hundeleben

Ein Garten kann dem Vierbeiner die täglichen Spaziergänge nicht ersetzen, denn hier kennt er schon nach kurzer Zeit jeden Grashalm, jeden Geruch und jeden Stein. Aber auch der immer gleiche Spaziergang birgt nichts Neues. Hunde brauchen Abwechslung und ein spannendes Umfeld, damit sich ihre Persönlichkeit entfalten und stabilisieren kann. Wie wäre es zum Beispiel mit einem Erlebnisspaziergang?

Neues erleben und Neues lernen erweitert den Horizont. Das ist bei Hunden nicht anders als bei uns Menschen. Neben geistiger Anregung braucht der Vierbeiner aber auch ein gehöriges Maß an Bewegung. Bewegung stärkt Herz, Kreislauf, Muskulatur und Gehirn. Verbinden Sie die körperliche Fitness Ihres Hundes mit Spaziergängen, die ihn sowohl körperlich als auch geistig fordern. Wetten, dass Ihr Hund nicht nur viel ausgeglichener ist, sondern auch wesentlich unbekümmerter auf neue Dinge zugeht? Und nicht zu unterschätzen: Die Beschäftigung mit dem Vierbeiner fördert das Vertrauen und die Bindung zu Ihnen auf wunderbare Weise.

»WALD-AGILITY«

Agility ist ein Hundesport, den viele Vierbeiner lieben. Dazu müssen Sie nicht unbedingt mit Ihrem Hund einem Verein beitreten. Suchen Sie sich dafür einfach ein Waldstück oder zumindest eine Gegend mit abwechslungsreicher Struktur für den nächsten Spaziergang aus.

BALANCIEREN AUF DEM BAUMSTAMM

Geeignet ist dafür ein liegender, möglichst breiter Baumstamm mit Rinde, die nicht zu glatt ist. Es gibt mehrere Möglichkeiten, dem Vierbeiner das Balancieren schmackhaft zu machen. Entweder Sie fungieren als Vorbild: Springen Sie auf den Stamm und fordern Sie Ihren Hund mit locken-

der Stimme auf, es Ihnen gleichzutun. Lässt er sich nicht dazu bewegen, setzen Sie ein Leckerli als Belohnung ein, wenn er sich traut. Springt der Hund auf den Stamm, wird er ausgiebig gelobt. Wiederholen Sie das Aufspringen auf den Stamm mehrmals, damit der Hund seine Unsicherheit verliert. Ist dies geschafft, beginnen Sie mit dem gemeinsamen Balancieren über den Stamm. Sollten Sie vielleicht selbst nicht mehr so fit sein, um auf den Stamm zu springen, gibt es folgende Variante: Legen Sie auf dem Stamm verteilt eine Futterspur aus einigen Futterbröckchen. Gehen Sie mit dem Hund an die Kopfseite des Baumstammes und zeigen Sie ihm das erste Leckerli. Ist der Hund hinaufgesprungen, machen Sie ihn mit der Hand auf die Futterspur aufmerksam. Das Auf- und Abspringen können Sie für Ihren Vierbeiner mit zwei Kommandos wie etwa »Hoch« für das Aufspringen und »Runter« für das Abspringen verbinden.

ÜBER DEN BAUMSTAMM SPRINGEN

Auch hier haben Sie eine Vorbildfunktion: Spielen Sie mit dem Vierbeiner und springen Sie über einen liegenden Baumstamm oder schmalen Bach. Animieren Sie das Tier mit lockender Stimme oder einem Leckerli, es Ihnen nachzumachen. Wenn der Hund Ihnen folgt, vergessen Sie nicht, ihn ausgiebig zu loben. Für nicht so sportliche Zweibeiner gibt es aber auch einen einfacheren Weg: Suchen Sie sich einen etwa ein bis zwei Meter langen dünnen Ast und legen Sie ihn beispielsweise auf zwei Baumstümpfe, oder Sie verkeilen ihn quer im Unterholz.

Nehmen Sie ein Leckerli in die Hand und locken Sie den Hund mit aufmunternder Stimme über den Ast. Manche Hunde springen dem Leckerli ganz von alleine hinterher, wenn Sie es über den Ast werfen. Als Aufforderung für den Sprung über ein Hindernis können Sie dabei zum Beispiel das Kommando »Hopp« verwenden.

UNTER DEM AST HINDURCHKRIECHEN

Wichtig ist, dass der Ast fest aufliegt und nicht gleich herunterfällt, wenn der Hund ihn beim Hindurchkriechen berührt.

Die einfachste Methode, dies dem Hund beizubringen, ist folgende: Legen Sie den Hund vor dem Hindernis ins »Platz«. Nehmen Sie ein Leckerli in die Hand und halten Sie es Ihrem Vierbeiner vor die Nase. Führen Sie ihn mit dem Leckerli vor der Nase langsam unter dem Ast hindurch. Und wie immer, falls die Übung prima geklappt hat: Loben nicht vergessen!

EINEN BAUMSTUMPF UMRUNDEN

Beginnen Sie die Übung an einem Baumstumpf. Aber auch ein Baum, eine Bank oder ein Holzstapel darf gern umrundet werden. Natürlich locken auch hier Ihre motivierende Stimme und ein Leckerli. Nehmen Sie den Belohnungshappen in die Hand und führen Sie Ihren Vierbeiner mit dem Leckerli vor der Nase und dem Startkommando wie »Herum« um den Baumstumpf oder die Bank. Ist die Umrundung geschafft, gibt es an dieser Stelle lobende Worte wie »Brav gemacht« oder Ähnliches. Ziel der Übung ist es, dass der Hund später nur noch auf Ihre Handbewegung hin das Objekt umrundet und sich anschließend seine Belohnung, in welcher Form auch immer, bei Ihnen abholt.

NASENARBEIT

Nehmen Sie ein Lieblingsspielzeug von zu Hause mit und verstecken Sie es anfangs vor den Augen Ihres Hundes, zum Beispiel unter einem Laubhaufen. Schicken Sie den Hund dann auf Suche. Verwenden Sie dieses Spielzeug ab sofort nur noch für den erlebnisreichen Spaziergang, damit die Spannung für den Vierbeiner erhalten bleibt.

▸ Welch ein Spaß, solch ein befreiender Sprung über den Baumstamm. Lebensfreude pur, die man diesem Vierbeiner ansieht.

▸ Nur nicht abstürzen. Das Balancieren fordert seine gesamte Konzentration. Wie gut, dass am Ende der Übung eine Belohnung wartet.

▸ Mütterliche Fürsorge ist unersetzlich. Sie beruhigt das Hundekind und lässt Stress erst gar nicht aufkommen.

Bellas Ängste Mein Vater bekam Bella als Welpe geschenkt – keine gute Idee, denn mein Vater war herrschsüchtig und hatte für Hunde nicht viel übrig. Als junger Mann übernahm ich schließlich Bella mit 11 Monaten. Bellas Angst vor meinem Vater hatte sich jedoch bereits tief in ihrem Gehirn festgesetzt. Wann immer ich mit Bella meinen Vater besuchte, bekam sie Nasenbluten. Es dauerte sehr lange, bis ich den Zusammenhang zwischen Nasenbluten und der Anwesenheit meines Vaters verstand. Denn medizinisch waren Bellas Nasenhöhlen gesund, wie mir die Tierärzte versicherten. Bellas Angst hielt ein Leben lang an. Das Nasenbluten war nur der Gipfel des Eisberges ihrer Ängste, denn Bella hatte vor vielen Dingen Angst, selbst vor den kleinsten Artgenossen rannte sie davon. Ein Kennzeichen ihrer Persönlichkeit war die Angst. Aber ihr Leben bestand zum Glück nicht nur aus Angst, sondern aufgrund unserer wunderbaren Beziehung hatte sie auch Spaß, Freude und Lust am Leben – und diese positiven Gefühle konnte ich ihr mit viel Verständnis und Einfühlungsvermögen geben.

Wenn die Mutterliebe fehlt

Die Wechselwirkungen zwischen Genetik und Umwelt beginnen schon im Mutterleib und setzen sich ein Leben lang fort. Welche Auswirkungen diese Teamarbeit auf die Mutterliebe und die Kinder hat, demonstrierten der kanadische Wissenschaftler Michael Meany und sein Team eindrucksvoll an Ratten.

Werden Rattenbabys häufig von ihren Müttern geleckt und geputzt, so sind sie für ihr späteres Leben gerüstet. Sie bewältigen, solange sie leben, Stresssituationen besser als vernachlässigte Tiere. Der Liebesentzug dagegen macht die Tiere scheu und schreckhaft. Forscher vermuten jedoch, dass dieser Effekt die Ratten auf eine schutzlose Umgebung vorbereitet. Die Tiere sind zwar ängstlich, aber aufmerksam.

Bei gut versorgten und gepflegten Rattenbabys findet man im Gegensatz zu den vernachlässigten Babys in bestimmten Regionen des Gehirns (Hypothalamus) Zellen, die mehr Östrogen binden können (→ Wissen kompakt, Seite 59). Östrogen wiederum beeinflusst das Fürsorgeverhalten. Diese Kinder werden später ihre Jungen liebevoller aufziehen als diejenigen, die weniger Fürsorge erhalten haben. Ein Teufelskreis, der schwer zu durchbrechen ist.

Hinterlässt mangelnde Mutterliebe beim Menschen ähnliche Spuren? Diese Frage stellten sich auch Michael Meany und sein Team. Seine Forschungsergebnisse lassen darauf schließen, dass liebevoll aufgezogene Kinder bessere Chancen haben, im späteren Leben mit ungewöhnlich starken Stressbelastungen fertig zu werden.

Gute Mütter sind unersetzlich Mütterliche Fürsorge ist sicherlich ein universelles biologisches Prinzip der Säugetiere. Interessant wäre es zu wissen, ob bei Hundebabys ähnliche Effekte bei Liebesentzug der Mutter auftreten wie bei Ratten. Ich vermute schon und würde vorhersagen, dass Hundebabys, die zu wenig geleckt und umsorgt wurden, später stressanfälliger sind als die wohlbehüteten.

Vermutlich werden in diesem frühen Alter schon die Weichen gestellt, welche Persönlichkeit die Hunde in Bezug auf Stressanfälligkeit entwickeln. Das würde für die Praxis bedeuten, dass der Hundezüchter nur solche Hündinnen, die gute Mütter sind, für die weitere Zucht auswählt, denn stressanfällige Hunde gestalten das Zusammenleben von Mensch und Tier schwerer. Wie schwierig es ist, stressanfällige Hunde weiterzuvermitteln, davon können die Tierheime ein Lied singen. Sehr häufig kommen diese Tiere wieder zurück ins Heim, weil Frauchen und Herrchen nicht mit ihnen fertig werden.

Die Epigenetik – ein wichtiger Forschungszweig

Wie kann man sich die Auswirkungen oder das Ausbleiben der mütterlichen Fürsorge erklären? In den letzten Jahren haben Wissenschaftler entdeckt, dass hierfür keineswegs die Gene allein die Verantwortung tragen. Lange Zeit galt einzig die Abfolge der einzelnen Bausteine in der DNS als Erbinformation (Desoxyribonucleinsäure → Wissen kompakt, Seite 59). Informationen lassen sich aber auch auf der Oberfläche der DNS speichern und über Generationen weitergeben, ohne dass sich der genetische Code ändert. Die noch junge Forschungsrichtung nennt sich Epigenetik. »Epi« bedeutet in der griechischen Sprache »darüber« oder »darauf« und deutet an, dass die Information auf der DNS liegt.
Die Epigenetiker ergründen, wie das Leben seine Spuren im Erbgut hinterlässt und was zur unterschiedlichen Ausprägung von Persönlichkeitsmerkmalen führt, obwohl die genetische Information die gleiche ist. Epigenetiker konzentrieren sich auf die Frage, wie Gene in einem Organismus gesteuert werden. Wie kann man sich das vorstellen?

So werden Gene gesteuert Auf der DNS eines Organismus sind die gesamten ErbInformationen gespeichert. Stellen Sie sich nun beispielsweise einmal die Gebrauchsanleitung einer Videokamera vor. Je nachdem, was Sie wissen möchten, etwa wie man die Belichtung einstellt, suchen Sie sich die entsprechende Textstelle in der Anleitung. Ähnlich machen es Eiweiße in unserem Körper bei epigenetischen Prozessen. Die Eiweiße (Proteine, → Wissen kompakt, Seite 59) werden Schreiber, Ausradierer oder Leser genannt. Schreiber heften chemische Markierungen an die DNS, Ausradierer entfernen sie wieder. Leser setzen Markierungen um, indem sie sich an die chemisch veränderte Stelle setzen und das Gen entweder an- oder abschalten. Auf diese Weise hinterlässt die Umwelt Spuren in unserem Körper, indem sie Eiweiße abstellt, um mit der DNS in Kontakt zu treten. Oder wenn wir bei unserem Rattenbeispiel bleiben: Das Lecken der Rattenmama bewirkt, dass sich im Rattenbaby Eiweißmoleküle an die Stelle der DNS legen, die den Schalter für Stressresistenz einschaltet.
Die Frage drängt sich auf: Warum ist die Epigenetik bei der Ausbildung der Hundepersönlichkeit so wichtig, und warum weiß man so wenig darüber? Körpermerkmale wie Schlappohren, Großwüchsigkeit, Knochenbau und viele mehr werden durch bestimmte Genkombinationen festgelegt und an die nächste Generation weitergegeben. Im Idealfall kann man einen Stammbaum erstellen und damit herausfinden, wie sich dieses Merkmal weitervererbt. Im Gegensatz zu diesen körperlichen Merkmalen tut sich die Wissenschaft schwerer, harte Fakten für die

SCHON GEWUSST ?

Für das spätere Verhalten eines Hundes sind die ersten Lebenswochen sehr wichtig. Was hier gelernt bzw. nicht gelernt wird, bestimmt das gesamte weitere Leben eines Hundes und somit auch unser Zusammenleben mit ihm. Das prägungsähnliche Lernen bei Welpen ist jedoch auch umkehrbar. Es muss nicht zwingend »alles zu spät« sein, wenn der Start ins Leben nicht optimal war. Dennoch entwickeln viele Hunde, die unter Stress und in einer reizarmen Umwelt aufwachsen mussten, Verhaltensstörungen.

▸ Dieser Rhodesian Ridgeback hat es sich auf der Couch gemütlich gemacht. Es sieht so aus, als wäre er tief in Gedanken versunken.

TIPPS & TRICKS

Im Spiel zeigen Hunde oft schon ihre besondere Begabung. Der eine ist körperlich sehr geschickt, der andere untersucht begeistert mit Schnauze und anderen Sinnen die Welt. Fördern Sie die jeweiligen Talente. Verlangen Sie etwa nicht von einer Dogge, auf den Hinterbeinen zu stehen. Für einen Terrier dagegen ist das ein Kinderspiel. Ihre Dogge löst dafür vielleicht Denksportaufgaben mit Bravour.

Vererbung der Persönlichkeitsmerkmale zu liefern. Die Gründe sind vielfältig, aber einige liegen auf der Hand. Mit Hunden kann man keine so standardisierten Experimente durchführen wie etwa mit Mäusen oder Ratten. Und Genmanipulationen an Hunden durchzuführen, ist um ein Vielfaches schwerer als bei Mäusen. Meines Wissens hat man bisher bei keinem Hund ein Gen ausgeschaltet und dann die Auswirkung dieses Ausfalls auf eine Verhaltensweise getestet. Bei Mäusen hingegen ist es Wissenschaftlern gelungen, ein einzelnes Gen (fosB-Gen), das das mütterliche Verhalten steuert, auszuschalten. Es entstand eine »Knockout-Maus« (→ Seite 50). Diese Mäusemamas ließen ihre Kinder links liegen und schoben sie nicht unter ihren Bauch, wie es Mäuse mit dem entsprechenden Gen tun.

Obwohl die Erforschung der genetischen Grundlagen der Tierpersönlichkeiten noch weitgehend unbekanntes Terrain ist, sind die ersten Anfänge gemacht. Forscher vom Max-Planck-Institut in Seewiesen entdeckten, dass Kohlmeisen mit einer bestimmten Genvariante deutlich neugieriger waren und mehr Zeit aufbrachten, um die Umgebung zu erkunden, als ihre Artgenossen. Die Genvariante DRD4, so nennt man dieses Gen, beeinflusst die Wirkungsweise des Botenstoffs Dopamin (→ Wissen kompakt, Seite 59) im Gehirn. Die längere Version dieses Genabschnitts führt dazu, dass die entsprechenden Rezeptoren an den Nervenzellen weniger stark auf Dopamin reagieren und den Hunger nach Neuem anregen. Dieselbe Genvariante fand man auch beim Menschen, und wie ihre gefiederten Mitgeschöpfe, die Kohlmeisen, sind auch sie neugieriger als andere. Und unsere Hunde? Sie besitzen ebenfalls die Genvariante DRD4, wie japanische Forscher herausfanden.

Hunde sind keine instinktgesteuerten Roboter

Es war ein großer Glücksfall, dass man Gene oder Genvarianten bestimmten Verhaltensmustern, sprich Persönlichkeitsmerkmalen zuordnen konnte. Aber leider währte das Glück nicht lange.

Internationale Forscher unter Leitung des Max-Planck-Wissenschaftlers Bart Kempenaers untersuchten vier Kohlmeisen-Populationen in Europa. Doch nur bei einer der vier Populationen hingen Erbgut und Verhalten eindeutig zusammen. Laut Kempenaers ist es schon bei einfach organisierten Lebewesen schwierig, individuelle Unterschiede nur genetisch zu erklären. Selbst bei der Taufliege entscheidet nicht allein das Erbgut über das Verhalten, sondern auch ihre frühe Prägung bestimmt etwa darüber, welche Fruchtsorte die Tiere bevorzugen (→ Literatur, Seite 236).

Vielleicht fragen Sie sich, warum ich so ausführlich auf das Duo Vererbung und Umwelt eingegangen bin. Es ist mir ein großes Anliegen, das Wechselspiel zwischen Genetik und Umwelt darzulegen, weil die Epigenetik ein Werkzeugkasten ist, mit dem das Gebäude der Persönlichkeit erstellt wird. Sie entscheidet darüber, wer ich bin und wer ich werde. Das gilt auch für Hunde. Im Alltag von Mensch und Hund wird die Wichtigkeit der Persönlichkeit für das Wohlbefinden des Hundes unterschätzt. Noch regiert in weiten Teilen der Hundeszene die Genetik. Stillschweigend oder unbewusst schließt man vom Körperbau auf die Verhaltensweisen einer Rasse. Jagdhunde sind die geborenen Jäger, Bernhardiner die gutmütigen Riesen, Schäferhunde die folgsamen und tapferen Verteidiger, Kampfhunde die Menschenfresser. In den Köpfen mancher Hundehalter spukt immer noch das Bild: Hunde sind instinktgesteuerte, lernfähige Roboter. Und sie behandeln die Vierbeiner auch so. Bei ihnen ist die Botschaft der Epigenetik und der Neurobiologie noch nicht angekommen. Auf einen kurzen Nenner gebracht: Epigenetik und Neurobiologie sind die Handwerker der Persönlichkeit.

WISSEN KOMPAKT

RUND UM DIE GENFORSCHUNG
Fachbegriffe leicht verständlich erklärt

• **Hypothalamus**
Der untere Teil des Zwischenhirns ist der Hypothalamus. Er ist ein Zentrum zur Koordination lebenswichtiger Körperfunktionen wie Schlafen und Wachen, Atmung, Sexualität und Aggression. Der Hypothalamus gibt auch Hormone ab.

• **Östrogene**
Hier handelt es sich um weibliche Geschlechtshormone, die sowohl im weiblichen als auch in geringen Mengen im männlichen Organismus zu finden sind.

• **Desoxyribonucleinsäure (DNS, DNA)**
Die DNS ist jenes Molekül, in welchem die gesamte Erbinformation eines Lebewesens gespeichert ist.

• **Proteine**
Proteine oder Eiweiße sind aus Aminosäuren aufgebaute Moleküle. Sie sind elementare Bausteine allen Lebens und haben viele Schlüsselfunktionen. Proteine sind der Stoff, aus dem Körperzellen, Enzyme und auch Hormone gemacht sind.

• **Dopamin**
Der Botenstoff Dopamin sorgt für Glücksgefühle. Das Hormon leitet Signale zwischen Neuronen weiter. Es steuert auf diese Weise emotionale sowie geistige Reaktionen.

Die Macht
der Gefühle

Freude, Angst, Schmerz, Verzweiflung, Ekel oder Enttäuschung sind starke Gefühle. Sie helfen uns, in unserer Umwelt zurechtzukommen, sie entsprechend zu beurteilen. Doch wo und wie entstehen Gefühle? Und was bedeuten sie für unsere Vierbeiner?

Gefühle sind lebenswichtig

Der Jahrhunderte andauernde Streit, ob Tiere Gefühle bzw. Emotionen besitzen, ist entschieden: Selbstverständlich haben Tiere Gefühle. Die Beweislast der Neurobiologie ist erdrückend. Auch in der Hirnanatomie gibt es Ähnlichkeiten zum Menschen: Der Sitz der Gefühle, das limbische System (→ Wissen kompakt, Seite 41), ist keine Sonderanfertigung für den Menschen, im Gegenteil: Es ist entwicklungsgeschichtlich ein sehr alter Hirnteil – viel älter als die für logisches Denken zuständige Großhirnrinde. Und es ist bei Tieren gut ausgebildet. Das limbische System hat den Charakter einer Durchgangsstation, in der alle einlaufenden Sinneswahrnehmungen ihren »Gefühlsausdruck« bekommen. Bestimmte Gefühle kann man ganz bestimmten Hirnarealen und der Aktivität der dortigen Nervenzellen zuordnen. In zahlreichen Versuchen konnte man die Ausschüttung eines Neurotransmitters (Botenstoff) einem Gefühl zuschreiben. Ein solcher Neurotransmitter ist zum Beispiel Serotonin (→ Welche Gene sind für die Angst verantwortlich?, Seite 50). Dazu der bekannte Neurobiologe Gerhard Roth: »Ein niedriger Serotoninspiegel führt bei Mensch und anderen Säugern oft zu Aggressivität sowie zu autoaggressivem Verhalten bis hin zum Selbstmord. Kürzlich wurde entdeckt, dass bei Mäusen und bei Menschen ein genetischer Defekt, der den Serotoninstoffwechsel verändert, zu stark erhöhter Aggressivität führt. Ein erhöhter Serotoninspiegel führt zu Ausgeglichenheit, ruhiger Gelassenheit, zur Zufriedenheit mit den Dingen, wie sie sind. Ein niedriger Serotoninspiegel dagegen erzeugt ein Gefühl allgemeiner Bedrohung, Unsicherheit und erhöhte Ängstlichkeit. Entsprechend wird angenommen, dass ein niedriger Serotoninspiegel über diesen Gefühlszustand sekundär aggressiv macht, da man sich allgemein bedroht fühlt.« (→ Literatur, Seite 236)

Warum gibt es Gefühle?

Gefühle sind kein Luxus der Natur, sie erfüllen überaus wichtige Aufgaben. Wie will ein Tier, das in einer komplexen Umwelt lebt, in der Wildnis bestehen, wenn es keine Furcht empfindet, keine Risiken abschätzt oder keinen Schmerz spürt, der es vor Fehlverhalten schützt? Gefühle informieren unseren Körper bewusst oder unbewusst über seine innere Welt und helfen Entscheidungen zu treffen, indem sie bestimmte Verhaltensweisen fördern oder behindern. Gefühle sind Ratgeber unseres Handelns. Gefühle sind es, die unsere Kontakte zu Mitmenschen bewerten. Wenn uns jemand anlächelt, wissen wir automatisch, dass uns diese Person wohlgesinnt ist. Bei Tieren ist dies nicht anders. Die Tiere erkennen am Ausdrucksverhalten des anderen dessen Handlungsabsichten. Ein Hund muss nicht lange überlegen, was die fletschenden Zähne seines Artgenossen bedeuten. Sie erlauben ihm eine blitzschnelle Bewertung der Situation. Mittels Gefühlen erkennen wir Situationen, regulieren, motivieren und bewerten Verhalten. Unsere innere Welt versieht alles, was sie aufnimmt, mit einer neuen Qualität, die es in der Außenwelt nicht gibt. Je nachdem, mit welcher Musik eine Filmszene unterlegt ist, bewerten wir die Szene unterschiedlich. Eine zunächst belanglose Szene, wie das Öffnen einer Tür, kann durch die entsprechende Musik spannend oder langweilig sein. Gefühle sind ein ständiger Begleiter, mal sind sie stärker, mal schwächer.

Während eines Tages durchleben wir die verschiedensten Gefühlszustände. Einige angenehme wie Freude sind willkommen. Angst, Schmerz und Hass dagegen nicht. Wer hat noch nicht mit einem Wechselbad der Gefühle zu kämpfen gehabt? Kaum einer. Aber was passiert, wenn die Gefühle ausfallen? Es schaudert mich bei diesem Gedanken. Hätte ich keine Gefühle, würde ich nichts empfinden. Eine Welt ohne Gefühle – kaum vorstellbar, und dennoch gibt es Menschen, die nahezu gefühllos sind. Der Neurologe und Arzt Antonio Damasio schildert in seinem Buch

TIPPS & TRICKS

Gefühlsschwankungen sind auch Hunden nicht unbekannt. Sie haben – wie wir – gute und schlechte Tage. Nehmen Sie Rücksicht darauf. Ist Ihr Vierbeiner schlecht drauf, heitern Sie Ihn auf, indem Sie etwas tun, was ihm Freude macht.

► Wie zeigt man als Vierbeiner, dass man sich »pudelwohl« fühlt? Klarer Fall: Man wälzt sich im Gras und streckt alle viere von sich.

»Descartes' Irrtum« solch einen Fall. Den Mann, einen Wirtschaftsprüfer in den USA, hatte ein Gehirntumor völlig verändert. Er musste sich einer Operation unterziehen. Nach der Operation blieben keine konkreten Ausfallserscheinungen bei dem Patienten zurück. Nach wie vor besaß er ein gutes Gedächtnis und eine außergewöhnliche Intelligenz. Aber in vielerlei Hinsicht war der Mann nicht mehr er selbst. Anders als früher war er plötzlich unzuverlässig und unberechenbar. Er verprellte seine Freunde, und zwei Ehen scheiterten in Folge. Auch seinen Beruf musste er aufgeben. Was war geschehen? Während der Operation des Stirnhirns wurden sowohl der rechte als auch der linke Stirnlappen des Gehirns in Mitleidenschaft gezogen. Bei diesem unglücklichen Patienten sind zufällig Hirnstrukturen zerstört worden, deren Aufgabe es ist, seine Wahrnehmungen mit seinen Gefühlen zu verbinden. Hierfür ist offenbar die gefühlsmäßige Entscheidungsfindung im präfrontalen Cortex, einem Teil des Frontallappens der Großhirnrinde, ausschlaggebend. Fällt sie aufgrund einer Krankheit aus, trifft der Patient unvernünftige Entscheidungen und ist nahezu ohne Gefühle. Jetzt fehlt ihm jene Bewertungsinstanz, die für alle Entscheidungen maßgeblich ist. Damasio fasst das Krankheitsbild zusammen: »Der Patient kann sich nur schwer entscheiden, und wenn er es tut, kommt meist etwas Selbstzerstörerisches heraus.« Die Gefühlsleere wirkt sich auch auf andere kognitive, also intellektuelle Prozesse aus. Unser Erinnerungsvermögen ist besser, wenn es durch Gefühle unterstützt wird. Selbst abstrakte mathematische Inhalte verstehen wir eher, wenn sie mit Freude verbunden sind. In einer freudigen Grundstimmung lernen wir leichter. Das gilt auch für Tiere. Erstaunlich, dass diese einfache Erkenntnis so wenig in der praktischen Pädagogik und in der Hundeausbildung beachtet wird. Wer die mentalen Fähigkeiten seiner Tiere testet, weiß, wie abhängig die Ergebnisse vom Gefühlszustand sind. Dauerhafte negative Gefühle können das Leben von Mensch und Tier sehr belasten. Bei beiden können dann Verhaltensstörungen auftreten. Ohne Gefühle sind wir in dieser Welt verloren. Unsere Gefühle prägen unsere Persönlichkeit. Damasio hat es in dem Titel seines Buches in Anlehnung an René Descartes, einem französischen Philosophen, Mathematiker und Naturwissenschaftler, auf den Punkt gebracht: »Ich fühle, also bin ich.« Dem ist nichts hinzuzufügen – außer, dass diese Aussage auch für Tiere gilt. Nach Auffassung vieler Wissenschaftler haben alle Menschen unterschiedlicher Kulturen ein angeborenes »Paket« an Grundgefühlen, nämlich: Furcht, Angst, Freude, Glück, Verachtung, Ekel, Schmerz, Neugierde, Hoffnung und Enttäuschung. Einige Forscher zählen ein paar mehr, andere ein paar weniger Grundgefühle hinzu. Unser aktuelles Gefühlsleben besteht aus einer unendlichen Mischung dieser positiven wie negativen Grundgefühle.

▶ Freude pur. Der Vierbeiner läuft in die Arme seines Frauchens und kostet ihre liebevollen Streicheleinheiten aus.

Freude – ein gutes Gefühl

Emma war ihrem Frauchen Christa ausgebüxt und landete im Tierheim. Zwei Tage später kam der befreiende Anruf, Christa möge Emma im Tierheim abholen. Christa war die Freude ins Gesicht geschrieben: Sie strahlte, ihre Pupillen weiteten sich, Mundwinkel und Lippen wurden für ein Lächeln nach oben gezogen. Ohne Worte wusste jeder, was sie empfand: Erleichterung und Freude, ihren Hund wiederzuhaben. Sofort fuhren wir ins Tierheim. Emma befand sich mit zwei anderen Hunden in einem Zwinger. Als sie Christa wahrnahm, rannte sie sofort ans Gitter, sprang daran hoch, bellte, winselte, leckte Christas Hand, rannte kurz hin und her und konnte es kaum erwarten, bis sich die Zwingertür öffnete. Und dann lagen sich die beiden buchstäblich in den Armen. Emma umkreiste Christa, winselte, sprang an ihr hoch und leckte sie. Und Christa packte ihre Emma, knuddelte und streichelte sie. Alle Anwesenden verstanden die Gefühle und hatten keinerlei Zweifel an ihrer Interpretation. Welche Freude. Und was machten die beiden anderen Hunde? Auch sie bellten und wedelten mit dem Schwanz und wollten aus dem Zwinger, aber ihr Verhalten unterschied sich deutlich in der Intensität und war nicht direkt auf Christa gerichtet.

Was wir mit unseren eigenen Augen sehen, spielt in der Wissenschaft fast keine Rolle, zumindest was die Erforschung der Freude bei Hunden angeht. Die Forschung beschäftigt sich vorwiegend mit negativen Gefühlen wie Angst, Furcht und Wut. Soweit mir bekannt, geht nur der renommierte Wissenschaftler Marc Bekoff auf die Freude und den Spaß der Hunde ein. Das ist seltsam. Und ich stelle mir die Frage: Welch ein Hundebild tragen wir in unseren Köpfen umher? Mein Unbehagen wird noch verstärkt: Ein Blick in einige der zahlreichen Hundebücher zeigt, dass wir die Begriffe Freude und Spaß kaum finden. Was steckt dahinter? Viele möchten zwar ihrem Vierbeiner gern eine Freude machen, betrachten dies aber zu sehr aus menschlicher Sicht. So bereitet etwa ein schöner neuer Fressnapf vor allem dem Halter Freude, nicht aber seinem Hund. Der Vierbeiner dagegen freut sich unbändig, wenn er seine Menschen beispielsweise auf einer Wanderung begleiten darf.

Die Freude ist nach Auffassung vieler Wissenschaftler ein Basisgefühl wie Angst und Traurigkeit. Diese Gefühle haben einen biologischen Sinn. Sie helfen dem Organismus, seine innere Welt mit der Außenwelt abzugleichen. Sie zeigen dem Tier, wo es sich wohlfühlen kann. Wird ein Tier vor die Wahl gestellt, wird es immer dorthin gehen, wo es Freude empfinden kann und nicht Angst. Bei großer Freude geben die Nervenzellen des

Gehirns vermehrt den chemischen Signalstoff Dopamin ab (→ Wissen kompakt, Seite 59). Dopamin ist ein sogenannter Transmitter. Er überträgt Informationen von einer Nervenzelle auf die andere. Jaak Panksepp, einer der führenden Köpfe der Emotionsforschung bei Tieren, ist überzeugt, dass Tiere Freude empfinden können. Um seine Hypothese zu untermauern, führten er und sein Team viele neurophysiologische Experimente durch. Unter anderem dieses: Sie setzten zwei Ratten täglich für eine Stunde in einen Käfig, der mit vielen Beschäftigungsmöglichkeiten ausgestattet war. Die Tiere nahmen das Angebot freudig an. Verabreichte man den Tieren aber ein Medikament, das die Ausschüttung von Dopamin an den Nervenzellen verhindert, verflog ihre Freude.

Positive Gefühle sorgen für Gesundheit Ich glaube, positive Gefühle haben bei Tieren eine ähnliche Auswirkung auf das Immunsystem wie beim Menschen. Gute Gefühle stärken das Abwehrsystem und verhindern Krankheiten. Warum soll man nicht ab und zu den Tieren eine Freude gönnen? Es ist nicht so schwer, wie man vielleicht denken könnte. Mit Futter, aber auch mit geistiger Anregung lässt sich viel erreichen. Seit vielen Jahren untersuchen wir die mentalen Fähigkeiten von Hunden und Katzen. Unabhängig vom Versuchsdesign oder vom Erfolg im Experiment kommen alle Tiere freudig in den Versuchsraum. Beim Betreten des Versuchsgeländes beginnen sie an der Leine zu ziehen, zu bellen und loszulaufen. Sie können es nicht erwarten, eine der gestellten Denksportaufgaben zu lösen. Cora, unser Primus, eine Entlebucherhündin, richtet sich etwa ein paar Hundert Meter vor dem Versuchsgelände schon im Auto auf, schaut neugierig umher, dreht sich um die eigene Achse und bellt. Sie weiß, wohin wir fahren, und kann es kaum erwarten, das Ziel zu erreichen. Warum Hunde so gern Denksportaufgaben lösen, weiß ich nicht, darüber kann man nur spekulieren. Eine Möglichkeit ist, dass Hunde gern ihr Gehirn benutzen, um Probleme zu lösen.

Der Gedanke ist nicht neu, so ähnlich hat es Manfred Spitzer, Professor für Psychiatrie, für den Menschen ausgedrückt. Seiner Meinung nach ist das Gehirn geschaffen worden, um beschäftigt zu werden und Probleme zu lösen. Nicht zu denken und nur auszuruhen, ist eher schädlich für den Stoffwechsel des Gehirns – frei nach dem Sprichwort: »Wer rastet, der rostet.« Warum sollte dies bei Hunden anders sein, sind doch die »Hardware« des Gehirns, die Nervenzellen, und die Verschaltungsmöglichkeit der Nervenzellen untereinander gleich denen des Menschen. Um Missverständnisse zu vermeiden, möchte ich betonen: Natürlich sind die einzelnen Nervenzellen im Gehirn von Menschen und Tieren unterschiedlich verschaltet, aber der Mechanismus, wie jede einzelne Nervenzelle

SCHON GEWUSST ?

Das Schwanzwedeln drückt beim Hund verschiedene Emotionen aus. Italienische Forscher fanden heraus, dass Hunde untereinander die Gefühlslage ihres Gegenübers daran erkennen, ob rechts oder links gewedelt wird. Dem Wedeln rechts liegen demnach positive Emotionen wie Entspannung zugrunde, dem Wedeln links jedoch negative Gefühle wie Angst. So können Sie die Gemütslage Ihres Hundes auf einen Blick einschätzen.

▶ Der Kontakt zu Artgenossen und Menschen ist enorm wichtig, sonst
verkümmern die sozialen Fähigkeiten des Vierbeiners.

mit der anderen in Kontakt tritt, ist gleich. Unterschiedlich ist die »Soft-
ware«. Apropos, wir haben diese Freude nicht nur bei Hunden festgestellt, sondern auch bei Hauskatzen, Löwen, Tigern und Leoparden.

Spiel und Spaß

Spielen ist eine Investition in die Zukunft. Während des Spielens werden
Verhaltensweisen gelernt und trainiert, die erst in späteren Lebensab-
schnitten zum Tragen kommen. Das Spielen findet immer in einem
entspannten Umfeld statt. Hunde lernen dabei zum Beispiel die sozialen
Spielregeln. Aber Spielen ist kein Luxus der Natur. Es hat seinen Preis:
Die Gefahr, sich zu verletzen oder während des Spielens vom Feind
entdeckt zu werden, ist groß. Warum spielen dann Tiere überhaupt?

Ultimate und proximate Ebene Die Verhaltensbiologie splittet die Frage, warum Tiere spielen. Sie fragt sich einerseits: Warum ist dieses Verhalten im Laufe der Evolution entstanden? Das ist die sogenannte ultimate Ebene, wie die Verhaltensforscher sie bezeichnen. Andererseits fragen sie sich: Was geschieht im Körper des Tieres, damit es spielt? Das nennen die Forscher die proximate Ebene.

Betrachten wir kurz die proximate Ebene. Fragen Sie ein Kleinkind, warum es spielt. Wie aus der Pistole geschossen, wird es Ihnen antworten: weil es Spaß macht. Und es hat recht. Denn Spielen wird von der inneren Motivation, dem Spaß, gespeist. Oder einfacher, aber wissenschaftlich nicht ganz so korrekt: Ohne das Gefühl des Spaßes findet Spielen nicht statt.

Die Lust am Spielen Spielen und Spaß sind ein Duo, jedoch nicht ganz gleichwertig. Man kann auch Spaß haben, ohne zu spielen, aber man kann ohne Spaß nicht spielen. Neben dem äußeren Verhalten der Tiere beobachtet man heute auch ihre Körperchemie und vergleicht dann beides miteinander. Damit ist gewissermaßen eine zweite Beobachtungsebene eröffnet.

Biochemische Untersuchungen am Rattengehirn zeigten, dass Spiel Spaß bereitet. Der amerikanische Psychologe Jaak Panksepp entdeckte bei Ratten, dass eine höhere Opiat-Dosis im Gehirn der Tiere sowohl den Spaß fördert als auch die Lust zu spielen. Verringert man die Opiatkonzentration im Gehirn, so nehmen Spaß und Spielfreude ab. Wenn die biochemischen Mechanismen für Ratten und Menschen zutreffen, dann ist es sehr wahrscheinlich, dass sie auch für Hunde gelten. Zumal jeder sieht, mit welchem Spaß Hunde spielen.

Beantwortet man die Frage, warum Hunde spielen, aus evolutionsbiologischer Sicht, dann stellt man fest, dass die Gefühle Freude und Spaß eine Eigendynamik und Selbstständigkeit entwickeln können, die nicht mehr an biologischer Zweckmäßigkeit orientiert sind. Und diese Emanzipation der Gefühle, wie wir sie bei uns als selbstverständlich voraussetzen, gestaltet das Verhalten der Tiere mehr, als wir ahnen.

Gewiss ist das Spaß- oder Lustgefühl, das ein spielender Hund empfindet, nicht einfach so vom Himmel gefallen. Es ist vielmehr ein Produkt der Evolution. Aber das Gefühl blieb nicht unter den Einsatzbedingungen, unter denen es entstanden ist. Klar und treffend hat der Schweizer Primatenforscher Hans Kummer diesen Zusammenhang formuliert: »Die Lust zum Tun wird evolutiv im Erbgut verankert, weil das Tun Nutzen bringt. Ist die Lust einmal da, richtet sie sich wenig nach der Notwendigkeit.« (→ Literatur, Seite 236)

TEST: WIE ENG IST DIE BINDUNG?

Die Bindung hängt von vielen Faktoren ab. Manche Hunde gehen eher eine persönliche Beziehung zum Menschen ein als andere. Zudem ist sie vermutlich von der genetischen Konstitution, der Persönlichkeitsentwicklung und der Erziehung abhängig. Aber eine Richtschnur kann ein Test sein. Als Grundlage für Punkt 5 habe ich auch einen Test der Biologin Lisa Horn von der Uni Wien verwendet und vereinfacht.

	A	B	C
1. Während eines halbstündigen Spaziergangs schaut Ihr Hund gar nicht nach Ihnen (A), selten nach Ihnen (B), häufig nach Ihnen (C).	●	●	●
2. Wie reagiert Ihr Hund, wenn er mit einer fremden Person den Spaziergang fortsetzen soll? Er geht freudig mit (A). Die Person muss ihn an der Leine ziehen, damit er mitgeht (B). Der Hund weigert sich mitzugehen (C).	●	●	●
3. Wie reagiert Ihr Hund, wenn er mit einer befreundeten Person den Spaziergang fortsetzen soll? Er geht freudig mit und schaut nicht nach Ihnen (A). Nach kurzer Aufforderung geht er mit, ohne sich umzudrehen (B). Der Hund weigert sich mitzugehen (C).	●	●	●
4. Wie entscheidet sich Ihr Hund, wenn er vor die Wahl gestellt wird, mit seinem Hundefreund und dessen Besitzer eine andere Richtung zu gehen als Sie? Er folgt trotz Aufforderung Ihrerseits dem Hundefreund (A). Er folgt Ihnen mit Aufforderung (B). Er folgt Ihnen ohne Aufforderung (C).	●	●	●
5. Lassen Sie Ihren Hund in einem unbekannten Raum eine Problemaufgabe lösen, z. B. den Futter-angeln-Test (→ Seite 148), und stoppen Sie die Zeit. Sie sind alleine mit dem Hund im Raum, beobachten ihn, geben aber keinerlei Zeichen oder Hilfen während der Hund agiert, sondern bleiben ruhig stehen und messen die Zeit (A). Eine fremde Person macht das Gleiche wie Sie (B). Sie lassen den Hund alleine mit der Aufgabe und filmen ihn mit Handy oder Kamera (C).	●	●	●

Auflösung 1. bis 4.:

Vorwiegend A, B oder C hat folgende Beutung:

A: Der Hund ist vor allem auf sich konzentriert und macht, was er will. Die Bindung ist noch nicht besonders ausgeprägt. Daran lässt sich arbeiten!

B: Die Bindung zu Ihnen ist zweifellos vorhanden. Ihr Vierbeiner lässt sich aber noch zu stark ablenken.

C: Gratulation! Für Ihren Vierbeiner sind Sie die absolute Nummer eins.

Auflösung 5.:

Der Hund ist am entspanntesten und freiesten, wenn Herrchen oder Frauchen anwesend ist. Je besser die Bindung, desto schneller findet der Hund die Lösung des Problems.

Angst – die dunkle Seite der Gefühle

Angekommen am Ziel meiner Träume. Ich umarme meine Frau, mein Herz schlägt kräftiger und schneller vor Glück. Wir stehen in einem Zeltcamp auf einer Lichtung im dichten Kibale-Wald von Uganda. Von hier aus wollen wir morgen auf die Suche nach unseren nächsten Verwandten, den Schimpansen, gehen. Die berühmten Schimpansenforscher Christophe Boesch und Jane Goodall haben mir im persönlichen Gespräch erstaunliche Geschichten von unseren haarigen Vettern erzählt. Und nun habe ich die Chance, ihnen von Angesicht zu Angesicht zu begegnen. Mit diesem Hochgefühl krochen wir in unser Zelt, während der starke Tropenregen auf unsere Zeltplane prasselte. So gegen 21.00 Uhr hörte der Regen auf. Ich wollte schauen, was unser Fahrer und die Mannschaft des Zeltcamps treiben. Aber niemand war da, alle waren verschwunden, selbst das Auto.

Zunächst dachte ich mir noch nicht viel dabei und ging zurück ins Zelt, um zu schlafen. Doch dann konnte ich nicht einschlafen und lauschte angestrengt, ob jemand das Camp betritt. Aber nichts rührte sich. Nur in meinem Kopf fing es an zu arbeiten.

Gedanken schossen mir durch den Kopf, wie der Entführungsfall des Ehepaares Wallert auf den Philippinen. Ich habe bei meinen zahlreichen Besuchen in Afrika noch nie erlebt, dass der Fahrer und die Belegschaft des Camps sich während der Nacht aus dem Staub machten. Das war seltsam und absolut neu für mich.

Wirklichkeit und Fantasie vermischten sich miteinander. Zur Wirklichkeit gehörte, dass wir schutzlos im dichten, stockdunklen Urwald in einem Zelt lagen, weitab von jeder Zivilisation und Menschen. In meiner Fantasie sah ich uns als Opfer eines Überfalls von Fahrer und Mannschaft. Die grausamsten Geschichten gingen mir durch den Kopf. Während diese Gedanken Oberhand gewannen und ich die Hilflosigkeit wahrnahm, schlich sich die Angst in meinen Körper. Sie fuhr mir den Rücken entlang, in die Beine bis zu den Zehen. Ich spürte den kalten Angstschweiß auf meiner Haut und das schneller pochende Herz. Mein ganzer Körper war in Alarmbereitschaft.

Was im Körper passiert Noch ehe mir die Angst bewusst wird, sendet mein Gehirn Botenstoffe wie Acetylcholin und Noradrenalin aus. Sie bringen Atmung, Kreislauf, Muskulatur und Stoffwechsel auf Trab. Zucker und Sauerstoffbedarf werden stattdessen gedrosselt. Verdauungsorgane, Haut und Gehirn werden weniger durchblutet. Das Gesicht wird schreckensbleich. Die Hirnregionen Amygdala, Hippocampus und weitere

Verletzen Sie die Gefühle Ihres Hundes nicht. Wenn Sie beispielsweise ohne Ihren Vierbeiner unterwegs waren und nach Hause kommen, freut sich der Hund unbändig, dass Sie wieder da sind. Erwidern Sie seine Freude mit lieben Worten und Streicheleinheiten.

▶ Ein gewagter Sprung. Der Terrier verbeißt sich in einen Ast und hält sich so oben. Aus dieser Perspektive sieht die Welt anders aus.

Strukturen des limbischen Systems (→ Wissen kompakt, Seite 41) bündeln die Signale aus Umwelt und Körper und vergleichen sie mit den im Gedächtnis gespeicherten Erfahrungen aus ähnlichen Situationen. Dieses komplexe Geschehen verschmilzt zum Angstgefühl, das wiederum die Notfallreaktion verstärkt: Vom Hypothalamus (→ Wissen kompakt, Seite 59) informiert, entlässt die Hypophyse (→ Wissen kompakt, Seite 81) das Hormon ACTH ins Blut und regt die Nebenniere zur Produktion von Stresshormonen (Adrenalin, Noradrenalin, Cortisol) an. Daraufhin setzt die Leber Zuckerreserven frei – den Brennstoff für die erhöhte Aktivität. Die Schrecksekunde wirkt tagelang nach: Cortisol etwa muss für neue Zuckervorräte sorgen (→ In jedem Macho steckt eine Mimose, Seite 222). Länger andauernde Angstzustände drosseln die Produktion von Geschlechtshormonen und setzen die Lust auf Sex herab.

Angst ist kein Erziehungsmittel

Warum erzähle ich Ihnen in einem Hundebuch von meinem Angsterlebnis? Die Idee dahinter ist, dass Sie die Angst Ihres Hundes leichter nachempfinden. Die Geschichte soll wachrütteln und die Augen öffnen, denn im Körper des Hundes laufen sehr ähnliche Stoffwechselprozesse bei der Angst ab wie bei uns. Wer Angst erlebt hat, der geht vorsichtig mit ihr um und setzt sie nicht als Erziehungsmittel ein. Doch genau das wird leider viel zu oft in der Hundeausbildung getan.

Welche Aufgabe hat die Angst im biologischen Getriebe? Angst dient als ein universelles Warnsystem, als Fluchtsignal bei Gefahren und ist eine Triebfeder der Evolution. Ängstlichkeit ist ein Persönlichkeitsmerkmal, und wie immer stellt sich die Frage: Welchen Einfluss hat die Genetik auf die Angst und welchen Einfluss das Lernen? Und wie so oft geben Tierexperimente darauf eine Antwort. Unerfahrene Rhesusaffen zeigen keine Furcht vor Schlangen. Sehen die Jungtiere aber nur ein einziges Mal, wie ein erwachsener Affe vor einer Schlange erschrickt, dann beginnen sie sich zu fürchten. Die so erworbene Schlangenfurcht lässt sich nicht wegdressieren. Dieses Verhalten lernen die Affen sogar von Videofilmen. Wird allerdings im Videofilm mithilfe einer technischen Manipulation die Schlange gegen eine Blume ausgetauscht, nimmt das Jungtier die Schreckreaktion des erwachsenen Affen im Film nicht zum Vorbild. Es ist demnach nicht genetisch darauf vorbereitet, eine Blume mit Gefahr zu assoziieren. Es muss also so etwas wie ein Vorwissen über schlängelnde oder kriechende Tiere vorhanden sein, das durch Lernen geweckt wird. Welcher Unterschied besteht zwischen Angst und Furcht? Furcht zielt immer auf ein Objekt, die Angst nicht. Ob Furcht oder Angst wirklich zwei unterschiedliche emotionale Zustände sind oder nur zwei Worte für die gleiche Sache, darüber wird in der Wissenschaft noch heftig gestritten. Jaak Panksepp, der renommierte Emotionsforscher, bezeichnet die Furcht und die Angst als zwei negative emotionale Zustände, die in unterschiedlichen Hirnarealen entstehen.

► Robby schafft es nicht, an der Zeitung vorbeizulaufen. Sie flößt ihm Angst ein.

Robby, der Ängstliche

Robby, ein Retriever, kam als Welpe in die Familie. Niedlich wie er war, wurde er von den Kindern verhätschelt und von Frauchen verwöhnt. An Zuneigung und Liebe mangelte es ihm nicht. Er wuchs wie Tausende Familienhunde auf, außer dass er vielleicht mit zu wenig Konsequenz erzogen wurde. Aber dennoch lernte er, was ein Familienhund zu können hat. Das war nicht immer einfach, weil er einen ausgeprägten Dickkopf hatte. Aber das war nicht das Problem.

Robby entwickelte, je älter er wurde, Ängste. Als erwachsener Rüde hatte er Furcht vor viel kleineren Artgenossen. Neuem gegenüber war er misstrauisch und übertrieben vorsichtig. Immer wieder konfrontierte ich ihn einfühlsam mit ein und demselben Gegenstand.

Bestes Beispiel ist ein alltägliches Schauspiel. Auf der Treppe liegt die Zeitung. Robby geht bis zur Zeitung, stoppt und wartet. Es wäre leicht, an der Zeitung vorbeizugehen, so wie Wisla und Teddy es vormachen. Aber Robby schafft es nicht. Selbst die besten Leckerlis können Robby nicht dazu bewegen, an der Zeitung vorbei die Treppen hoch- oder runterzulaufen. Alles Zureden hilft nichts. Er bleibt wie angewurzelt vor der Zeitung stehen (→ Zeichnung links).

Robby weiß sich zu helfen Nun könnte man denken, Robby sei dumm. Aber dem ist nicht so, denn er entwickelte eine andere Strategie. Robby dressierte uns. Er bellt, wenn er nicht mehr weiterweiß oder -kann. Es dauerte Jahre, bis er eine angelehnte Tür mit der Schnauze öffnete. Es war ihm auch nicht beizubringen, einen Stock oder Handschuh zu apportieren. Obwohl er ab und zu durchaus stolz einen Stock trug. Ich schaffte es nicht, ihn zu lehren, mir etwas zu bringen. Aber das ist noch nicht alles. Es ist fast unmöglich, ihn aufzufordern, an einen bestimmten Platz zu gehen. Konkret heißt das: Ich deute mit ausgestrecktem Arm und Zeigefinger auf eine Stelle im Raum, wo er sich hinbewegen soll. Keine Chance – man muss ihn dort hinführen und das Kommando »Platz« geben. Dann ist seine Welt in Ordnung.

Für alle meine Hunde war dies nie ein Problem. Auffallend ist, dass man Robby bei jeglicher Art von Unterricht wie ein rohes Ei behandeln muss. Selbst mit einer noch so verführerischen Belohnung kann ich ihn kaum zu einer Handlung verlocken.

Was ist los mit Robby? Frisst seine Angst auf Neues tatsächlich all seine Neugierde auf, ist seine Intelligenz vielleicht nicht besonders ausgeprägt, oder ist er einfach nicht lernbegabt? Dem widerspricht allerdings, wie sich Robby im Wasser verhält.

Gefühle lassen sich steuern: So können Sie Einfluss nehmen

Eifersucht, Angst und Trauer sind starke Gefühle, die so manchen aus der Bahn werfen. Hunden geht es da nicht anders als uns. Wenn Sie die Ursache kennen, die diese Emotionen bei Ihrem Hund ausgelöst haben, können Sie Ihrem Vierbeiner helfen, damit fertig zu werden. Hier vier konkrete Beispiele, die im alltäglichen Leben eines Vierbeiners nicht selten vorkommen.

EIFERSUCHT

Seit das Baby da ist, verhält sich unser Hund merkwürdig. Er will immerzu gestreichelt werden und drängelt sich regelrecht unangenehm auf. Was ist in diesem Fall zu tun?

Ein Baby zieht unbewusst alle Aufmerksamkeit und Liebe auf sich. Das ist gut so und wunderbar. Aber das kann der Vierbeiner nicht verstehen. Er kennt das Baby nicht, für ihn ist es fremd, und er muss sich erst an die neue Person und Situation gewöhnen. Wie erleichtern Sie ihm den Gewöhnungsprozess? Indem Sie häufig im Beisein des Hundes das Baby auf den Arm nehmen und es ihm zeigen. Vergessen Sie dabei nicht, mit ihm und dem Baby zu sprechen. Liebkosen Sie die beiden. Das tut beiden gut, und der Hund lernt, dass er nicht zurückgesetzt wird, sondern seine Liebe nur teilen muss. Dieser Prozess benötigt etwas Zeit und Geduld. Doch wenn es Ihnen gelingt, trotz Baby Ihrem Hund warmherzige Gefühle zu vermitteln, werden Sie in ihm einen Beschützer und Freund Ihres Babys finden. Sie müssen nicht so weit gehen wie John Aspinall, der seine Enkelkinder mit Gorillas spielen ließ. Ich habe erlebt, wie zärtlich eine Gorillafrau das Enkelkind in den Arm nahm und mit ihm herumturnte. Ich fragte John Aspinall und die Eltern, ob sie keine Angst um das Kind hätten.

Die Antwort kam prompt: »Gorillas leben in Gruppen und sind äußerst zärtlich zu ihren Kindern. Sie erkennen auch, wie hilfsbedürftig ein Menschenkind ist.« Jain Douglas-Hamilton, ein Elefantenforscher, spazierte mit seinem Baby unter wilden Elefanten herum, und die Elefantenkühe berochen neugierig das Kind.

Diese Beispiele zeigen: Hochsoziale Tiere können auch mit fremdem Nachwuchs umgehen, wenn man ihnen die Gelegenheit gibt, ihn kennenzulernen. Daher mein Spezialtipp:

Lassen Sie Ihren Hund das Baby von Kopf bis Fuß beriechen. Vergessen Sie für einen Augenblick die Hygiene.

UNSICHERHEIT/ANGST

Kürzlich wurde unser Dalmatiner Lucky von einem wesentlich kleineren Hund gebissen. Seitdem fürchtet sich Lucky vor Artgenossen. Treffen wir bei Spaziergängen auf fremde Hunde, bleibt Lucky wie angewurzelt stehen und klemmt den Schwanz ein. Wie kann ich unserem Vierbeiner seine Angst nehmen?

Angst lässt sich nur durch viele positive Erfahrungen besiegen. Bringen Sie deshalb Lucky mit vielen friedlichen Artgenossen zusammen. Am besten, Sie finden Spielgefährten. Bei diesen Begegnungen macht er die Erfahrung, dass viele seiner Artgenossen friedliche Gesellen sind. Aber das ist nicht alles, denn er lernt dabei Mimik und Gestik der anderen Hunde besser einzuschätzen. Dieses Wissen macht ihn sicherer im Umgang mit den anderen und nimmt ihm allmählich die Angst. Ist das ängstliche Verhalten des Hundes ein Persönlichkeitsmerkmal, also genetisch verankert, wird er allerdings seine Furcht nach meiner Erfahrung nie ganz verlieren, aber immerhin kann man die Angst mindern.

TRAUER

Vor Kurzem starb Maxis Frauchen, und wir übernahmen den Hund. Doch Maxi ist durch nichts aufzuheitern. Er liegt apathisch in seinem Körbchen, frisst kaum noch und kommt nur schleppend herbei, wenn wir ihn rufen. Wie können wir ihm über seine Trauer hinweghelfen? Menschen bei der Trauer zu helfen, ist sehr schwierig. Durch persönliche Anteilnahme und Einfühlungsvermögen in den Trauernden kann man trösten, aber so hart es klingen mag: Eigentlich kann einem niemand helfen. Man muss seine Trauer selbst verarbeiten. Noch viel schwieriger ist es, Tieren über die Trauer hinwegzuhelfen, da sie uns nichts über die Sprache

mitteilen können. Am ehesten, denke ich, hilft Maxi ein Artgenosse, mit dem er sich auseinandersetzen muss. Vielleicht hilft ihm dies, das Frauchen zu vergessen. Artgenossen sind gute Katalysatoren der Hundeseele. Jeder Spaziergang, bei dem Maxi auf andere Hunde trifft und sich frei bewegen kann, wird ihn ein Stückchen Trauer vergessen lassen.

EINSAMKEIT

Einsamkeit ist für Mensch und Hund ein schwer ertragbarer Gefühlszustand. Er verursacht psychische Schmerzen. Sowohl Menschen als auch Hunde sind soziale Lebewesen. Sie brauchen in der Regel einen Artgenossen, um sich wohlzufühlen. Bei manchen Hunden wird das Gefühl so stark, dass sie beginnen, sich selbst zu verstümmeln, indem sie sich in den Schwanz beißen oder permanent lecken. Daher sollte ein Hund nie länger als 5 bis 6 Stunden alleine sein. Gewöhnen Sie Ihren Hund ganz allmählich an diese lange Periode. Steigern Sie die Zeit des Verlassenseins langsam. Der Hund muss das Alleinsein definitiv lernen. Manche Hunde tun sich schwerer damit als andere.

▶ Hin- und hergerissen zwischen Unsicherheit und Verteidigung, verbellt dieser Vierbeiner das Objekt, das ihm nicht geheuer ist.

▶ Aufmerksam beobachtet der Hund sein Herrchen. Ist die Gelegenheit günstig, um sich vielleicht ein paar Streicheleinheiten abzuholen?

Sein Element ist das Wasser

Robby ist eine Wasserratte, und Wasser ist sein Elixier. Hier fühlt er sich wohl und sicher. Im Wasser apportiert er Stöcke mit Leidenschaft und verteidigt sie auch gegen größere Artgenossen wie Teddy, den Schäferhund. Es ist also durchaus nicht so, dass Robby dumm wäre. Doch an Land überwiegen andere Gefühle wie beispielsweise die Angst. Warum das so ist, weiß ich nicht und kann darüber nur spekulieren.
Robby hatte eine hundegerechte tolle Kindheit – daran kann es also nicht liegen. Was in den ersten Wochen seines Lebens geschah, entzieht sich unserer Kenntnis. Wir liebten ihn mit seinen Macken und Kanten und akzeptierten seine Persönlichkeit. Robby ist ein Paradefall der Erkenntnis, von einem Tier nur das zu fordern, wozu es in der Lage ist.
Robby konnte seine Angst zeitlebens nicht besiegen.

Wisla besiegt die Angst

Ganz anders war der Fall bei Wisla. Wie schon erwähnt, kam sie erst mit eineinhalb Jahren zu uns. Mich erschreckte, wie wenig sie von der Umwelt kannte, und ihre Angst vor vielen Dingen. Für sie waren vermutlich unsere gemeinsamen Spaziergänge anfangs eine Reizüberflutung. Immer wieder setzte sie sich hin, bestaunte Verkehrsschilder, Reklameschilder und vieles, was ihr neu erschien. Ich beobachtete: Je mehr sie wahrnahm, desto vorsichtiger wurde sie. Das ging so weit, dass sie sich weigerte, an einem flatternden Tuch vorbeizugehen. Sie handelte nach dem Motto: »Angriff ist die beste Verteidigung« – und verbellte das Tuch. Ihre Körperhaltung verriet ihre Angst. Der Schwanz war leicht eingeklemmt und ihr Kopf leicht seitlich nach unten gebeugt. Nun musste ich unbedingt eingreifen. Als Erstes wollte ich ihr die Angst vor dem Tuch nehmen. Ich nahm sie an die Leine, sprach beruhigend mit ihr (»brave Wisla, gute Wisla«), und wir gingen auf das Tuch zu. Doch kurz davor bockte sie und wollte nicht weiter. Ich zog sie sanft an der Leine und verführte sie mit lockender Stimme, mir zu folgen. Das tat sie tatsächlich auch. Vor dem Tuch gab ich das Kommando »Sitz«, streichelte sie und sprach mit ihr. Der Einsatz der Stimme ist ganz wichtig. Sie beruhigt den Hund und verrät unseren eigenen Gefühlszustand. Wir blieben ein bis zwei Minuten, und ich ließ sie am Tuch schnuppern. Diese Prozedur wiederholte ich sofort noch zweimal, um sie an den Ablauf zu gewöhnen und ihr allmählich die Angst zu nehmen. Wisla benötigte drei Spaziergänge, bis das Tuch seinen Schrecken verlor. Im Wind flatternde Tücher lassen sie heute kalt. Sie hat das Prinzip begriffen: Jegliche Tücher im Wind sind keine Gefahr. Je mehr sie gelernt hatte, desto leichter ging sie mit neuen Erfahrungen um. Aber das braucht Zeit. In ihrem Kopf entsteht nach und nach eine neue Welt. Heute gibt es nur wenige Dinge, vor denen sich Wisla fürchtet – außer dem Donner bei Gewitter fällt mir nichts ein. Im Lauf der Jahre ist ihr »Selbstbewusstsein« gewachsen. Sie weiß um ihre Stärken im wahrsten Sinne des Wortes. Das ist bei Robby leider nie eingetreten, vermutlich ist ein Ängstlichkeitspotenzial in seinen Genen stärker vertreten.

Selbstsichere Hunde sind für Hundehalter von großem Vorteil, denn ihr Verhalten kann man wesentlich besser einschätzen. Sie reagieren nicht aus Angst aggressiv und beißen weniger. Robby hat in seinem Leben immerhin vier Personen aus Angst gebissen. Zwar hat er allen nur leichte Verletzungen zugefügt, aber das hat gereicht. Selbstsichere Hunde sind ihren Artgenossen und dem Menschen gegenüber weniger gefährlich. Aber warum reagierte Wisla anfangs so ängstlich? Ganz einfach: Sie hatte zu wenige Erfahrungen mit der Umwelt gemacht (→ Seite 52/53).

Wenn es Nacht wird ...

Heute ist Wisla eine alte Hundedame mit ihren zehn oder elf Jahren. Keiner kennt ihr Alter genau. Das Aufstehen fällt ihr schwer. Wenn sie es nicht schafft, ruft sie mich, indem sie bellt, damit ich ihr beim Aufstehen helfe. Dieser Vorgang ist Routine geworden. Aber vor zwei Monaten trat eine Veränderung ein. Wie üblich ruft sie mich in der Nacht. Aber der Ton hat sich verändert. Aus dem hohen Bellen ist ein Wimmern geworden, und sie rührt sich nicht, wenn ich den Raum betrete. Sie behält ihre Schlafstellung bei. Ich bin nicht sicher, ob sie träumt oder sich einfach nicht rührt, weil sie Schmerzen hat. Hilflos und traurig stehe ich neben ihr und streichle sie. Sie aber reagiert nicht auf meine Berührungen. Die Frage, ob Wisla vielleicht Schmerzen hat, plagt mich. Guter Rat ist teuer, denn keiner kennt die Antwort. Aber ein Tierarzt hatte eine

▶ Der Hund hat sich an einer Blechdose verletzt. Er humpelt, um seine Pfote zu schonen. Tiere empfinden Schmerz ebenso wie wir.

zündende Idee. Er riet mir, das Licht in der Nacht in ihrem Schlafraum brennen zu lassen. Gesagt, getan. Seit das Licht brennt, wimmert Wisla nicht mehr, und ich erlebe wieder das Gefühl der Nachtruhe. Die Vermutung des Tierarztes, dass sich Wisla in ihrem körperlichen Zustand nachts ängstigt oder orientierungslos ist, hat sich bestätigt. Sie ist ein Sensibelchen, meine Wisla.

Schmerzen tun weh!

SCHON GEWUSST ?

Hunde stärken unseren Blick für Gefühle. Wissenschaftler der Uni Wien fanden heraus, dass der Umgang mit Hunden die Fähigkeiten von Menschen, Emotionen bei anderen Menschen im Gesicht zu lesen, verbessern kann. Demnach kann ein Hund wesentlich dazu beitragen – vor allem bei Kindern –, die zwischenmenschliche nonverbale Kommunikation zu erleichtern.

Ein unvergesslicher Tag. Ich war vierzehn Jahre alt, als es passierte. Mein Chow-Chow-Rüde Kahn griff Prinz, meinen Schäferhund, an. Warum dies geschah, weiß ich nicht, denn bis zu diesem Tag verstanden die beiden sich gut. Reflexartig griff ich in den Kampf ein, packte mit beiden Händen Kahn am Nacken, der zähnefletschend Prinz auf den Boden gedrückt hatte, um diesen aus der Umklammerung zu befreien. Aber der Schuss ging nach hinten los. Beide Hunde griffen mich an. Einer biss mich in den Arm, der andere in den Oberschenkel. Es waren zwei tiefe Bisswunden, aber auch Prinz trug eine tiefe, stark blutende Blessur davon. Wir beide wurden verarztet und waren unseren Schmerzen überlassen. Jeder von uns hat die Schmerzen sicherlich anders empfunden. Selbst wenn Menschen an den gleichen Körperstellen gleiche Verletzungen erleiden, empfinden sie den Schmerz unterschiedlich. Schmerzempfindung ist sehr individuell und sehr persönlich. Wer von Schmerzen gepeinigt wird, hat nur einen Wunsch: sie so schnell wie möglich loszuwerden. Man ist ein Gefangener eines einzigen Gedankens: »Schmerz, lass nach!«
In diesem Moment denkt man nicht daran, welch ein Geniestreich der Evolution dieses Schmerzgefühl ist. Der Schmerz ist eine Alarmglocke. Er warnt unseren Körper, wenn Gefahren durch Krankheit oder Verletzung drohen. Was geschieht in unserem Körper, wenn wir uns verletzen oder etwa Zahnschmerzen bekommen?
Zuerst führt die Verletzung des Gewebes zur Freisetzung von entzündungsfördernden bzw. schmerzverursachenden Substanzen wie Bradykinin, Prostaglandin, Serotonin (→ Seite 50) und der Substanz P, die zum Teil aus den gereizten Nervenendigungen und aus den Blutkapillaren ausgeschüttet werden. Sie wirken erregend auf bestimmte Schmerzsensoren (Nozizeptoren, → Wissen kompakt, Seite 81) und leiten die Information zum Rückenmark. Hier wird die Information auf andere Nervenzellen umgeschaltet. Reflexartig ziehen wir unsere Hand zurück, wenn wir auf eine heiße Herdplatte fassen. Ohne unser Wissen und Bewusstsein

► Kuschelrunde nach dem wilden Spiel. Beim Toben haben sich die Welpen mit ihren spitzen Zähnchen ganz schön malträtiert.

reagieren wir sofort und in Bruchteilen von Sekunden. Und das ist gut so, denn bis wir unseren Denkapparat einschalten, ist die Hand verbrannt. Im Experiment lassen sich viele dieser Reflexe auch an Tieren auslösen, bei denen das Rückenmark durch chirurgische Operationen keine Verbindung mehr zum Gehirn besitzt. Komplexe Reaktionen wie Dauerschmerzen, Kopf-, Zahn- und Phantomschmerzen und das bewusste Erleben des Schmerzes – die Schmerzempfindung – erfolgen erst dann, wenn die durch den Schmerz ausgelöste Erregung über Stamm- und Zwischenhirn das Großhirn erreicht.

Die Erkenntnisse der Schmerzforschung basieren größtenteils auf Tierversuchen. Umso erstaunlicher ist es, dass wir Menschen immer noch Schwierigkeiten haben, die einfache und einleuchtende Erkenntnis anzuerkennen: Das Tier fühlt den Schmerz ebenso wie wir. Tieren grundsätzlich die Leidensfähigkeit abzusprechen, ist in höchstem Maße unplausibel und entbehrt jeder Begründung. Schmerzwahrnehmung ist ein biologisch universelles Prinzip. Ohne Schmerzwahrnehmung können die meisten Organismen in der Natur nicht überleben. Die Entwicklung eines Alarmsystems, das Individuen auf deren Verletzlichkeit hinweist, zählt zu den genialen Tricks der Evolution. Schmerzverhalten bei Mensch und Tier ist aber zum großen Teil nicht angeboren, sondern in einer frühen Phase der Entwicklung erlernt.

Bleiben diese frühen Erfahrungen aus, lassen sich diese Reaktionen später nur schwer erlernen: Junge Hunde, die in den ersten acht Lebensmonaten vor allen schädigenden Reizen bewahrt wurden, waren unfähig, angemessen auf Schmerzen zu reagieren, und lernten dies nur langsam und unvollkommen. Sie schnupperten beispielsweise immer wieder an offener Flamme und reagierten auf Verletzungen nur mit reflektorischen Zuckungen. Entsprechende Beobachtungen machten auch die Neurowissenschaftler Dudel, Menzel und Schmidt an Rhesusaffen (→ Literatur, Seite 236). Die Vorformen eines komplexen Schmerzsystems sind allgegenwärtig. Selbst bei Kraken vermutet man, dass sie ein Empfindungssystem für Schmerzwahrnehmung haben. Mit Trauer und Wut erinnere ich mich, wie griechische Fischer Tintenfische auf Steine warfen, bis sie tot waren. Als junger Mensch tröstete ich mich damit, dass Fische keine Schmerzempfindung haben, aber das war und ist natürlich falsch.

Wir Menschen neigen dazu, Tieren Schmerzen abzusprechen. Erst wo die Schmerzempfindung der unseren ähnelt, ist der Mensch für die Qualen des Schmerzes empfänglich. Da ist zum Beispiel der Hund, der humpelt, um seine verletzte Pfote zu schonen (→ Zeichnung Seite 77), die Katze, die ihre Wunden leckt, das Schwein, das vor lauter Schmerzen quiekt und schreit. Bei Fischen hört unser Mitleid jedoch schon auf, weil eine Forelle nicht brüllt, wenn sie am Angelhaken um ihr Leben zappelt.

Schmerzen beim Hund erkennen

Bei meiner alten Wisla habe ich keinen eindeutigen Marker, der mir anzeigt, ob sie Schmerzen hat, wenn sie sich mit aller Kraft und großer Willensanstrengung aus dem Liegen erhebt. Ihre Hinterbeine machen ihr das Leben schwer. Sie sind nach hinten ausgestreckt, sodass die Fußsohlen nach oben zeigen. Manchmal gelingt es ihr nicht, sie in die richtige Position zu steuern. Vergeblich versucht sie, die Hinterbeine unter den Körper zu bringen, aber ohne Erfolg.

Das sind die Momente, in denen ich sehr traurig werde, die dann aber meinen sofortigen Einsatz erfordern. Ich packe Wisla und stelle sie auf die Hinterbeine. Im Lauf der Zeit sind wir ein eingespieltes Team geworden. Ich packe sie an der entsprechenden Stelle, und sie kennt genau den richtigen Zeitpunkt, wann sie ihr Gewicht von 65 Kilogramm auf die Vorderbeine verlagern muss, damit sie stehen und laufen kann. Seit eineinhalb Jahren beherrschen wir die Technik perfekt. Zu meinem Leidwesen gibt es auch Nachteinsätze. Manchmal bis zu vier pro Nacht. Eines Nachts war es wieder so weit.

Kurz vor dem Einschlafen um Mitternacht bellte Wisla wie üblich mit heller Stimme. Ich sprang aus dem Bett und ging in das Zimmer, wo sie schlief. Sie lag auf der Seite, ausgestreckt in einer ihrer üblichen Schlafpositionen. Sie rührte sich nicht, und ich dachte, sie träumt. Ich streichelte sie und legte mich wieder ins Bett.

Als ich wiederum kurz vor dem Einschlafen war, bellte Wisla erneut, und ich ging zu ihr. Sie lag unverändert da und machte keine Anstalten aufzustehen. Ich war rat- und hilflos. Es war mir nicht möglich, ihr Verhalten zu interpretieren, denn ihr war nichts anzusehen.

Das Spiel wiederholte sich viermal, dann legte ich mich – nachdem ich mir eine weiche Unterlage besorgt hatte – neben sie auf den Boden. Wisla legte ihre große Vorderpfote um meinen Hals, und so schliefen wir ge-

WISSEN KOMPAKT

RUND UM DIE GEFÜHLE
Fachbegriffe leicht verständlich erklärt

- **Hypophyse**
Die Hirnanhangsdrüse ist ein wichtiges übergeordnetes Organ, das tatsächlich am Gehirn hängt. Sie produziert verschiedene Hormone und steuert untergeordnete Drüsen wie Schilddrüse, Nebennieren oder Eierstöcke.

- **Blutkapillaren**
Die Blutkapillaren, kurz Kapillaren (vom lateinischen »capillus« = Haar), sind feinste Verästelungen der Arterien und Venen. Sie verbinden arterielle und venöse Gefäße.

- **Nervenendigungen**
Als Nervenendigungen werden die unterschiedlichen Gebilde bezeichnet, mit denen Nerven zu anderen Nerven Verbindung halten. Auch die Verbindungsstücke der Nerven zu Muskelzellen werden so genannt. Außerdem können Nervenendigungen in der Haut liegen und Schmerzen wahrnehmen.

- **Nozizeptoren**
Unter Nozizeptor (vom lateinischen »nocere« = schaden) versteht man die Wahrnehmung von Schmerzen. Die für diesen Vorgang verantwortlichen Rezeptoren nennt man Nozizeptoren. Als freie Nervenendigungen sensibler Nervenzellen des Rückenmarks kommen sie in allen schmerzempfindlichen Geweben des Körpers vor.

Spielen befreit: So machen Sie Ihren Hund glücklich

Ich bring's dir

Nicht nur nach anstrengenden Denktests tut dem Vierbeiner ein ausgelassenes Spiel gut. Spielen entspannt und macht glücklich zugleich, denn dabei wird das »Glückshormon« Dopamin freigesetzt. Berücksichtigen Sie dabei die Talente und Vorlieben Ihres Vierbeiners. Manche Hunde, wie dieser Border Collie, apportieren für ihr Leben gern und bringen das Apportel freudig zu Frauchen oder Herrchen.

Läufst du mit?

Der Agility-Parcours – Spaß für Hund und Mensch. Der Vierbeiner prescht durch den Spieltunnel zum nächsten Hindernis, und sein Mensch feuert ihn an. Solch einen Parcours können Sie selbst im Garten aufbauen. Da wird etwa aus zwei umgestülpten leeren Getränkekisten und einem Besenstiel eine Hürde, aus ein paar langen Rundhölzern, hintereinander in die Erde gesteckt, eine Slalomstrecke und aus einem etwas dickeren Rundholz mit Brett eine Wippe.

meinsam ruhig den Rest der Nacht. Ich wusste nicht, was in dieser Nacht in ihrem Kopf vor sich gegangen war. Ich spekulierte, ob sie vielleicht Todesangst hatte oder ob sie starke Schmerzen verspürte. Erst am frühen Morgen kamen wir dem Geheimnis näher. Wisla konnte ihre Hinterbeine nicht mehr bewegen.

Ich nahm ein altes Leinentuch, legte es um ihren Hinterleib, so wie man ein Halsband umlegt, und zog sie damit hoch. Nun zahlte sich unser früheres Training aus. Wisla begann sofort mit den Vorderpfoten loszulaufen, und ich begleitete sie, indem ich ihren Hinterkörper eingehüllt in das Tuch hochhielt. Mit einigen Schwierigkeiten konnte ich sie ins Auto

Ich liebe das kühle Nass

Viele Hunde sind leidenschaftliche Schwimmer. Darf der Vierbeiner jetzt noch sein Wasserspielzeug aus dem See fischen, ist sein Glück perfekt. Und wenn der Hund gesund ist, darf er selbst im Winter eine Runde schwimmen. Trocknen Sie den Hund jedoch bei kühlen Temperaturen anschließend mit einem Handtuch ab und sorgen Sie für viel Bewegung.

Komm, wir spielen zusammen!

Im Spiel mit Artgenossen zählt nicht nur die Fitness, sondern dabei werden auch die Umgangsformen der Hundegesellschaft trainiert oder »aufpoliert«. Gönnen Sie Ihrem Vierbeiner so oft wie möglich das Zusammensein mit seinesgleichen, denn den Artgenossen können wir Menschen unserem treuen Gefährten – trotz innigster Beziehung – kaum ersetzen.

verfrachten und zum Tierarzt fahren. Er spritzte ihr im Auto ein Schmerzmittel und Kortison. Nach vierstündigem tiefem Schlaf im Auto stand Wisla ohne meine Hilfe auf. Ich war erleichtert und glücklich. Wislas Vorfall hat mir gezeigt, wie schwer es sein kann, Schmerzen bei einem Tier zu erkennen.

Die Macht der Gefühle wird oft unterschätzt. Gefühle beherrschen eher den Verstand als der Verstand die Gefühle. Sie sind wichtige Ratgeber und entscheiden darüber, wie wir uns in bestimmten Situationen verhalten. Auch Hunde haben Gefühle, empfinden Angst, Freude und Schmerz ähnlich wie wir.

Lernen –
das Tor zur Welt

Menschen und Tiere müssen ihr gesamtes Leben lernfähig bleiben, um zu überleben. Doch wodurch werden Lebewesen überhaupt in die Lage versetzt zu lernen? Und was spielt sich dabei in ihrem Gehirn ab? Hier die Antworten – interessant und verblüffend zugleich.

Von Geburt an lernen

Ohne Lernen geht gar nichts. Vom ersten Atemzug bis zum Tod lernen wir. Ohne Lernen würden wir uns im Dickicht der Umwelt nicht zurechtfinden. Tausende von Reizen stürmen auf uns ein, wir müssen unterscheiden, welche von ihnen für uns wichtig sind und welche nicht. Neugeborene lernen schon, die Brust der Mutter zu finden und zu trinken, aber auch hinzuschauen, wenn sie etwas interessiert, und wegzuschauen, wenn das Erblickte sie langweilt. Schon nach wenigen Tagen erkennt der Säugling seine Mutter. Er erkennt ihre Stimme, unterscheidet ihren Milchgeruch von dem einer Fremden und schaut seine Mutter länger an als eine andere Frau, die sogar der Mutter ähnlich sieht. Tierkinder sind kaum anders. Neugeborene Zebras können allerdings schon Stunden nach ihrer Geburt ihre Mutter an deren individueller Streifung des Fells in einer riesigen Herde erkennen. Wir waren Zeuge einer Geburt. Wenige Minuten, nachdem es den Schonraum der Mutter verlassen hatte und auf dem harten Boden der Serengeti landete, machte das junge Zebra die ersten Versuche aufzustehen. Die Mutter leckte und ermunterte es. Nach großer Kraftanstrengung schaffte es das Kleine, sich auf den Beinen zu halten. Aber immer wieder fiel es um. Nach etwa 30 Minuten stabilisierte es sich und ging mit der Mutter mit. Aus Versehen lief das Fohlen zu einem anderen Zebra der Gruppe. Das war ein verhängnisvoller Fehler, und es musste ihn schmerzhaft bezahlen. Die falsche Mutter schlug mit ihrem Hinterbein so stark aus, dass das Fohlen zwei bis drei Meter durch die Luft flog. Wir dachten, das Kleine sei tot. Aber nach wenigen Minuten rappelte es sich wieder auf und erhob sich. Doch eine Lektion fürs Leben war diese Erfahrung noch nicht – kein Wunder bei so einer schwierigen Aufgabe. Wir beobachteten das Fohlen fast den ganzen Tag. Doch bereits einige Stunden nach seiner ersten schlechten Erfahrung rannte es stets zielgerichtet zu seiner Mama. Die Lernfähigkeit der jungen Zebrafohlen verblüfft mich. Es offenbart, dass ein junges Fohlen manche Dinge schneller lernt als ein ausgewachsener Mensch. Ein kleines Fohlen kratzt am Denkmal des menschlichen Mittelpunktwahns. Aber das scheint nur so, denn die Natur hat jede Spezies mit besonderen Lernfähigkeiten (= Lerndisposition) ausgestattet, und dafür sind die kleinen Zebras ein gutes Beispiel.

Unterschiedliche Begabungen

Wer Tiere ausbildet, muss deren Lerndisposition kennen und berücksichtigen. Katzen und Hunde sind dafür ein Paradebeispiel.

Katzen beizubringen, mit der Pfote einen Gegenstand zu erhaschen, ist für sie ein Kinderspiel. Hunde tun sich im Gegensatz dazu schwer. Hunde lernen dagegen leicht, einen Gegenstand zu apportieren oder die Signale des Menschen zu verstehen. Fazit dieser Ausführungen ist: Die Rahmenbedingungen des Lernvermögens und die spezifischen Lernbegabungen sind von Tierart zu Tierart verschieden.

Das ist nicht verwunderlich, denn jede Tierart wurde im Laufe ihrer Evolution an unterschiedliche Umwelten angepasst. Die Umwelt wirkte wie ein Schnitzmesser und schnitzte sich die passenden Figuren. Löwen sind sicherlich keine guten Fischfänger. Sie wissen nichts mit ihren Tatzen anzufangen, wenn sie einen Fisch in einem Fluss schwimmen sehen. Für einen Braunbären aus Alaska wäre dies ein Leckerbissen. Ihre Lerndispositionen sind verschieden. Das heißt aber nicht, dass Tiere innerhalb ihrer Lerndisposition die gleiche Begabung haben.

Es gibt gute und schlechte Fischfänger unter den Bären. Und diese unterschiedlichen Fähigkeiten machen unsere oder die tierische Persönlichkeit aus. In dem Augenblick, in dem wir etwas gelernt haben, sind wir nicht mehr dieselben, denn in unserem Kopf wurden während des Lernens Hunderte oder gar Tausende von Nervenzellen neu verschaltet. Und das Erstaunlichste ist, Neurologen konnten live mithilfe eines

SCHON GEWUSST ?

Hunde, die häufig vor Problemaufgaben gestellt wurden, sind in der Lage, ihre geistigen Erfahrungen auf neue Probleme zu übertragen. Dadurch können sie das neue Problem besser und schneller erfassen und lösen. Untrainierte Hunde dagegen geben schneller auf und suchen bei der Problemlösung die Hilfe des Menschen.

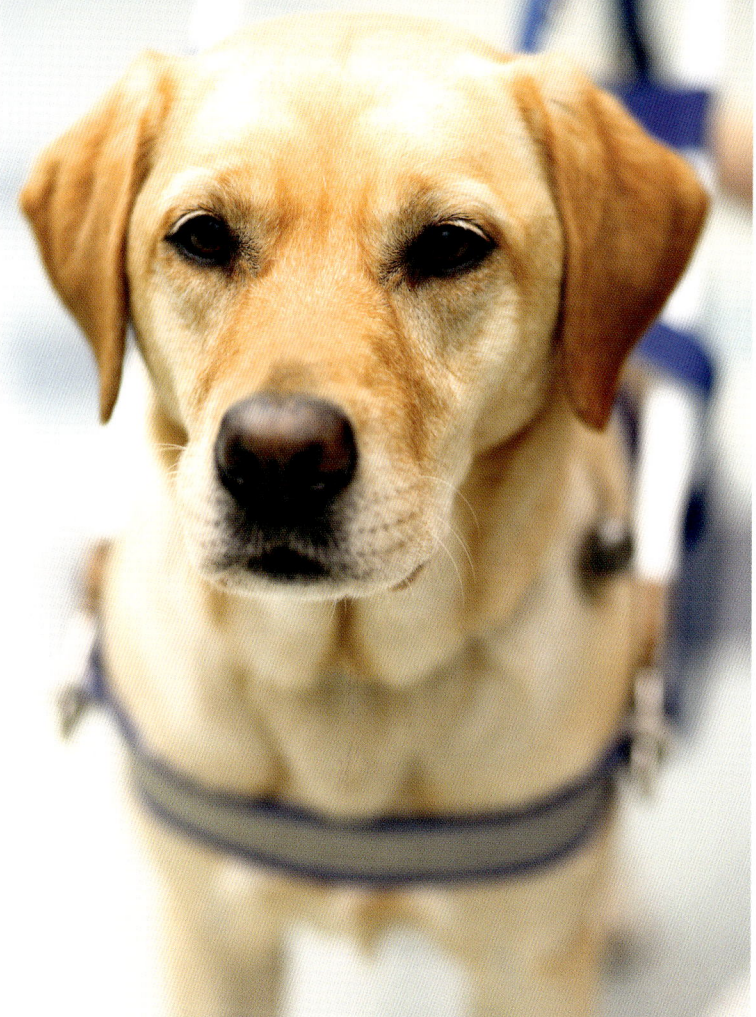

▸ Ein gut ausgebildeter Blindenhund wie dieser Labrador Retriever
ermöglicht seinem Menschen ein hohes Maß an Mobilität.

Spezialmikroskops zusehen, wie die einzelnen Nervenzellen (Neuronen)
sich untereinander verschaltet haben – ein Wunder der Technik, ein
Wunder der Wissenschaft. Die Wissenschaftler sahen, wie Neuronen,
ähnlich Kletterpflanzen, ihre Fasern zu anderen Neuronen senden und
neue Verknüpfungen (Synapsen) aufbauen. Sie konnten beobachten, wie
sich die Mikroanatomie des Gehirns verändert. Und das ist der Grund,
warum wir nach dem Lernen nicht mehr die Gleichen sind.

Warum lernen wir?

Die Antwort klingt einfach und verblüffend zugleich: um Freude oder Lust
zu empfinden oder bessere Berufschancen zu haben. Um ein guter
Skifahrer oder Pianist zu werden, muss man anfangs viel üben, erst

allmählich schleicht sich mit zunehmendem Fortschritt die Freude ein. Lernen kann also eine Investition in spätere Glücksgefühle sein oder eine Investition in ein gesichertes Berufsleben. Je besser die Ausbildung – je mehr man gelernt hat –, desto bessere Berufschancen hat man.

Und warum lernen die Tiere? Aus ähnlichen Gründen wie wir Menschen. Auch bei ihnen ist die Triebkraft die Befriedigung eines positiven oder die Vermeidung eines negativen Gefühls. Dem Berufsleben des Menschen entspricht der Überlebenskampf der Tiere in der Natur. Lernen erlaubt den Tieren, sich schneller an Umweltveränderungen anzupassen. So werden sie fit, um die täglichen Herausforderungen zu bestehen. Hinzu kommt, dass viele Lernvorgänge emotional begleitet werden. Kein Mensch würde sich zum Beispiel den Namen eines Flugkapitäns merken, der ihn von Frankfurt nach Madrid befördert. Doch hätte dieser Pilot unterwegs eine dramatische Notlandung hinlegen müssen, würde dieses Ereignis im Gehirn des Passagiers Tausende von Nervenzellen aktivieren, Proteine produzieren, und jedes Mal, wenn er die Geschichte erzählt, würde der Name des Flugkapitäns aufgerufen. Das Gehirn würde die Verbindung verstärken, und noch im Altersheim könnte der ehemalige Passagier mit dieser Story imponieren.

Viele Dinge und Geschehnisse sind nicht unter allen Umständen für alle Personen und Tiere gleichermaßen positiv oder negativ, sondern das müssen wir durch individuelle lust- oder leidvolle Erfahrung herausfinden. Nach dem Neurobiologen Gerhard Roth ist dies die vernünftigste Art, Verhalten zu steuern, und es ist nach seiner Ansicht kein Wunder, dass alle Tiere, die in einer einigermaßen komplexen Umwelt leben, über ein limbisches System (→ Wissen kompakt, Seite 41) und über die Fähigkeit, Lernvorgänge emotional zu bewerten, verfügen.

Hunde lernen gern

Die Geschichte begann vor 50.000 oder 100.000 Jahren. Wann genau, darüber streiten sich die Wissenschaftler noch. Wie dem auch sei. Fest steht: Der Mensch hat den Hund nach seinen Wünschen gezüchtet. Herausgekommen ist ein Tier mit einer außerordentlichen Lernbegabung. Ich gehe jede Wette ein und behaupte, die Lernfähigkeit der Hunde ist größer als die ihrer Vorfahren, der Wölfe. Aber Begabung allein reicht nicht aus. Es gilt das Sprichwort: »Ohne Fleiß kein Preis.« Hunde sind natürlich nicht fleißig im Sinne des Menschen, aber oft unermüdlich im Erlernen von Neuem. Wo eine Katze schon lange aufgibt, macht der Hund noch weiter. Vielleicht ist dies eines der Geheimnisse, warum Katzen sich

so schwer motivieren lassen. Mit Hunden kann man schwierige Lernauf-
gaben immer wieder üben. Sie besitzen Ausdauer. Ohne diese Eigenschaft ist es beispielsweise nicht möglich, einen Blindenhund auszubilden. Er braucht Auffassungsgabe, Ausdauer und Durchstehvermögen.
Monate intensiven Trainings sind nötig. Dies ist eine schwere Zeit für
Hund und Ausbilder. Beide sind aufeinander angewiesen. Der Mensch
muss geduldig mit seinem Schützling sein, wenn er Erfolg haben will.
Erfolg heißt auch, dass der Hund seine Aufgabe gern macht. Nun kommt
etwas, das von vielen Menschen verkannt wird: Hunde lernen gern. Ihr
Gehirn fordert geradezu dazu auf.

Zurück zur Vergangenheit

Was ist die Voraussetzung dafür, dass Mensch und Tier überhaupt lernen
können? Dazu ein spannendes Experiment, das Reporter des englischen
Fernsehsenders BBC durchführten:

An einem warmen, sonnigen Augusttag 2001 stiegen zwei BBC-Reporter
und der junge Stephen Wiltshire in einen Hubschrauber. Sie machten
eine Sightseeing-Tour über London. Die Versuchsperson war Stephen
Wiltshire. Sein Job: aus dem Fenster schauen. Noch nie hatte er London
von oben gesehen, aber er kennt die Sehenswürdigkeiten: Da hinten,
zählt er mit leiernder Stimme auf, ist die Themse, die Tower Bridge und
so weiter. Sekündlich etwas Neues, ständig wechselt die Perspektive.
Nach dem Flug drückte man ihm ein Blatt Papier und einen Filzstift in die
Hand. Drei Stunden später hatte er – ohne ersichtliche Mühe – ein
exaktes Luftbild von London gezeichnet. Der Ausschnitt umfasste eine
Fläche von etwa zehn Quadratkilometern mit 12 Sehenswürdigkeiten
und etwa 200 weiteren Gebäuden, alles am richtigen Platz, in der kor-
rekten Perspektive. Wie bei jedem Menschen, waren auch bei Stephen
Wiltshire die wahrgenommenen Bilder im Hinterkopf gespeichert, und
zwar im visuellen Cortex, einem Rindenareal von etwa drei Quadratzentimetern mit drei bis vier Milliarden Zellen.

Während des Hubschrauberflugs sind von der Netzhaut zahllose Einzelbilder dorthin gesendet worden. Stephen Wiltshires Gehirn hat diese
Eindrücke mit seinen Gedächtnisaufzeichnungen von London verglichen
und mithilfe des Hippocampus-Areals (→ Wissen kompakt, Seite 41) zu
einem räumlichen Gesamtbild zusammengesetzt. Was Stephen Wiltshire
von normalen Menschen unterscheidet, ist der frappierende Zugriff auf
sein Gedächtnis. Er sieht dauerhaft, was er gespeichert hat (→ Literatur, Seite 237). Forscher bezeichnen Menschen mit solch einseitiger

TIPPS & TRICKS

Auch im Alter macht
Lernen dem Hund noch
Spaß. Nehmen Sie
jedoch Rücksicht auf die
körperliche Fitness des
Seniors. Üben Sie nicht
zu lang und gönnen Sie
ihm längere Ruhepausen.
Auch wenn er schon viel
kennt, freut er sich, neue
Dinge zu lernen.

Lernen à la Rico: Kennt Ihr Vierbeiner die Namen?

Namen und Gegenstand verknüpfen lernen

Fordern Sie Ihren Hund auf, ein Plüschtier mit Namen zu apportieren. Konkret: »Cora, bring den Plüschhund.« Üben Sie mehrere Tage immer wieder spielerisch das Apportieren dieses Plüschtiers. Erst wenn Sie sicher sind, dass Ihr Vierbeiner die Aufgabe gut beherrscht, legen Sie ein zweites Tier, etwa einen Plüschvogel, dazu. Die ersten fünf- bis zehnmal rufen Sie noch nach dem Plüschhund und dann nach dem Vogel.

Bringt der Hund das Richtige?

Der Hund ist verwirrt und weiß nun nicht genau, was er machen soll. Das macht nichts. Nehmen Sie jetzt den Plüschhund und geben ihn Ihrem Hund ins Maul. Dabei sagen Sie immer wieder »Plüschhund«. Nach einigen Tagen verbindet Ihr Vierbeiner den Begriff mit dem Gegenstand. Nun kommt die Probe aufs Exempel: Huhn und Plüschhund liegen vor dem Hund, und Sie fordern ihn auf, den Vogel zu bringen. Wählt er richtig, hat er begriffen, worum es geht.

Begabung als »Inselbegabte«. Insel ist eine treffende Bezeichnung, denn ihre Begabung ist nur auf ein kleines Feld des Wissens und des Gedächtnisses begrenzt. Stephen Wiltshire ist geistig zurückgeblieben. Stephen machte mit seiner Fähigkeit Schlagzeilen. Aber auch Rico …

Border Collie Rico macht Schlagzeilen

Millionen von Zuschauern saßen vor dem Fernseher, als Rico und sein Frauchen ihren Auftritt bei der Fernsehsendung »Wetten, dass …?« hatten. Wie würde der Border Collie auf die grellen Scheinwerfer reagieren, und wie würde er die vielen unbekannten Menschen und die neue Umgebung aufnehmen? Das waren die Fragen, die Frau Baus, Ricos Besitzerin, kurz vor der Sendung beunruhigten. Aber sie hatte sich im Griff und übertrug ihre Nervosität nicht auf Rico. Sie wusste, das würde Ricos Chancen reduzieren, seine menschlichen Kollegen im Wettstreit zu schlagen. Rico sollte unter sehr vielen Plüschgegenständen den Fußball von Borussia Dortmund (BVB) auswählen. Frauchen gab ihm das Signal: »Rico, wo ist der BVB?« Rico machte sich auf die Suche und ging an jedem der etwa 60 Gegenstände vorbei. Er benötigte zwei Anläufe, bis er herzhaft in den Ball von Borussia biss und ihn Frau Baus brachte. Welche Leistung, von so vielen Gegenständen den Namen zu kennen!

Rico gewann seine Wette, und tags darauf waren die Zeitungen voll von Ricos Leistung. Wie groß diese Leistung ist, können Sie an sich selbst überprüfen. Versuchen Sie einmal, sich 100 chinesische Vokabeln zu merken. Sie werden sehen, es ist schwierig. Chinesisch als Sprache ist Ihnen vermutlich ebenso fremd und wenig vertraut wie Rico die unsere. War hier Mogelei im Spiel?

Hunde können denken Juliane Kaminski vom Max-Planck-Institut in Leipzig überprüfte den Verdacht, und ich durfte bei diesem Experiment dabei sein. Frau Baus wählte unter 200 Gegenständen – so viele kannte Rico damals – 15 Spielsachen wie etwa den Grizzly, die Sonne oder den Schmetterling aus. Die Testgegenstände wurden von Frau Kaminski in einem Nebenzimmer platziert, sodass Rico und sein Frauchen sie nicht sehen konnten. Frau Baus wusste also nicht, wo die Plüschgegenstände lagen. Frau Baus rief Rico zu sich und gab ihm das Signal: »Rico, hol den Schmetterling.« Was jetzt geschah, überraschte mich total. Rico lief in den anderen Raum. Bedächtig ging er hier von einem Plüschtier zum anderen und schnüffelte an ihnen. Das sah nicht nach blindem Auswendiglernen aus, sondern nach Überlegung. Man konnte also einen Trick ausschließen, da Frau Baus in einem anderen Raum war und nicht wusste, wo die Gegenstände verteilt waren. Sie konnte ihm in dem Augenblick, in dem Rico suchte, keine heimlichen Zeichen geben.

Wer immer noch an Ricos Leistungen zweifelte, wurde zwei Jahre später durch ein elegantes Experiment von Frau Kaminski belehrt. Ziel dieses Experimentes war es zu belegen, dass Rico bei seiner Wahl der Plüschtiere tatsächlich nachdenkt.

Bisher hatte er lediglich gezeigt, dass er ein wunderbares Gedächtnis und eine gute Merkfähigkeit besitzt. Mit Denken hat sein Sieg in der TV-Show nichts zu tun. Frau Kaminski wählte etwa 15 vertraute Spielzeuge aus, legte ein unbekanntes dazu und gab ihm den Namen »Hahn«.

Bedächtig wählte Rico den Hahn und brachte ihn seinem Frauchen. Das war ein schlagender Beweis, dass Hunde denken können. Rico ging nach dem Ausschlussverfahren vor: Ich kenne alle Gegenstände und deren Namen, nur den neuen nicht, also muss er den Namen Hahn tragen. Kleinkinder erfassen neue Wörter nach demselben Prinzip.

Mit dieser Leistung überzeugte der Border Collie nicht nur Fernsehzuschauer, sondern auch kritische Wissenschaftler. Seine Fähigkeit zu denken wurde in einer der renommiertesten naturwissenschaftlichen Fachzeitschriften, in »Science«, publiziert. Frau Baus erlebte durch ihren Hund viel Publicity, aber der Preis von Ricos »Lernsucht« ist nicht gering.

Lernen kann süchtig machen

Im Alltagsleben ist Rico sehr anstrengend und fordert viel von seinem Frauchen. Immer wieder schleppt er Spielzeug herbei. Er hält sein Frauchen auf Trab, und Frau Baus gestand mir einmal: »Wenn ich das gewusst hätte, hätte ich mit unserem Spiel vielleicht nicht angefangen.« Begonnen hat die Geschichte nämlich, als Rico mit 21 Monaten an der Schulter operiert wurde und ihm Leinenpflicht verordnet wurde. Er durfte drei Monate keine großen Spaziergänge machen, also musste sich Frau Baus etwas einfallen lassen, um dieses Temperamentsbündel zu beschäftigen. So ist die Idee des Apportierens von Plüschspielsachen entstanden. Eine tolle Idee, wie ich finde. Sie trainiert das Gedächtnis und nebenbei die Muskulatur. Sie birgt aber die Gefahr, dass der Hund nur noch apportieren will und eine Neurose, eine psychische Störung, entwickelt. Daher ist es wichtig, den Vierbeiner auch noch anderweitig geistig zu beschäftigen. War Rico eine Ausnahme unter den Hunden? Die Forscher suchten intensiv nach anderen Kandidaten. Unter Hunderten von Hunden waren nur zwei, die sich mit Rico messen konnten.

Betsy übertrifft sie alle Einer der beiden war Betsy, eine Border-Collie-Dame. In ihrer Gedächtnisfähigkeit schlug sie Rico. Sie hatte ein Vokabular von mehr als 340 Wörtern. In einem Punkt ist sie sogar unseren nächsten Verwandten, den Schimpansen, überlegen. Sie hört ein Wort ein- oder zweimal und weiß, dass dieses akustische Muster für irgendetwas steht. Das kann eine Person oder ein Gegenstand sein. Ihre Begabung zeigte sie schon sehr früh. Mit zehn Wochen war sie bereits in der Lage, Plüschtiere, die mit einem Namen versehen sind, zu bringen. Als ausgewachsener Hund kannte sie 15 Personen mit Namen. Aber es gibt noch mehr zum Staunen. Zeigt man ihr zum Beispiel ein Bild von einem Plüschtier und fordert sie auf, es in einem anderen Raum, wo es unter

► Zwei, die sich gut verstehen und sich ihre Aufgaben teilen. Denn sogar das Dummy wird gemeinsam aus dem Wasser geangelt.

vielen anderen liegt, zu holen, rennt sie kurz entschlossen los und bringt das Plüschtier. Betsy kann das abstrakte zweidimensionale Bild auf einen konkreten Gegenstand in ihrem Gehirn übertragen.

Das Gedächtnis – der Schlüssel zum Lernen

Die Fähigkeit, sich zu erinnern, ist für Mensch und Tier überlebenswichtig. Erst unser Gedächtnis kittet die einzelnen Momente des Erlebens zu einer Einheit zusammen, aus der heraus wir uns als Individuum wahrnehmen. Umgekehrt führt der Verlust des Gedächtnisses zum Verlust unserer Persönlichkeit und der Möglichkeit, mit anderen Menschen zu kommunizieren. Die Erkenntnisse und Mechanismen, wie das Gehirn manche Momente festhält und andere dem Vergessen preisgibt, wurden von Neurowissenschaftlern an Tieren erforscht. Einer der führenden Köpfe ist der New Yorker Neurowissenschaftler und Nobelpreisträger Eric Kandel. Er hat sich in jungen Jahren vorgenommen, molekulare Mechanismen des Lernens und des Gedächtnisses zu erforschen. Seinen großen Erfolg verdankt er einer glitschigen Meeresschnecke namens Großer Seehase oder Aplysia. Mit seiner Wahl schwamm er gegen den Strom der herrschenden Lehrmeinung. Man traute diesem Tier nicht zu, dass es imstande war, zu lernen und sich an bestimmte Dinge zu erinnern. Eric Kandel dachte anders. Er schrieb in seinem Buch »Auf der Suche nach dem Gedächtnis« (→ Literatur, Seite 236): »Ich war überzeugt davon, dass die biologischen Grundlagen des Lernens zunächst auf der Ebene einzelner Zellen untersucht werden müssen und mehr noch, dass ein Vorgehen, das sich auf einfache Verhaltensweisen eines denkbar einfachen Tieres beschränkte, am ehesten Erfolg versprach.« Und er fährt fort: »Ich hielt es für wahrscheinlich, dass der Mensch im Zuge der Evolution etliche Zellmechanismen des Lernens und der Gedächtnisspeicherung beibehalten hat, über die auch einfachere Tiere verfügen.« Aplysia hat diese Vorteile. Sie hat vergleichsweise große Nervenzellen, und einige davon kann man mit bloßem Auge sehen. Zudem besteht ihr Nervennetz nur aus relativ wenigen Zellen. Wie recht Kandel mit seiner Wahl hatte, spiegelt sich in seinem Erfolg. Durch ihn können wir ansatzweise verstehen, was im Kopf des Menschen und der Tiere vor sich geht, wenn wir uns erinnern.

Ein Interview mit Eric Kandel In einem »Spiegel«-Interview nimmt der Altmeister der Gedächtnisforschung Stellung. Auf die Frage, welche fundamentale Erfindung der Evolution das Gedächtnis erst möglich machte, antwortet er: »Der Schlüssel zur Gedächtnisfähigkeit besteht darin, dass die Verbindungen der Nervenzelle, die Synapsen, plastisch sind. Sie können sich unter dem Einfluss von Erfahrung ändern. Das Gehirn unterliegt ständiger Veränderung. Und das wiederum führt zu der interessanten Feststellung, dass jedes Individuum ein anatomisch gesehen einzigartiges Gehirn hat, weil es von Erfahrungen und Erlebnissen geformt wurde. Selbst zwei identische Zwillinge, die alle Gene teilen, haben unterschiedliche Gehirne.« Das gilt selbstverständlich auch für Tiere. Man darf nicht müde werden, diese Tatsachen immer zu wiederholen. Denn sie belegen auf der molekularen Ebene, dass Tiere auf jeden Fall Persönlichkeiten sind.

Tiere besitzen ein beeindruckendes Erinnerungsvermögen. Wer mit Hunden, Katzen, Wellensittichen oder vielleicht mit Papageien zusammenlebt, hat dies sicher schon beobachtet. Ich habe selbst erlebt, wie mein Wellensittich Fritz nach über vier Jahren Trennung seine frühere Besitzerin Annette wiedererkannte. In alter Manier setzte er sich auf ihre Schultern und pfiff ihr gemeinsame Melodien vor. Auch mein Schäfer-

Symbole erkennen: Lernt Ihr Hund sie zu unterscheiden?

Dreieck und Kreis

Nehmen Sie zwei gleiche Futterschalen und decken Sie sie mit jeweils gleichen weißen Pappkartons ab. Auf die Pappe zeichnen Sie jeweils einen Kreis und ein Dreieck. Die Futterbelohnung legen Sie in die Schale mit dem Dreieck. Geben Sie das Kommando »Such«. Es bedarf wahrscheinlich mehrerer Versuche, bis der Hund gelernt hat, dass das Futter unter dem Deckel mit dem Dreieck liegt und nicht unter dem Deckel mit dem Kreis.

Viereck und Kreis

Verändern Sie nun die Aufgabe. Zeichnen Sie auf einen dritten weißen Pappkarton ein Viereck. Tauschen Sie nun das Dreieck gegen das Viereck aus. Wie reagiert der Hund? Er wird zögern, den Deckel mit dem Viereck zu entfernen, weil er ein neues Symbol sieht. Aber er weiß auch, dass es unter dem Kreis nichts gibt. Also wählt er das Viereck. Hunde, die nicht so sattelfest sind und den Kreis wählen, werden sofort eines Besseren belehrt. Dort gibt es nichts zu holen.

hund Teddy überraschte mich. Ich brachte ihm bei, die unterschiedlich bemalten Deckel zweier Futternäpfe zu unterscheiden. Auf einem waren Kreise und auf dem anderen Dreiecke gemalt. Aber nur im Futternapf mit den Kreisen befand sich Futter. Er lernte die Aufgabe sehr schnell. Nach einem Jahr machte ich mit ihm den gleichen Versuch – er wählte auf Anhieb den richtigen Napf. Hunde können sich, wie es scheint, nicht nur an eine große Anzahl von Gegenständen erinnern, sondern haben auch ein gut ausgebildetes Langzeitgedächtnis. Bestes Beispiel dafür ist für mich das Erinnerungsvermögen von Wisla. Wie schon geschildert, hat Wisla ihre Welpen- und Junghundzeit in Dänemark verbracht.

Sie lernte alle Kommandos und Liebkosungen auf Dänisch. Eine Zeit lang hatte Wisla Übergangsschwierigkeiten, denn bei mir musste sie Deutsch oder besser gesagt Badisch lernen. Um ihr die Eingewöhnung zu erleichtern, lernte ich ein paar Brocken Dänisch wie »Sitz«, »Platz« und »Fuß«. Doch dann sprachen wir nur noch Deutsch mit Wisla. Eines Tages saßen meine Frau und ich mit Wisla gemütlich in einem Bistro. Plötzlich stand Wisla auf, wedelte mit dem Schwanz und begann sehr untypisch für sie zu fiepen. Sie hörte zum ersten Mal nach fünf Jahren wieder ihre »Muttersprache«. Das dänische Ehepaar am Nebentisch war genauso erstaunt wie wir. Als die Frau die dänische Liebkosung »lille mus« aussprach, flippte Wisla nahezu aus und ließ sich freudig streicheln. Ich hätte nie geglaubt, dass die gesprochene Sprache so eine Bedeutung für einen Hund haben kann. Ob dabei einzelne Worte oder die Sprachmelodie in Wisla die Freude erzeugt haben, weiß ich nicht. Seitdem ist mir jedoch bewusst, dass es für die vielen Hunde, die aus südlichen Ländern aus Tierheimen kommen, nicht einfach ist, sich an unsere Sprache zu gewöhnen. Darauf sollte man Rücksicht nehmen.

Das Erinnerungsvermögen

Aber was wissen die Hunde von all dem, was sie gelernt haben? Ist ihnen der Inhalt ihrer Lernvorgänge bewusst, oder sind diese unbewusst in einem Gedächtnisspeicher des Gehirns abgelegt, so wie es bei vielen motorischen Lernvorgängen der Fall ist? Wenn wir zum Beispiel Skifahren oder Radfahren gelernt haben, schnallen wir die Skier an oder setzen uns aufs Fahrrad, ohne uns bewusst zu sein, wie man die Bremse bedient oder den nächsten Bogen mit den Skiern macht. Dies alles geschieht unbewusst und bleibt ein Leben lang in unserem Gedächtnis gespeichert. Diese Art des unbewussten Langzeitgedächtnisses nennt man in Fachkreisen »implizites Gedächtnis«. Es zeichnet sich dadurch aus, dass das Erinnerungsvermögen keine Lücken aufzeigt. Wenn wir Fahrrad fahren, wissen wir zu jedem Zeitpunkt, was wir tun müssen. Wir müssen uns nicht erst bewusst werden, dass man in einer Gefahrensituation bremsen muss. Ganz anders ist der Sachverhalt beim Aufsagen eines Gedichtes. Hier sind bewusste Vorgänge im Spiel. Meine nahezu 90-jährige Schwiegermutter rezitiert gern Gedichte. Und da kann es bei einem langen Gedicht schon einmal passieren, dass sie ins Stocken gerät und überlegen muss, wie es weitergeht. Diese Gedächtnislücken kennen wir alle, wenn wir verkrampft nach dem Namen einer Person suchen und der uns auf Biegen und Brechen nicht einfallen will. Wir suchen dann

Patzt der Hund bei einer Lern- und Denkaufgabe, dann beginnen Sie den Versuch in Ruhe, ohne Kommentar, von Neuem. Üben Sie keinesfalls länger als 20 Minuten. Vielleicht ist der Vierbeiner aber auch nicht in der Lage, die gestellte Aufgabe zu bewältigen.

bewusst nach dem Namen, indem wir in unserem Gehirn den Namen mit anderen Ereignissen verknüpfen, etwa wann und wo wir uns zuletzt gesehen haben? Ähnliche Beobachtungen habe ich auch bei Tieren gemacht. Besonders beeindruckend war für mich der Leopard Daya des Tierlehrers Jürg Jenny in der Schweiz. Ich testete mit einer speziellen Apparatur, ob Leoparden ein Grundverständnis für physikalische Regeln haben. Die Aufgabe war nicht leicht und bestand aus vier Teilaufgaben, die hintereinander gelöst werden mussten, um an die Belohnung zu kommen. Als ich nach einem Jahr den Leoparden wieder vor die gleiche Aufgabe stellte, erinnerte er sich sofort und ging schnurstracks auf die Apparatur zu. Aber dann geschah etwas, das ich nicht für möglich gehalten hatte. Bei der Lösung der dritten Teilaufgabe kam der Leopard ins Stocken. Er hatte eine Gedächtnislücke. Er schien sich zu fragen: »Wie habe ich dies das letzte Mal gemacht?« Er blieb stehen und betrachtete ein bis zwei Minuten intensiv die Apparatur. Plötzlich machte er – ohne zu zögern – erfolgreich an der Aufgabe weiter. Ich denke, dass einige Tiere eine bewusste Vorstellung von dem haben, was sie gelernt haben, und dass sie sich daran erinnern können. Aber exakte Experimente habe ich dazu nie durchgeführt.

Eine mentale Zeitreise in die Vergangenheit, geschweige in die Zukunft traute man Tieren nicht zu. Tiere waren Wesen, die ausschließlich im Jetzt leben. Für sie gab es weder Vergangenheit noch Zukunft. Dieses Privileg schrieb man nur dem Menschen zu. Eine dynamische, temperamentvolle junge Wissenschaftlerin der Universität Cambridge sägte am Thron. Mit ihren Buschhähern – das ist eine kleine, bläulich gefärbte Rabenart – ist Nicola Clayton auf eine wissenschaftliche Goldader gestoßen. Diese Vögel sind auch fähig, auf eine mentale Zeitreise zu gehen. Nicola Clayton und ihr Team ließen die Vögel leicht verderbliche Mottenlarven verstecken, die sie sehr gern mögen, sowie schwer verderbliche Erdnüsse. Stellt man die Tiere vier Stunden späer vor die Wahl, Erdnüsse oder Motten zu fressen, bevorzugen sie die Motten. Nach 24 Stunden wählten sie vor allem die Erdnüsse. Sie wussten, dass die Mottenlarven inzwischen verdorben und nur noch die Erdnüsse genießbar waren. Die Nüsse vergraben sie auch, wenn sie sich auf eine längere Hungerperiode einstellen müssen. Für Clayton ist klar: »Vögel erinnern sich an das Was, Wo und Wann von Ereignissen in der Vergangenheit und interpretieren sie für die Zukunft.« Einem Hund traue ich diese Planung für die Zukunft nicht zu, oder vielleicht doch? Weiß er womöglich, wie lange er seinen vergrabenen Knochen verstecken muss, bevor er ganz vergammelt und nicht mehr fressbar ist …

Ohne Belohnung kein Lernen

Diese Überschrift klingt trivial, denn jeder Hundehalter weiß, dass er seinen Hund belohnen muss, wenn er ihm etwas beibringen will. Aber bei genauerem Nachdenken wird es schwierig, was Belohnung wirklich ist. Sie ist jedenfalls mehr als nur ein Leckerli.

Welche Belohnung für wen? Zwei Jahre lang untersuchten wir, ob Hunde physikalische Grundregeln verstehen. Dazu benutzten wir eine sogenannte Problembox (→ Foto Seite 99). Hierbei handelt es sich um ein stabiles Gittergehäuse aus Stahl, das auf eine schwere, dicke Holzplatte geschraubt ist – vergleichbar mit einem umgedrehten Fahrradkorb. Die Oberseite dieser großen Box kann wie ein Deckel geöffnet werden. Durch diese Öffnung legten wir ein Leckerli als Lockmittel auf das bewegliche Brett. An den beiden schmalen Seiten der Box befindet sich jeweils eine Öffnung, durch die wahlweise kurze und lange Bretter, die in einer Schiene laufen, geschoben werden. Als Griff dient eine Holzkante, an der die Tiere die Bretter – wie eine Schublade – aus der Box ziehen können.

Zieht der Hund am Brett, bewegt sich das Leckerli auf ihn zu und kann mit der Pfote gefasst werden. Über das physikalische Verständnis werde ich später noch berichten. Jetzt interessiert nur die Belohnung. Nach dem Zufallsprinzip zogen die Hunde an dem Brett und fischten sich das Leckerli. Die meisten Hunde wollten das Leckerli unbedingt haben. Und drei von zehn Hunden hatten es innerhalb von zwanzig Minuten geschafft, zufällig das Brett mit dem Leckerli herauszuziehen. Das Leckerli war die Triebkraft ihres Handelns.

Nicht so bei meiner Bernhardinerhündin Wisla. Sie lief mehrere Male um die Problembox herum, kratzte dann – ohne Erfog – an verschiedenen Stellen der Box und gab nach fünf Minuten auf. Das Leckerli samt Problembox schien sie nicht mehr zu interessieren. Als wir aber die Belohnung wechselten und ihr anstatt Leckerli einen Plüschhund auf das Brett in der Box stellten, war sie wie ausgewechselt. Sie kletterte auf die Box und versuchte ihr Glück dort, dann sprang sie herunter und lief um die Box herum. Nach vierzehn Minuten zog sie den Plüschhund aus der Box und zerfetzte ihn sofort. Der Plüschhund weckte den Jagdtrieb in ihr, und um diesen zu befriedigen, nahm sie die Mühen auf sich.

Nach dreizehn Versuchen hatte sie den Dreh heraus und öffnete die »Schublade«, ohne lange zu probieren. Nicht Futter – wie bei den meisten anderen Hunden – war für Wisla die Belohnung, sondern der Plüschhund. In beiden Fällen wirkt derselbe Mechanismus – es wird ein

TIPPS & TRICKS

Füttern Sie Ihren Hund mindestens zwei bis drei Stunden vor Lern- und Denkaufgaben nicht. Ansonsten ist die Futterbelohnung ein zu geringer Anreiz. Ist der Hund aber zu hungrig, dann ist seine Gier so groß, dass er nicht mehr lernen und denken will. Nach erfolgreichem Bestehen der Aufgabe belohnen Sie ihn mit liebevollen Worten, einem Leckerli und Streicheln.

▶ Cora weiß, was sie tut. Sie benützt die Kante als Werkzeug, um das Brett
aus der Problembox herauszuziehen. Und schon ist die Wurst fressbar.

innerer Antrieb befriedigt. Zum einen ist es der Fresstrieb, zum anderen
der Jagdtrieb, der den Hund zum Lernen motiviert. Der Lernerfolg ist also
von der adäquaten Belohnung abhängig. Man muss wissen, welche
Belohnung man für welchen Hund und für welche Lernaufgabe einsetzt,
um dem Vierbeiner etwas beizubringen.

Die meisten Hundehalter, einschließlich Hundetrainer, sind diesbezüg-
lich nicht sehr einfallsreich. Die Belohnung heißt fast immer Leckerli.
So wichtig Nahrung im Leben der Menschen und der Tiere auch ist, sie ist
aber nicht das einzige Belohnungssystem in unserem Gehirn.

Die Natur hat die verschiedenartigsten Belohnungen hervorgebracht, die
Mensch und Tier erkennen und nutzen, um das Leben zu gestalten und
weiterzugeben. Dazu gehört auch die Sexualität.

Sex als Belohnung Der Neurobiologe Wolfram Schultz nimmt dazu
eindeutig Stellung: »Sex führt zu vergleichbaren Verhaltensreaktionen
wie lebensnotwendige Substanzen: Wir suchen Sex, indem wir uns
potenziellen Partnern nähern. Wir lernen Umgang mit Partnern und Sex,

Becher-Test: Schaut Ihr Hund genau hin?

Becher-Test – Stufe eins

Nehmen Sie zwei Becher, die sich in Form und Größe gut unterscheiden. Ihr Hund sitzt in einem Abstand von etwa einem Meter vor Ihnen und beobachtet Sie. Stülpen Sie die Becher um und legen Sie unter einen etwas Trockenfutter. Geben Sie das Kommando »Such«. Der Hund geht zielgerichtet zu dem Becher mit dem Futter, wirft ihn um und holt sich seine Belohnung. Diesen Vorgang wiederholen Sie mehrere Male.

Ergebnis überprüfen

Mit großer Wahrscheinlichkeit hat Ihr Vierbeiner gelernt, wie der Becher auszusehen hat, unter dem das Futter liegt. Das können Sie überprüfen. Vertauschen Sie die Position des Bechers und vergrößern Sie die Entfernung. Geht Ihr Hund sofort zum fraglichen Becher, hat er die Aufgabe verstanden. In der nächsten Stufe dieses Tests wird der Schwierigkeitsgrad um einiges erhöht.

und wir entwickeln positive persönliche Gefühle, die die Gelegenheit für Sex erhöhen. Damit ist Sex, auch wenn das hart klingt, im Sinne der Evolution eine Belohnung und kann als solche untersucht werden.«
(→ Literatur, Seite 236)
Hier sind wir an einem heiklen Thema angelangt. Was kastrierte Hunde empfinden und wie sie die Welt wahrnehmen, wenn man ihnen eines der wichtigsten Belohnungssysteme raubt, wissen wir nicht. In unseren Köpfen herrscht die Meinung: Tiere sind sexuell triebgesteuerte Roboter ohne Gefühle. Aber das ist zu kurz gedacht. Auch bei Hunden sind bei der Sexualität Gefühle im Spiel (→ Seite 25).

Becher-Test – Stufe zwei

Der Hund darf jetzt und in den weiteren Übungen nicht sehen, wo Sie das Futter verstecken. Stellen Sie in einer Reihe fünf umgestülpte Becher auf. Einer der Becher ist der alte, wie im ersten Versuch. Der Hund muss nun den richtigen aus fünf Bechern auswählen. Fordern Sie ihn mit dem Kommando »Such« auf. Noch schwieriger wird es, wenn Sie die Becher zufällig im Raum verteilen.

Becher-Test – Stufe drei

Legen Sie nun das Futter unter einen anderen der fünf Becher. Die Becher sind der Reihe nach angeordnet. Der Hund geht, wie gelernt, erst zum alten Becher und ist enttäuscht, weil er kein Futter darunter findet. Was macht er? Schaut er unter den anderen Bechern nach, oder steht er verdutzt davor? Steht er ratlos davor, zeigen Sie ihm, wo das Futter liegt. Wie lange braucht er, bis er gelernt hat, dass sich das Futter nun unter einem anderen Becher befindet?

Das Belohnungssystem

Tango, ein Australian-Shepherd-Rüde, macht eine Ausbildung zum Rettungshund. Bis dahin ist es ein weiter Weg. In einer seiner ersten Übungsstunden stand folgende Aufgabe auf dem Lehrplan: Eine Person entfernt sich etwa 200 bis 300 Meter von Frauchen und ihm und bleibt dann dort stehen. Doch Tango soll nicht zu dieser Person laufen, sondern eine weitere liegende Person suchen, bei ihr stehen bleiben und diese verbellen. Wenn er alles richtig macht, bekommt er als Belohnung ein Leckerli. Das gelingt nicht auf Anhieb, denn die Übung ist nicht leicht. Tango muss drei Dinge tun, um die Belohnung zu bekommen:

Er muss auf Befehl hinrennen, stehen bleiben und dann, vielleicht der schwierigste Teil, die Person verbellen. Tango ist ein intelligenter, neugieriger Hund, der auch schon in der Sendung »Stern TV« mit Günther Jauch eine hervorragende Figur gemacht hat. Nach zehn bis zwölf Versuchen war er sattelfest und hat den Zusammenhang und die Aufgabe begriffen. Ab diesem Zeitpunkt benötigt er kein Leckerli als Belohnung, der alleinige Befehl genügt, damit er die Handlung ausführt. Die Belohnung hatte die Aufgabe, ihn zu motivieren und damit den Lernprozess in Gang zu bringen. Was spielt sich im Gehirn von Tango ab, wenn das Belohnungssystem eingeschaltet wird?

Es gibt verschiedene Belohnungszentren Die Geschichte beginnt in den frühen Fünfzigerjahren des 20. Jahrhunderts, als die Forscher Olds und Milner Elektroden in die Gehirne von Ratten eingeführt haben, um damit schwache elektrische Ströme zu erzeugen. Das Experiment hört sich schlimmer an, als es in Wirklichkeit war, denn das Gehirn aller Lebewesen empfindet keine Schmerzen. Diese Ströme bewirken, dass die Nervenzellen zu feuern beginnen, und zwar in der Umgebung der Elektroden. Die Forscher hatten die Elektroden an verschiedenen Stellen des Gehirns platziert und dabei festgestellt, dass die Ratten außergewöhnliche Reaktionen zeigten. Die Ratten mussten einen kleinen Hebel drücken, um mehr Strom ins Gehirn zu bekommen. »Die Tiere waren vom Hebeldrücken so sehr fasziniert, dass sie Essen und Trinken vergessen hätten, wenn man sie nicht vom Hebel entfernt hätte. Nicht einmal eine weibliche Ratte konnte männliche Tiere ablenken. Offensichtlich gab es nichts Besseres als die Gehirnreizung. Sie hörten nicht auf, sich selbst mit elektrischen Strömen zu reizen.« (→ Schultz, Literatur, Seite 236) Die Wissenschaftler hatten verschieden Belohnungszentren in unterschiedlichen Arealen des Gehirns entdeckt. Das war eine Sensation und der Beginn einer intensiven Hirnforschung. Später entdeckte man, dass in den gereizten Belohnungszentren ein Teil der Nervenzellen (= Neurone) den Neurotransmitter Dopamin (→ Wissen kompakt, Seite 59) in die Synapse (→ Seite 87) abgeben. Diese Neurone sitzen beim Menschen im Mittelhirn, direkt hinter dem Mund.

Welche Experimente führten zu dem Schluss, dass Dopamin-Neurone auf Belohnung reagierten? Gibt man Affen oder einer Ratte Futter oder Flüssigkeit, dann zeigen diese Nervenzellen die gleichen elektrischen Signale, die bei elektrischer Selbstreizung auftreten und zum Hebeldrücken führen. Groß war die Überraschung, als die Wissenschaftler feststellten, dass die Dopamin-Neurone nicht nur reagieren, wenn das Tier tatsächlich eine Belohnung bekommt, sondern auch wenn ein Reiz,

TEST: WIE KLUG IST IHR HUND?

Ein Intelligenztest ist immer mit Vorsicht zu genießen. Nehmen Sie ihn deshalb nicht allzu ernst. Er soll vor allem Spaß machen.

	A	B	C

1. Machen Sie einen Türdurchgang so schmal, dass der Hund gerade noch locker hindurchpasst. Geben Sie dem Hund einen Stock ins Maul, der länger ist als die Tür breit. Locken Sie den Hund durch die Enge. Der Hund dreht den Kopf so, dass er Ihnen samt Stock folgen kann (A). Der Hund lässt den Stock fallen und folgt Ihnen (B). Er lässt den Stock nicht fallen, kommt so aber nicht durch den Engpass (C).

2. Vergraben Sie vor den Augen Ihres Hundes in einem hohen Papierkorb ein Leckerli. Er umkreist den Korb, steckt aber seinen Kopf nicht hinein (A). Er stupst den Papierkorb an, um ihn umzuwerfen, scheitert aber; er bettelt, dass Sie ihm helfen (B). Er hüpft in den Korb und räumt ihn aus (C).

3. Binden Sie das Lieblingsspielzeug an eine Kordel und legen Sie es erhöht ab. Die Kordel hängt nach unten, sodass der Hund sie mit dem Maul packen kann, wenn er etwas hochspringt. Er nimmt die Kordel zwischen die Zähne und zieht das Spielzeug herunter (A). Er sieht Ihnen dabei zu, tut aber sonst nichts (B). Er sucht nach einer Klettermöglichkeit, um draufzuhüpfen, und nutzt sie (C).

4. Erwähnen Sie in einem Gespräch mehrmals deutlich und laut den Namen Ihres Hundes. Was passiert? Der Hund reagiert nicht oder geht weg (A). Er bellt und will mitreden oder kommt sofort spielbereit herbei (B). Er lauscht interessiert dem Gespräch (C).

5. Der Hund liegt in etwa zwei Metern Entfernung entspannt vor Ihnen. Alles ist ruhig. Nehmen Sie Blickkontakt auf und lächeln Sie ihn deutlich an. Der Hund kommt sofort zu Ihnen gelaufen (A). Er wendet den Blick ab oder sucht sich einen anderen Platz (B). Er bleibt liegen und wedelt freudig mit dem Schwanz (C).

Auflösung:
Bei 1: A = 5 Punkte, B = 3 Punkte, C = 1 Punkt. Bei 2: A = 1 Punkt, B = 3 Punkte, C = 5 Punkte. Bei 3: A = 5 Punkte, B = 1 Punkt, C = 3 Punkte. Bei 4: A = 1 Punkt, B = 5 Punkte, C = 3 Punkte. Bei 5: A = 5 Punkte, B = 1 Punkt, C = 3 Punkte.

5 bis 11 Punkte: Wahrscheinlich ist Ihr Hund so klug, dass er weiß: Im Notfall sind Sie immer zur Stelle und helfen.
12 bis 19 Punkte: Prima, Ihr Hund hat einiges auf dem Kasten. Vielleicht wissen Sie jetzt auch, wo seine Stärken und Schwächen liegen.
20 bis 25 Punkte: Bravo! Ihr Hund ist ein echter Einstein, der lieber selbst Probleme löst, als sich von anderen helfen zu lassen.

etwa Licht oder Ton, eine Belohnung voraussagt. Je höher die Belohnung, desto stärker feuern die Neurone. Man bezeichnet diese Neurone sogar als Belohnungsneurone. Interessanterweise geht die Aktivität dieser Nervenzellen in dem Maße zurück, in dem die Belohnung immer sicherer und wahrscheinlicher wird. Sie feuern nicht mehr, wenn Affe, Hund und Mensch regelmäßig für die gleiche Leistung belohnt werden. Das stimmt mit unserer Alltagserfahrung überein: Eine Belohnung, die ziemlich sicher eintritt, wird schließlich gar nicht mehr als Belohnung empfunden. Wann empfinden also Mensch und Tiere eine Belohnung? Oder neurobiologisch ausgedrückt: Wann ist die Dopamin-Antwort am größten? Erfolgt mehr Belohnung als vorausgesagt, feuern die Belohnungsneurone heftig. Erfolgt genauso viel wie erwartet, reagieren sie gar nicht. Erfolgt weniger als erwartet, zeigen sie eine negative Antwort. Als Faustregel gilt: Wie viel Dopamin die Belohnungsneurone abgeben, ist von der Differenz zwischen erhaltener und erwarteter Belohnung abhängig. Auf den ersten Blick hört sich dies kompliziert an, aber in der Praxis kann man diese Regeln relativ leicht umsetzen, indem man mit den erwarteten Belohnungen spielt. Auf den Hund Tango bezogen, heißt dies: Man darf ihm nicht nach jedem Verbellen die gleiche Menge Leckerli geben, sondern gibt ihm anfangs ganz wenig und steigert die Menge oder belohnt ihn in unterschiedlichen Zeitintervallen, sodass der erwartete Wert kein Gewohnheitswert wird, sondern eine Überraschung darstellt.

Wechselnde Belohnungsformen

Unser junger Bernhardiner Balu erteilte uns eine Lektion in Sachen Belohnung. Er schlief sechs Monate oder länger in unserem Schlafzimmer. Dann waren wir verreist, und die Tochter versorgte unsere beiden Hunde Wisla und Balu. Nach unserer Rückkehr war dies die Gelegenheit, Balu aus unserem Schlafzimmer zu »verbannen«. Er musste im Nebenzimmer schlafen. Kurz nachdem wir am nächsten Morgen aufgewacht waren, kratzte er zart an der Tür. Wir waren gerührt, ließen ihn ins Zimmer und streichelten ihn. Verhaltensbiologisch gesprochen heißt das: Wir belohnten sein Kratzen an der Tür durch Hereinlassen und Liebkosung. Diese Begrüßung entwickelte sich zu einem morgendlichen Ritual, aber Balu wollte mehr. Er wollte das Schlafzimmer zurückerobern. Er kratzte, nachdem wir ins Bett gegangen waren, an der Tür. Wir blieben hart, und er trollte sich ins Nebenzimmer. Alles war wieder beim Alten. Morgendliche Begrüßung, das war's. Plötzlich kratzte er mitten in der Nacht an der Tür. Wir blieben hart und er erfolglos. Es vergingen Wochen, bis er beim

Morgengrauen wieder seine Charmeoffensive einsetzte. Nun bekam ich Zweifel und dachte, er muss vielleicht sein Geschäft verrichten. Ich öffnete die Tür, und Balu ging geduckt, aber zielstrebig an seine alte Schlafstelle. Ich konnte seinem Charme nicht widerstehen und ließ ihn bei uns schlafen. Seine Hartnäckigkeit hatte gesiegt. Vermutlich haben seine Belohnungsneurone viel Dopamin abgegeben, denn die Differenz zwischen erhaltener und erwarteter Belohnung war groß. Nach so vielen Fehlversuchen hatte er sicher nicht erwartet, dass ich die Tür öffne. Desto größer war seine Überraschung und desto größer die Belohnung. Und so verhielt er sich auch. Immer wieder startete er einen Versuch zu unterschiedlichen Nachtzeiten. Das eine oder andere Mal bin ich auf seinen Charme hereingefallen. Aber im Moment bin ich Sieger ...

Die Wahl der Belohnung Sie hängt von der Persönlichkeit des Tieres ab. Balu lässt sich durch Futter kaum verführen. Bei ihm kommt es eher auf den Tonfall und die Streicheleinheiten an. Wie wichtig die Stimme – deren Modulation, Frequenz und Tonabfolge – in der Kommunikation zwischen Mensch und Hund ist, hat mich Wisla gelehrt (→ Seite 106/107). Grundsätzlich sollten – meiner Meinung nach – die Belohnungen abwechseln. Das erhöht die Spannung und den Belohnungs- sowie Lerneffekt. Je nachdem, was angesagt ist, belohne ich mit Futter, Streicheln, Stimme oder einer Denksportaufgabe. Bei unseren Experimenten haben wir festgestellt, dass die Hunde nicht nur die Aufgabe wegen des Leckerlis lösten, sondern auch aus reinem Vergnügen. Abschließend zu diesem Kapitel möchte ich auf die Worte von Gerhard Roth zurückgreifen: »Die Belohnung selber sättigt uns und stellt uns zufrieden, aber das Nachlassen des Belohnungseffektes und das dadurch hervorgerufene Streben nach neuer Belohnung treibt uns voran, motiviert uns. Wir wollen uns so toll fühlen wie beim letzten Mal ...« (→ Literatur, Seite 236) Und diese Aussage gilt auch für unsere Hunde.

▸ Wisla liegt auf dem Rücken, alle viere von sich gestreckt, und erwartet voller Vorfreude meine Streicheleinheiten als Belohnung für ihr braves Verhalten.

Belohnung kann vieles sein: Worüber freut sich Ihr Vierbeiner am meisten?

Je nach Persönlichkeit empfinden Hunde eine Belohnung unterschiedlich. Der eine mag zum Beispiel ausgedehnte Schmusestunden mit seinem Menschen über die Maßen, dem anderen ist das zu viel Nähe. Manch ein Vierbeiner ist bereit, alles für ein Leckerli zu tun, andere machen sich gar nichts daraus. Finden Sie heraus, wie es um Ihren Vierbeiner bestellt ist.

STREICHELN

Wer je einen Hund gestreichelt hat, weiß, wie sehr Hunde diese Berührungen genießen. Berührungen erzeugen im Hund positive Gefühle und sind daher bestens als Belohnung geeignet. Wir haben es also im wahrsten Sinne des Wortes in der Hand, mittels unserer Hände dem Vierbeiner ein Wohlgefühl zukommen zu lassen. Unter ihnen schmelzen die Hunde, aber auch wir Menschen dahin. Hunde schließen die Augen, entspannen sich und halten den Kopf ruhig. Im Stehen lassen sie den Schwanz langsam fallen und scheinen sich ganz dem Gefühl hinzugeben, völlig zu entspannen. Wisla und Balu fordern täglich solche Zärtlichkeit. Sie rollen sich auf die Seite – Vorderbeine abgeknickt, Hinterbeine offen – und warten darauf, am Bauch gekrault zu werden (→ Zeichnung Seite 105). Warum erzeugt das Berühren ein so angenehmes Gefühl? Beim Berühren haben wir oder die Tiere einen unmittelbaren körperlichen Kontakt mit einem anderen Lebewesen. Der Verhaltensforscher Jonathan Balcombe schreibt in seinem Buch »Tierisch vergnügt« (→ Literatur, Seite 236): »Berührung ist ein wichtiges Kommunikationsmittel. Die Botschaft lautet: Ich traue Dir, ich akzeptiere Dich oder ich mag Dich.« Ob Hund, Katze, Löwe oder Papagei, alle lieben die Berührung, selbst Ratten, wie ein Experiment des Psychologen Jaak Panksepp beweist. In einem Experiment lernten die Ratten, einen Hebel zu drücken. Dies hatte zur Folge, dass sie danach gekitzelt wurden. Nach neun Tagen blieb die Kitzelbelohnung aus, wenn sie den Hebel drückten. Damit wollten die Forscher ausschließen, dass die Ratten den Hebel gewohnheitsmäßig bedienten. Im nächsten Schritt hatten sie zwei Hebel zur Auswahl: Bei einem wurden sie gekitzelt, bei dem anderen nicht. Wie zu erwarten, bedienten die Ratten ausgiebig den Kitzelhebel, der andere wurde fast nie gedrückt. Berührungen verstärken die sozialen Bande. Eine Welt ohne körperliche Berührung wäre ein unersetzlicher Verlust für Mensch und Tier.

STIMME UND TONFALL

Jeder, der mit Tieren – ob Papagei, Löwe, Hund oder Katze – arbeitet, weiß, wie gut man die Stimme als Belohnung, als stärkende Motivation oder aber zum Tadeln einsetzen kann. Ich benutze sie gern als Belohnung. Möchten Sie beispielsweise Ihren Hund loben, wird er ein strammes, nüchternes »So ist es brav« nicht als Lob verstehen. Dazu müssen Sie schon in einem »netten« Tonfall zu Ihrem Vierbeiner sprechen. Als ich Balu beibrachte, auf Zuruf zu kommen, ging ich folgendermaßen vor:

Balu war vielleicht 30 oder 40 Meter entfernt und mit Schnüffeln beschäftigt, als ich mit einem Knäuel Alufolie raschelte oder Töne wie zum Beispiel das Röhren eines Hirsches ausstieß. Sofort hob Balu den Kopf und schaute in meine Richtung. Das ist der erste wichtige Schritt: Ich habe seine Aufmerksamkeit gewonnen. In diesem Moment rufe ich: »Komm.« Zu Beginn mache ich eine Handbewegung in meine Richtung. Die Bewegung unterstützt den Lernvorgang, indem es dem Hund klarmacht, was ich
von ihm erwarte. Nach 5 bis 10 Wiederholungen dieses Lernschrittes hat er begriffen, dass er zu mir kommen soll. Während er angerannt kommt, belohne ich ihn mit der Stimme, indem ich ein sanftes, lang gezogenes »Guuuut« rufe. Bei mir angekommen, gibt es eine Streicheleinheit und liebevolle Worte für Balu.

LECKERE HÄPPCHEN

Leckerlis als Belohnung sind im Prinzip nicht schlecht, aber sie verführen zum Betteln. Die meisten Hunde fahren auf die leckeren Happen ab. Das kann normales Trockenfutter sein, aber auch zum Beispiel gekochtes Hähnchenfleisch oder Obststückchen. Die Geschmäcker sind verschieden. Verwenden Sie kleine, weiche Häppchen, auf denen der Hund nicht herumkauen muss. Beim Üben sollte Ihr Vierbeiner nicht satt sein. Probieren Sie aus, welches Leckerli Ihren Hund besonders zum Lernen motiviert (→ Das Belohnungssystem, Seite 101).

ANDERE BELOHNUNGSFORMEN

Finden Sie heraus, was für Ihren Hund ein echtes Highlight ist. Das kann auch das Lieblingsspielzeug sein, das Sie aus der Tasche ziehen, wenn er etwas gut gemacht hat, das ausgelassene Spiel mit Ihnen oder das Spielen mit Artgenossen. Selbst eine kniffelige Denksportaufgabe kann Ihrem Hund großen Spaß machen und Belohnung genug sein (→ Seite 98/99). Aber muss der Hund für jede »Leistung« belohnt werden? Nein, denn dann würde die Belohnung ihren Stellenwert verlieren. Belohnung muss exklusiv sein. Bekommt der Hund auch Happen einfach so zwischendurch, hat er sein Lieblings- spielzeug ständig zur freien Verfügung oder wird er dauernd gestreichelt, verpufft die Wirkung bald und wird nicht mehr als Belohnung empfunden.

▸ Zuwendung mit Streicheleinheiten ist für viele Hunde die größte Belohnung. Dagegen verblasst sogar das »lecker Häppchen«.

▸ Wer auch zwischendurch stets einen Extrahappen bekommt, der empfindet das Leckerli nicht mehr als Belohnung für seine Leistung.

Das Fenster
in eine andere Welt

Hunde nehmen die Welt anders wahr als wir, dennoch verstehen sich Mensch und Vierbeiner bestens – jedenfalls glauben wir das. Tauchen Sie ein in die Sinneswelt des Hundes. Vielleicht sehen Sie hinterher Ihren treuen Gefährten in einem ganz anderen Licht ...

Jeder sieht die Welt anders

Schwarze Schatten huschen über den dunklen Abendhimmel. Fledermäuse sind auf der Jagd nach Insekten. Die Nachtjäger scannen den stockfinsteren Himmel mit ihrem Echolotsystem. Sie rufen in die Nacht hinaus und machen präzise Schallbilder von ihrem Opfer, die von ihrem Gehirn ausgewertet werden. Graupapageien sehen ihren Partner anders als wir Menschen, denn sie können ultraviolette Sonnenstrahlung aufnehmen und verarbeiten. Wer Mann und Frau ist, erkennen sie im Gegensatz zu uns auf Anhieb. Elefanten rufen etliche Kilometer weit, dank ihres Infraschallsystems, nach ihrer Angebeteten. Brieftauben, Zugvögel und Bienen verfügen über einen Sinn, der uns völlig fremd ist. Sie können das Magnetfeld der Erde registrieren und sich damit bei ihren weiten Flügen orientieren. Sie haben einen Kompass im Kopf, und manche Fischarten registrieren sogar elektrische Felder. Es gibt Menschen, die Zahlen riechen und Farben hören. Für Außenstehende wirkt es, als seien bei solchen »Synästhetikern« einfach die Sinne durcheinandergeraten. Aber dem scheint nicht so zu sein, wie Wissenschaftler glauben. Und Hunde? Sie können Duftstoffe in unvorstellbar kleinen Konzentrationen – bis in den Molekülbereich – registrieren und verarbeiten. All diese Geschöpfe tauchen für uns im wahrsten Sinne des Wortes in eine andere fremde

Welt ein, die wir nur schwer begreifen können. Aber allen ist gemein, dass sie die betreffenden Antennen beziehungsweise Sinneszellen besitzen, die die vielfältigen Ereignisse ihrer Umwelt registrieren und diese Information an ihr Gehirn schicken. Wie sie die Umwelt wahrnehmen, ist keine exakte Abbildung der Außenwelt, sondern ein Konstrukt des Gehirns auf der Grundlage der eintreffenden Information. Aus den einzelnen Elementen der abstrakten Verarbeitung der Sinneszellen baut sich das Gehirn seine Welt im Kopf zusammen.

Was hat unser Wahrnehmungsapparat mit unserer Persönlichkeit zu tun? Sind die Antennen (Sinneszellen von Augen, Ohren, Nase usw.), mit denen wir mit der Umwelt kommunizieren, nicht bei allen Individuen einer Art gleich? Vermutlich nicht, denn es gibt sicher Unterschiede in der Anzahl und dem Aufbau der Sinneszellen. So wie nicht jedes Auto, das vom Fließband läuft, mit dem anderen identisch ist. Es gibt immer noch kleine Unterschiede unter ihnen. Ausschlaggebend für unsere und die tierische Persönlichkeit ist, wie die Information der Antennen in unserem Gehirn verarbeitet wird. Das macht uns zu dem, was wir sind. Und dafür gibt es schöne Beispiele: Die Gehirne von Profimusikern und Musiklaien unterscheiden sich deutlich. Bei den Profis sind diejenigen Areale des Gehirns, die die Aktivität der Hände mit denen des Hörens und Analysierens verknüpfen, im Vergleich zu den Laien besonders stark ausgebildet. Und das wiederum zeigt, dass die Aktivität beim Musizieren, aber auch beim Musikhören, das Gehirn bleibend individuell verändert. Es bilden sich mehr Nervenfortsätze und Faktoren, die das Nervenwachstum fördern. Auch das Gewicht des Gehirns nimmt zu. Musizieren stimuliert das Gehirn auch älterer Menschen. Alle Neuverschaltungen, die zwischen Nervenzellen im Gehirn durch Musik entstehen, bleiben dem Menschen erhalten. Aber was hat Musik mit Hunden zu tun? Auf den ersten Blick nicht viel. Aber dieses Beispiel zeigt eindrücklich, wie Signale (Musik), die auf unsere Sinnesorgane (Ohren) treffen, das Gehirn verändern und damit auch Persönlichkeiten entstehen lassen.

Wie kann man in die Sinneswelt eindringen?

Sie stellen fest, dass Sie das Kleingedruckte nur noch mit Mühe lesen können. Sie unterziehen sich einem Sehtest. Der Optiker zeigt Ihnen in einer bestimmten Entfernung eine Buchstabenfolge, und Sie werden aufgefordert, die Buchstaben zu benennen. Im Verlaufe des Tests werden Ihnen immer kleinere Buchstaben gezeigt, bis Sie nicht mehr in der Lage sind, die Buchstaben eindeutig zu benennen. Aus dem vorgegebenen

▶ Faszinierend, die blauen Augen des Siberian Huskys. Hunde sehen jedoch die Welt anders als wir Menschen.

Abstand und der Größe des einzelnen Buchstabens kann man Ihre Sehstärke berechnen. Ähnlich macht man es auch bei Hunden.
Die große Schwierigkeit bei Tieren besteht darin, dass man sie nicht direkt befragen kann, ob sie den Buchstaben noch wahrnehmen können oder nicht. Aber auch die Tiere geben Antwort.
Sehtest für Hunde Hilfreich sind sogenannte Wahlversuche. Die sind natürlich manchmal aufwendig, aber in diesem Fall ist es nicht so schwierig. Auf einer Projektionsfläche werden dem Hund, der in einem gewissen Abstand davor sitzt, zwei Bilder mit den Buchstaben A und F gezeigt. Der Hund lernt, dass er nur ein Leckerli bekommt, wenn er sich dem Bild A nähert. Es dauert eine gewisse Zeit, bis er das begriffen hat. Natürlich werden die Plätze der Bilder immer wieder vertauscht. Dann verkleinert man die Buchstaben in diesem Test, bis der Hund sie nicht

mehr unterscheiden kann. Das signalisiert der Hund, indem er viele Fehler bei der Wahl macht oder nicht mehr zu den Bildern geht. Um das Ergebnis wissenschaftlich abzusichern, benötigt man viele Tests. Mit der Methode des Wahlversuchs ist man in die Tiefen der Sinneswahrnehmung vorgedrungen. Die meisten Tiere nehmen die Umwelt anders wahr als wir Menschen.

Warum ist die Sinneswahrnehmung wichtig?

Zu wissen, wie unsere Hunde die Welt mit ihren Sinnen wahrnehmen, ist die Grundvoraussetzung dafür, das Verhalten eines Hundes zu verstehen. Wer nicht weiß, wie Hunde die Außenwelt erleben, missdeutet häufig ihr Verhalten und kann sie dabei überfordern. Zwei Beispiele mögen Ihnen dies verdeutlichen:

Farben erkennen Einen Hund darauf zu trainieren, aus einer Anzahl farbiger Kisten genau aus der roten Kiste einen Gegenstand zu apportieren, ist sinnlos, denn der Vierbeiner erkennt die Farbe Rot nicht. Hunde können nicht zwischen Grün, Gelb, Orange und Rot unterscheiden. Die Farben einer Verkehrsampel sehen sie demnach nicht. Das rote Stoppzeichen und das grüne Signal für Gehen erkennen Hunde nur an der Helligkeit und an der Position des Lichtes.

Menschen, die an einer Rotgrünblindheit leiden, sehen vielleicht die Welt ähnlich. Diese Menschen können etwa auf einem Lageplan nicht die roten und grünen Punkte unterscheiden. Dennoch sehen auch sie die Welt farbig, nur anders als der »normale« Mensch.

Wahrnehmung Das zweite Beispiel kommt Ihnen vielleicht bekannt vor. Häufig stört uns das Gebelle und Gekläffe des Vierbeiners. Wir sind rat- und hilflos, und wir werden wütend, weil wir nicht wissen, warum das »blöde Vieh« gerade jetzt so viel Lärm macht. In Wirklichkeit hört oder riecht der Hund etwas, was ihm bedrohlich erscheint, uns aber verborgen bleibt. Seine gute Absicht, Haus und Hof zu verteidigen, wird von uns nicht verstanden, weil unsere Sinne die Gefahr nicht wahrnehmen. So manche unerklärliche Angst und Schreckreaktion des Hundes lässt sich damit erklären.

Bei jeder Tierart haben sich im Lauf von Millionen Jahren Sinnesorgane herausgebildet, die ihnen optimales Überleben gestatten. Bestes Beispiel dafür ist die Flutkatastrophe in Ostasien am 26. Dezember 2004. Bei diesem Tsunami sind wesentlich weniger Großsäuger umgekommen als Menschen. Die Elefanten nahmen mit ihren Sinnesorganen die Druckwellen wahr und flüchteten auf die Hügel.

Wie sehen Hunde die Welt?

Zehn Kandidaten treffen sich im Wentzinger Gymnasium in Freiburg. Zehn Hunde verschiedener Rassen, unterschiedlichen Geschlechts und Alters haben ihren ersten Filmauftritt. Ihre Frauchen und Herrchen sind genauso nervös wie ihre Vierbeiner. Jeder der Hunde wartet in einem Klassenzimmer auf seinen Auftritt, für den er einzeln vor die Kamera gebeten wird. Die Hundestars wirken jedoch nicht in einem Film mit, sondern nehmen an einem wissenschaftlichen Experiment teil.
Wir wollen wissen, wie Hunde auf das Bild einer Beamerprojektion reagieren. Was nehmen sie wahr? Dazu war es nötig, die Hunde zu filmen. Dieses Filmchen wird dann den Hunden auf einer Leinwand in einem anderen Raum mittels Beamer präsentiert. Wichtig dabei ist, dass die Leinwand mit dem Boden abschließt und das Bild die Originalgröße des Hundes wiedergibt.

Reaktion auf das Bild des Artgenossen Der erste Kandidat war Dusty, ein Jack Russell Terrier. Ihm spielten wir die Filmaufnahmen eines Boston Terriers vor. Der Boston Terrier stand still und schaute mit leicht angewinkeltem Kopf in den Raum. Dusty betrat den Raum, stutzte und betrachtete die Leinwand. Es sah so aus, als ob die beiden Blickkontakt hatten. Plötzlich beugte sich Dusty mit gestreckten Vorderbeinen nach unten, die Hinterbeine durchgestreckt: die typische Spielhaltung. Dusty forderte sein Filmbild lautstark zum Spielen auf. Er rannte vor der Leinwand hin und her, als ob sein Gegenüber ein leibhaftiger Boston Terrier wäre. Unglaublich! Der fehlende Geruch und die Stimme des vermeintlichen Artgenossen spielten offenbar keine Rolle für Dusty. Sie können sich vorstellen, wie gespannt wir auf den nächsten Kandidaten waren. Es war Wisla, meine alte Bernhardinerin.
Wisla trottete in den Raum, sah den Boston Terrier, würdigte ihn mit kurzem Blick und legte sich schließlich entspannt vor die Leinwand. Was hat sie wahrgenommen? Ihr Verhalten verrät es nicht.
Der dritte Kandidat reagierte wieder auf den Filmkandidaten und verbellte ihn. Eine Auswertung und Analyse unserer Daten ergab kein einheitliches Bild. Einige Hunde reagierten auf die Beamerprojektion, andere jedoch nicht.
Warum das so ist, wissen und verstehen wir noch nicht. Wie in den Gehirnen der Hunde Bilder entstehen und wie die Lichtreize im Detail verarbeitet werden, birgt noch viele Geheimnisse für uns. Aber erzählen wir die Geschichte nicht vom Ende her, sondern beginnen wir mit dem, was man bisher über das Sehvermögen von Hunden weiß …

TIPPS & TRICKS

Tauschen Sie eine normale Glühlampe in einem Raum gegen eine Glühlampe, die nur gelbes Licht ausstrahlt. In solch einem gelb beleuchteten Raum verblassen die Farben. Ihre Hände erscheinen blutleer. Rosa Kleidung wirkt plötzlich schmutzig weiß, und die Bartstoppeln erscheinen gelblich grün. Sie blicken in eine fremde Welt und nähern sich so der farbigen Welt der Hunde.

Der Farben-Test: Sieht der Hund die Welt farbig?

Bunte Näpfe

Bieten Sie Ihrem Hund einen grünen und einen blauen Futternapf an. Nur im grünen findet er Futter, im blauen dagegen nicht. Nach fünf bis zehn Fütterungen hat der Hund gelernt, dass er nur Futter im grünen Napf findet. Nun könnte man einwenden, der Hund riecht, wo Futter ist. Zur Kontrolle gibt man das Futter in den blauen Napf. Sucht der Hund im grünen, kann man den Geruch ausschließen.

Vertauschte Plätze

Nun werden die Plätze der Futternäpfe vertauscht, um sicher zu sein, dass der Hund sich nicht den Ort gemerkt hat. Jetzt wird es schwierig, denn jede Farbe hat einen bestimmten Grauton. Es könnte also sein, dass der Hund keine Farben, sondern nur die Grautöne sieht, wie man lange glaubte. Durch weitere ausgeklügelte Lernversuche konnte man jedoch beweisen, dass Hunde Farben sehen. Zwar ist ihre Welte nicht so bunt wie unsere, aber immerhin.

Mit den Augen eines Hundes

Licht durchdringt das Hundeauge und wird von den Sinneszellen, den Stäbchen und Zapfen, absorbiert, die sich in der Netzhaut befinden. Die Retina oder Netzhaut bedeckt den Augenhintergrund. Die Zapfen sind für das Farbensehen und die Stäbchen für Schwarz-Weiß-Sehen zuständig. Durch das Licht werden die Sinneszellen gereizt und senden elektrische Signale an das Gehirn. Nun wird es spannend, denn die Verteilung der Sinneszellen ist auf der Netzhaut – ebenso wie beim Menschen – nicht überall gleich verteilt. Wo die Sinneszellen am dichtesten verpackt sind, sehen die Lebewesen am schärfsten. Ähnlich den Digitalkameras:

je mehr Pixel, desto schärfer das Bild. Die Netzhaut des Hundes unterscheidet sich von der des Menschen deutlich. Beim Menschen haben wir nur eine Stelle, an welcher die Zapfen ganz dicht gepackt sind. Diesen Ort nennt man Fovea centralis, den Ort des schärfsten Sehens. Bei Hunden gibt es zwei solcher Stellen, einerseits die kreisrunde Area centralis. Sie ähnelt der Fovea centralis. Andererseits die Horizontalstreifen (Area centralis striaeformis). Hier liegen die Sinneszellen wie Pflastersteine einer Straße dicht beieinander. Warum haben Hunde im Gegensatz zum Menschen zwei Orte, an denen die Sinneszellen dicht gepackt sind? Die australische Neurologin Alison Harman machte eine verblüffende Entdeckung. Sie untersuchte die Netzhaut verschiedener Hunderassen und stellte dabei fest, dass viele Hunderassen mit kurzer Schnauze gar keine horizontalen Streifen mit Stäbchen besitzen. Hunde mit langen Schnauzen besaßen hingegen die Streifen. Das war eine riesige Überraschung und erklärt, warum manche Hunde ein größeres Blickfeld haben als andere. Was bedeutet dies in der Praxis?

Auf die Schnauze kommt es an Hunde mit Horizontalstreifen haben einen besseren Panoramablick und sehen Lebewesen in der Peripherie leichter. Sie sind die besseren Jäger, weil sie ihre Beute am Horizont erkennen. Es ist also kein Zufall, dass Jagdhunde eine lange Schnauze besitzen. Aber Hunde ohne diese Streifen, also mit nur einer Area centralis, erkennen dafür im Gesicht ihres Besitzers die Nuancen des Ausdrucks besser und können räumlich besser sehen. In ihrer Area centralis sind viel mehr Sinneszellen als bei den langschnauzigen Hunden. Vielleicht ist dies der Grund, warum wir Bulldoggen, Boxer und andere Hunde mit kurzen Schnauzen so attraktiv finden. Sie schauen uns in die Augen, und wir schmelzen dahin. Ganz nebenbei wurde vielleicht eine alte Streitfrage gelöst, warum manche Hunde gern fernsehen und andere nicht. Unsere gemütlichen Bulldoggen haben dabei viel mehr Genuss, weil sie das Fernsehbild deutlicher sehen.

Wann sehen Menschen und Hunde einen Gegenstand scharf? Wie scharf wir ein Bild oder einen Gegenstand sehen, hängt unter anderem davon ab, wie weit der Gegenstand vom Auge entfernt ist und wie dicht die Sinneszellen angeordnet sind. Beim Menschen ist die Dichte viel größer als beim Hund, also sehen wir Gegenstände schärfer.
Was heißt das? Menschen können zwei Kieselsteine gleicher Größe, die in einem Abstand von einem halben Zentimeter liegen, noch in einer Entfernung von vier Metern als zwei Kieselsteine erkennen. Hunde nicht. Für sie ist es ein Kieselstein. Erst wenn sie sich auf zwei Meter nähern, sehen sie zwei Steine. Die Sehschärfe des Hundes beträgt nur 50 Prozent

► Langschnauzige Hunde sehen in der Ferne besser als »Kurzschnauzen«. Nicht umsonst haben Jagdhunde deshalb lange Schnauzen.

der des Menschen. Auch kleine Gegenstände, die unmittelbar vor ihrer Nase liegen, sehen Hunde nicht. Das hat zwei Gründe: Erstens kann sich die Linse nicht an die Nähe anpassen (akkommodieren), und zweitens sind auf ihrer Netzhaut zu wenig Sinneszellen, die die Lichtstrahlen registrieren. Hunde erkennen uns viel schlechter als wir sie, wenn wir ihnen begegnen. Erwarten Sie also nicht, dass ein Hund Sie erkennt, wenn Sie in großer Entfernung ruhig am Rande eines Feldes stehen. Er sieht Sie nicht. Erst wenn Sie mit den Händen winken, erkennt er Sie. Denn Hunde sehen bewegte Objekte viel leichter. Beachten Sie dies, wenn Sie einen Hund aus großer Entfernung herholen wollen.

Räumliches Sehen Das Blickfeld (Gesichtsfeld) des Hundes beträgt 150 Grad und ist deutlich größer als beim Menschen. Der Hund sieht also Gegenstände, die sich seitlich nähern, früher als wir. Das hat seinen Preis. Im stereoskopischen, also räumlichen Sehen ist er dafür schlechter. Sein räumliches Gesichtsfeld beträgt 85 Grad, das des Menschen 120 Grad. Räumliches Sehen ist natürlich für den Menschen besonders wichtig, denn es hilft ihm, Entfernungen gut abzuschätzen. Diese

Fähigkeit machte ihn zum Werkzeugmacher unter den Säugetieren. Wie wichtig diese Fertigkeit ist, können Sie selbst überprüfen. Versuchen Sie doch nur einmal, mit einem Auge einen Faden in eine Nadel einzufädeln!

Dämmerlicht Aber in einem anderen Punkt sind die Hunde uns überlegen: Sie sehen besser im Dämmerlicht. Ihre Hornhaut und ihre Linse nehmen bei Schwachlicht mehr Licht auf, und im Augenhintergrund gibt es eine Zellschicht (Tapetum), die das Restlicht wie ein Spiegel reflektiert. Zudem besitzen sie dreimal so viele Stäbchen in ihrer Netzhaut wie wir, die vorwiegend im Dämmerlicht eingeschaltet sind. Ihre Vorfahren, die Wölfe, konnten dadurch in der Dämmerung gut jagen. Darum Vorsicht: Hunde wildern besonders gern in der Dämmerung. Sie sehen Wild, das Sie wiederum nicht sehen.

Graue bunte Welt In der Welt der Hunde spielen Farben sicherlich keine so bedeutende Rolle wie bei uns Menschen, und dennoch ist es nicht so, dass sie keine Farben sehen, wie man lange glaubte. Sie sehen zwar Farben, haben aber nicht drei Farbrezeptoren oder Zapfen wie der Mensch, sondern nur zwei. Jeder Zapfentyp absorbiert Licht einer bestimmten Wellenlänge. Es gibt Zapfen für rotes, grünes und blaues Licht. Werden alle drei Zapfen durch Licht gleichzeitig und gleich stark gereizt, so errechnet das Gehirn den Farbeindruck Weiß. Wird zum Beispiel der Zapfentyp für rotes Licht stärker gereizt als für grünes, so entsteht in unserem Gehirn ein rot-grüner Farbeindruck. Unser Gehirn verarbeitet Millionen von Farbeindrücken. Nach einem ähnlichen Prinzip arbeitet unser Farbfernseher. Hunde haben keine Zapfen, die Rot absorbieren. In ihrer Welt gibt es keine Rottöne. Sie können nichts durch eine rosarote Brille sehen. Ein Abendhimmel mit einer rot glühenden untergehenden Sonne ist ihnen fremd. Ihre Welt ist vermutlich nicht so bunt wie unsere. Wellensittiche und Graupapageien hingegen leben in einer wahren Farbenpracht. Sie haben vier Farbrezeptoren und können noch UV-Licht wahrnehmen.

Mit Felix im Kino Felix war fast überall dabei, wann immer möglich, nahm ich ihn mit. Selbst ins Kino. Sie erinnern sich: Felix ist der Schäferhund, der an Staupe erkrankte (→ Seite 11). Beim ersten Mal schaute er erstaunt und minutenlang auf die Leinwand. Was er wohl sah, was er wohl dachte, als er die übergroßen Gestalten auf der Leinwand erblickte? In jener Zeit machte ich mir darüber keine Gedanken. Ich war nur froh, dass er sich ruhig verhielt und das Publikum nicht störte. Heute sieht das anders aus – und wir wissen auch mehr. Würde man Felix fragen, wie er den Film gefunden hat, so wäre seine Antwort klar und unmissverständlich: Er habe gar keinen Film gesehen, sondern einen Diavortrag.

Wie kommt es zu solch verschiedenen Sinneseindrücken? Der Grund dafür ist die unterschiedliche Trägheit bzw. Schnelligkeit der Sinneszellen. Unsere Stäbchen und Zapfen brauchen nach einer Reizung länger, bis sie wieder elektrische Signale zum Gehirn schicken können, als die der Hunde. Das Auge des Menschen verarbeitet 18 bis 24 Bilder pro Sekunde. Treffen aber mehr als 24 Bilder pro Sekunde auf das Auge, etwa 50 Bilder, so nehmen wir die einzelnen Bilder als fließende Bilder wahr – es wird ein Film. Für den Hund ist dies aber nicht schnell genug, denn er kann 70 bis 80 Einzelbilder pro Sekunde wahrnehmen. Also sieht er einzelne Bilder. Ihre Rezeptoren (→ Wissen kompakt, Seite 140) sind im Vergleich zu denen des Menschen Schnellfeuerpistolen. Darum haben es Hunde viel leichter, einen schnell durch die Luft fliegenden Ball im Sprung zu fangen. Das ist der typische Zeitlupeneffekt: Je mehr Bilder pro Sekunde auf das Auge treffen, desto langsamer wird die Bewegung.

Schau mir in die Augen Auf unserem Seminar in Freiburg gingen wir der Frage nach, ob Hunde aus unseren Augen lesen können. Einer unserer Kandidaten war Samson mit seinem Frauchen Heike. Beide saßen sich gegenüber. Heike schaute, ohne den Kopf zu drehen, auf eine der beiden Personen, die links und rechts im Abstand von zwei Metern neben ihr standen und Futter in ihren Händen hinter dem Rücken hielten. Bewegte Heike ihre Augen nach links, ging Samson zur linken Person. Bewegte sie ihre Augen nach rechts, ging er nach rechts. Kein Zweifel: Hunde verfolgen die Augenbewegungen ihres Menschen. Samson sieht über den Augenblick hinaus. Fähigkeiten dieser Art sind mittlerweile Gegenstand der Forschung. Haben Hunde eine Vorstellung davon, was wir mit unseren Augen sehen?

Zu Gast in Leipzig Schauplatz ist das Max-Planck-Institut. Ich war Zeuge eines eindrücklichen Experimentes, das uns die Biologin Dr. Juliane Kaminski vorführte. Ben ist der Versuchskandidat und gehorcht der Forscherin aufs Wort. Frau Kaminski befindet sich mit Ben in einem Raum, ich in einem anderen, von dem aus ich alles ungesehen beobachten kann. Juliane Kaminski setzt sich auf einen Stuhl und legt im Abstand von etwa zwei Metern ein Leckerli auf den Boden. Ben bekommt das Kommando »Platz«. Er sollte nicht das Leckerli stibitzen. Bei jeder Annäherung ertönte ein scharfes »Aus«. Ben folgte, und nach ungefähr zwei bis drei Minuten schloss Juliane die Augen. Ben musterte sie, blieb aber artig sitzen. Immer wieder sah er in ihr Gesicht. Ihre Augen blieben geschlossen. Versteht Ben, dass Juliane nichts sehen kann und dass sie nicht merken würde, wenn er das Leckerli klaut? Bens Verhalten scheint dafür zu sprechen. Nach ungefähr vier Minuten beginnt er sich zu kratzen. Ein Übersprungskratzen, wie die Verhaltensbiologen es nennen. Übersprungshandlungen sind Verhaltensweisen, die Menschen und Tiere zeigen, wenn sie sich in einem Konflikt befinden. Die ausgeführte Handlung hat aber mit den Handlungen, die zum Konflikt führen, nichts zu tun. Daher der Name: Es wird etwas übersprungen. Ben ist im Entscheidungskonflikt: Soll ich hingehen und das Leckerli klauen oder sitzen bleiben? Solange er sich im Konflikt befindet, kratzt er sich. Aber die Versuchung ist zu groß. Nach etwa acht Minuten setzt er sich zeitlupenartig in Bewegung, Schritt für Schritt, leicht geduckt, die Beine in Richtung Leckerli. Seine Bewegung und Haltung erwecken den Eindruck, dass er um das klare Verbot weiß. Kurz vor dem Leckerli wird er schnell, stibitzt das Leckerli und setzt sich wieder hin, aber nicht an die ursprüngliche Stelle. So klug ist Ben nun auch wieder nicht.

Der Eimer über dem Kopf Hunde erkennen uns Menschen sicherlich auch am Geruch. Aber welche Rolle spielt die Optik dabei? Dazu ein Experiment mit überraschendem Ausgang. Besitzern von Hunden wurde ein Eimer über den Kopf gestülpt. Mein Hund Teddy und ich nahmen ebenfalls teil. Teddy wartete vor der Tür, währenddessen mir ein Eimer über den Kopf gestülpt wurde. Ich befand mich auf allen vieren, als Teddy in den Versuchsraum gelassen wurde. Zum Glück war Teddy angeleint und wurde festgehalten. Teddy erkannte mich nicht. Aggressiv und aufgebracht bellte er das unbekannte Wesen an. Es hat nicht viel gefehlt und er hätte mich gebissen. Viele Versuchsreihen ergaben immer dasselbe Resultat. Hunde erkennen eine vertraute Person nicht mehr, wenn sie etwas über den Kopf gezogen hat. In ihren Reaktionen unterscheiden sich die Hunde jedoch.

▸ Verblüffend. Der Vierbeiner erkennt sein Herrchen oder Frauchen nicht, wenn er – wie in diesem Experiment – deren Gesicht nicht sehen kann.

Furchtlose Hunde reagieren aggressiv, ängstliche Tiere weichen zurück. Der Geruch spielte überhaupt keine Rolle. Wir erklärten uns das so: Die Körperhaltung und der Eimer sind für das Tier Störreize, die es nicht einordnen kann. Vermutlich wird der Geruch des Frauchens oder Herrchens in diesem Moment anders verarbeitet, und er spielt bei der Erkennung eine untergeordnete Rolle, wenn ein störendes Detail dazukommt. Wir wissen es noch nicht. Trotzdem die Warnung: Kleine Kinder sollten sich nichts über den Kopf ziehen, wenn sie mit Hunden spielen. Temple Grandin, die renommierte Tierwissenschaftlerin der Colorado State University und Autistin, beschreibt ein Erlebnis ihrer Freundin mit deren Labradorhündin, das unseren Versuchen ähnelt: »Meine Freundin arbeitete, während ihr Hund neben ihr lag. Plötzlich kam ihr Sohn herein. Er trug ein tiefschwarzes Kostüm und dazu die grellweiße Maske aus dem Gruselschocker ›Scream‹. Die Hündin sprang auf und bellte wie verrückt. Meine Freundin war völlig überrascht, da sie ihren Sohn am Schritt erkannt hatte. Was wieder einmal belegt, dass schon ein einziges Detail genügt, um ein Tier zu verängstigen. Der Labradorhündin war es egal, ob sich der Sohn nach wie vor gleich anhörte oder gleich roch. Er sah anders aus, also war er nicht mehr derselbe, und das war's.«
Bei Hunden lässt sich besonders schwer einschätzen, was sie erschreckt, da sie im Zusammenleben mit dem Menschen immer wieder neuen unbekannten Reizen ausgesetzt sind. Balu ist dafür ein Paradebeispiel. Erst gestern sorgte er wieder für eine Überraschung. Es war ein herrlicher Sommertag, und die Menschen lagen in Badekleidung auf der Wiese am Flussufer. Ein Pärchen sah mich und Balu beim Spazierengehen. Die junge Frau war ganz begeistert von meinem Hund und sprach ihn freundlich an. Balu erwiderte die Freundlichkeit mit einem lauten aggressiven Bellen. Die Stimmung war dahin, und ich wäre vielleicht böse auf meinen Vierbeiner geworden, wenn ich nicht das Buch »Ich sehe die Welt wie ein frohes Tier« von Temple Grandin gelesen hätte (→ Literatur, Seite 236). Die bekannte Tierpsychologin hat als Autistin einen anderen Blick auf die Welt als wir. Sie geht davon aus, dass ihre Sicht denen der Tiere eher entspricht als die unsere. Aufgrund meiner langen Erfahrung mit Tieren kann ich ihr nur zustimmen.

Wie sehen Tiere die Welt? Tiere sehen Details, die Menschen nicht sehen. Sie sind völlig detailorientiert. Und so ging es vermutlich Balu. Er hatte bis gestern noch nie liegende Menschen in Badeanzügen gesehen. Balu registrierte irgendein Detail und »biss« sich daran fest. Er abstrahierte nicht, dass die liegende Frau ein Mensch ist, sonst wäre er wie üblich freundlich gewesen. »Autisten und Tiere sehen Dinge, die normale

▶ Hunde nehmen beim Sehen mehr Details wahr als wir. Sie können sogar in unseren Augen lesen, indem sie die Augenbewegung verfolgen.

Menschen nicht sehen können oder wollen. Und das meine ich jetzt nicht im übertragenen Sinne. Normale Menschen sehen vieles nicht«, stellt Temple Grandin in ihrem Buch fest. Dies haben Psychologen in vielen Experimenten nachgewiesen.

Das Experiment des Psychologen Daniel Simons demonstriert eindrucksvoll, wie schlecht wir Menschen auf visuelle Reize reagieren. Er und sein Team zeigten Versuchspersonen Videoaufnahmen eines Basketballspiels und baten sie mitzuteilen, wie viel Körbe die Mannschaften warfen. Während die Versuchspersonen fleißig zählten, lief eine als Gorilla verkleidete Frau durch den Film und trommelte sich auf die Brust. Das Ergebnis des Versuchs spricht für sich: 50 Prozent der Personen bemerkten den Gorilla im Film überhaupt nicht. Andere Forschungen zielen in eine ähnliche Richtung.

Ein anderes Experiment sollte herausfinden, welche Bedeutung für den Hund die Stimme und das Bild einer Person bei der Identifizierung eines Menschen haben. Man untersuchte das Verhalten von Hunden, die die Stimme ihres Besitzers oder eines Fremden hörten, und zeigte ihnen gleichzeitig entweder das Bild ihres Besitzers oder eines Fremden auf einem großen Monitor. Wenn das Gesicht nicht zur Stimme passte, sahen die Hunde länger hin – sowohl beim Gesicht des Besitzers, wenn es zur Stimme des Fremden gezeigt wurde, als auch zum Gesicht des Fremden, wenn gleichzeitig die Stimme des Besitzers ertönte. Hätten die Hunde nur das Gesicht ihres Besitzers bevorzugt, hätten sie dieses am längsten betrachtet. So aber betrachteten sie, während die Stimme ertönte, immer das gerade gezeigte Gesicht am längsten – gleich ob Besitzer oder Fremder. Dieser Kurztrip in die Sehwelt des Hundes zeigt, wie unterschiedlich dieser im Vergleich zu uns die Welt sieht. Mit diesem Wissen fällt uns der Perspektivenwechsel leichter, die Welt auch mit den Augen des Hundes zu sehen, zu verstehen und zu respektieren. Und das ist die Basis, auf der jede gute Erziehung aufbauen soll. Einen Afghanischen Windhund mit einer anders aufgebauten Netzhaut als der eines Mopses auf die gleichen optischen Signale zu trainieren, ist ein Unding. Einfache, oft falsche Interpretationen des Hundeverhaltens werden durch die Physiologie entlarvt. Auch auf allen anderen Feldern der Sinneswahrnehmung unterscheiden sich Mensch und Hund.

Ein feines Näschen

Wir staunen über die Fähigkeit von Hunden, Lachsen und Aalen, kleinste Mengen zu riechen. Aale etwa können das blumig riechende ß-Phenylethanol (→ Wissen kompakt, Seite 140) noch bei einer Verdünnung feststellen, die einer Lösung von einem Milliliter reinen Duftstoffes in einer Wassermenge des 58-fachen Volumens des Bodensees entspricht (→ Literatur, Seite 237). Da können wir nur neidisch werden. Aber unser Geruchssinn war nicht immer so dürftig. Wir haben den richtigen »Riecher« verloren, unser Geruchssinn verkümmerte. Im Lauf der Evolution sind die 1000 Riechgene des Menschen auf zwei Drittel geschrumpft und nicht mehr funktionsfähig. Über 300 Gene sind abgeschaltet. Aber welche Gene abgeschaltet werden, ist von Person zu Person unterschiedlich, wie der Evolutionsgenetiker Svante Pääbo des Max-Planck-Instituts Leipzig erforscht hat. Jeder Mensch hat seinen eigenen, spezifischen Geruch, der ebenso individuell wie sein Fingerab-

Der »Supernasen«-Test: Folgt Ihr Hund der Spur?

Die Salamispur

Der Hund darf ausgiebig an einem Salamistück riechen. Bringen Sie ihn dann aus dem Zimmer. Ziehen Sie mit der Salami eine Geruchsspur am Boden und verstecken Sie das Stück Salami. Holen Sie den Hund wieder ins Zimmer und fordern Sie ihn auf, die Salami zu suchen. Er wird sofort die Spur aufnehmen. Stufe zwei: Der Hund darf wieder an der Salami riechen und verlässt dann den Raum. Ziehen Sie ein Stück Käse über die Salamispur.

Höchste Konzentration

Nach einigen Metern gabeln sich Käse- und Salamispur. Ihr Hund folgt der Salamispur. Stufe drei: Der Beginn des Versuchs ist wie gehabt. Reiben Sie nun etwas Salami auf die Schuhsohle und laufen Sie los. Der Hund schnuppert aufgeregt am Anfang der Fußspur, folgt ihr aber nicht. Warum? Hunde können die Konzentration eines Geruchsstoffes erkennen und folgen immer der höheren Konzentration, die bei jedem Ihrer Schritte abnimmt. Also bleibt er am Start.

druck ist. Rund 10.000 Geruchsqualitäten, so schätzen Experten, kann die menschliche Nase auseinanderhalten, aber kaum einen bestimmten Geruch mit einem Wort benennen. Für optische und den Tastsinn betreffende Wahrnehmungen kennen wir Adjektive von konkreter Bedeutung – rot oder blau, groß oder klein, schwer oder leicht. Bei der Beschreibung der Gerüche hingegen fallen uns nur Assoziationen ein wie etwa schwefelig oder veilchenartig. Der Grund hierfür liegt in der mangelnden Kommunikation zwischen Geruchs- und Sprachzentrum. 10.000 verschiedene Gerüche wahrnehmen zu können, das klingt nach viel, aber im Vergleich zu Hunden ist es wenig.

Abstecher in die Geruchswelt

Gerüche sind immer mit Gefühlen und Erinnerungen verbunden. Der Hauch eines Duftes kann sich in unser Gedächtnis eingraben, und Jahre später werden noch Freude oder Kummer wach. Man kann sich dem nur schwer entziehen. Selbst heute, nach fünfzig Jahren, habe ich immer noch den Geruch des alten Raubtierhauses des Tierparks Hellabrunn in München in der Nase.

Im Gegensatz zum Geruchssinn werden akustische und optische Eindrücke zuerst zum Thalamus, dem größten Teil des Zwischenhirns, geleitet – eine Art Kontrollzentrum oder Filter im Gehirn. Hier findet eine gewisse Auswahl statt, was wichtig oder unwichtig für den Körper ist. Informationen aus Geruchsmolekülen hingegen umgehen den Thalamus und werden direkt auf evolutionären uralten Nervenbahnen in Hirnregionen geleitet, in denen unbewusste Sehnsüchte und Gefühle verarbeitet werden (Mandelkern → Amygdala, Wissen kompakt, Seite 41). Oft entscheidet deshalb der archaische, also frühzeitliche Geruchssinn, ob wir Ekel, Hass, Liebe und Zuneigung empfinden. Der Geruchssinn ist evolutorisch betrachtet ein altes Sinnesorgan und eng mit Instinkten gekoppelt. Er war der erste Sinn überhaupt. Mit ihm hat vor 700 Millionen Jahren schon die Qualle ihre erste Nahrung geortet. Bei einigen Tierarten ist etwa ein Drittel des gesamten Hirnvolumens für die Verarbeitung von Geruchsinformationen reserviert. Duftstoffe haben Macht. Der Geruch einer läufigen Hündin lässt Rüden ausflippen. Unser Robby ist dafür ein gutes Beispiel. In seinen letzten beiden Lebensjahren, im Alter von 12 und 13 Jahren, war Robby sehr hinfällig. Er konnte nur noch schlecht laufen. Jeder Schritt strengte ihn an. Nur kleine Spaziergänge waren noch möglich. Wenn Wisla aber läufig wurde und ihren Duft überall verbreitete, wurde aus einem alten Herrn ein junger Adonis.

Die Chemie muss stimmen

Ich habe viel Lehrgeld bezahlen müssen, bis ich begriffen hatte, wie wichtig der Geruch für ein Tier ist, wenn es ums Lernen geht. Besonders schwer haben es mir dabei die Meerschweinchen gemacht. Wir testeten, ob Meerschweinchen Farben sehen können. In einer sogenannten Skinnerbox mussten die Meerschweinchen eine von zwei Tasten drücken, um die richtige Farbwahl anzuzeigen. Die Durchführung solcher Experimente ist schwierig, und an dieser Stelle würde es jetzt zu weit führen, den genauen Versuchsablauf zu beschreiben. Aber so viel sei gesagt: Roch die Box nicht nach dem Familienclan, dann saß das Tier verängstigt in der Ecke. Gab man aber Einstreu aus dem Familienkäfig in die Box, dann dauerte es nicht lange, und das Meerschweinchen untersuchte die Box. Jetzt war es bereit zu lernen. Im Handumdrehen lernte es, die Taste zu drücken, wenn die richtige Farbe aufleuchtete. Ob Löwe, Pferd, Hund oder Katze, man muss bei der Ausbildung der Tiere darauf achten, dass die Chemie stimmt. Im Umgang mit Hunden vergessen wir allzu oft den Geruch. Das hat seinen Grund: Wir Menschen sind Augentiere und können uns nur schwer in die Geruchswelt der Hunde versetzen. Diese Welt ist uns fremd, darum trainieren wir sie auf Zeichen und jagen sie durch den Agility-Parcours. Nichts gegen Agility, aber vermutlich würde eine Nase voller fremder Gerüche unsere Hunde noch mehr beflügeln. Wir sind weit davon entfernt, unsere Hunde in diesem Punkt zu verstehen, weil wir »Gefangene« unserer Optik sind. Das ist erstaunlich, denn es gibt kaum ein Lebewesen auf diesem Planeten, das so viele Gerüche aussendet wie der Mensch. Vermutlich riecht kein Tier so stark und individuell wie wir. Mit uns kann sich nur noch das Stinktier messen – und dieses Tier setzt seinen Gestank als Waffe ein. Fühlt ein Stinktier sich bedroht, feuert es eine Ladung Butyl-Mercaptan auf seinen Gegner – eine Flüssigkeit, die nach Knoblauch und Schwefelwasserstoff, also nach faulen Eiern, stinkt. Hunde, die jemals von einem Stinktier bespritzt wurden, fliehen, wenn sie eines erblicken. Wisla ist zwar nie einem Stinktier begegnet, aber vor ganz bestimmten Gerüchen wie der Schwefelverbindung Thionylchlorid oder Schwefelwasserstoff bekommt sie Angst und flieht aus dem Raum.

Uns Menschen, so scheint es, ist unser eigener Geruch manchmal zu viel. Die Regale in den Supermärkten sind voll von Deos, die die Gerüche der Schweißdrüsen unter den Achseln stoppen oder ersetzen sollen. Und wer hat noch nicht erlebt, wie unangenehm Mundgeruch sein kann? Unsere Haut ist übersät von Schweiß- und Talgdrüsen, die eine Mixtur von chemischen Substanzen, einschließlich Wasser, aussenden. Selbst unsere Genitalien riechen.

Wenn wir etwas berühren, hinterlassen wir auf jeden Fall Duftmarker und Hautpartikel, ob wir wollen oder nicht. Wo immer wir hintreten, umgibt uns eine Geruchswolke. Unser Körper sendet permanent Duftmoleküle aus, manchmal mehr, manchmal weniger – je nachdem, was wir gerade tun. Unser »Parfüm« auf unserem Körper und auf unseren Kleidern birgt besondere Informationen über uns und unseren inneren Zustand. Für unsere Vierbeiner ist dies vermutlich der Marker unserer Persönlichkeit. Dies vermutete übrigens auch schon 1943 mein Jugendidol Professor Bernhard Grzimek.

SCHON GEWUSST ?

Hunde können Krebs riechen. Einem amerikanisch-polnischem Forscherteam ist es gelungen, fünf Hunden innerhalb von 16 Tagen den Unterschied zwischen dem Geruch gesunder und krebskranker Probanden anhand von Atemproben beizubringen. Die Vierbeiner identifizierten 88 Prozent der Brustkrebs- und sogar 99 Prozent der Lungenkrebspatienten.

Er berichtet in der »Zeitschrift für Tierpsychologie« von den Untersuchungen des Dr. Niemand: »In Versuchen erkannten alle acht Polizeihunde einen Fremden in den Kleidern ihres Besitzers als ihren Herrn an. Als die Mäntel vertauscht wurden, sahen 18 von 21 Hunden denjenigen als ihren Herrn an, der den Mantel ihres Besitzers trug. Der erstmalig nackte Besitzer, der mit gesenktem Kopf dasaß, wurde meist nicht erkannt, weil den Hunden – nach Vermutung der Untersucher – nicht der Körper-, sondern nur der Kleidergeruch bekannt war.«

Aber auch Hunde haben einen starken Körpergeruch. Kein Vergleich mit uns, aber immerhin. Als ich Wisla zum ersten Mal begegnete, konnte ich sie nicht riechen. Ich musste mich fast an ihrem, für mich sehr unangenehmen Geruch übergeben. Gott sei Dank half mir die Natur. Geruchsrezeptoren oder Sinneszellen haben die Eigenschaft, dass sie nur eine gewisse Zeit tätig sind, dann schalten sie ab, und wir riechen den Stoff nicht mehr. So ging es mir auch mit Wisla. Nach einer gewissen Zeit roch ich sie nicht mehr, und mein Brechreiz war verschwunden. Meine Geruchsrezeptoren haben sich daran gewöhnt, sie feuern nicht mehr, obwohl in der Luft, die wir einatmen, nach wie vor Duftmoleküle in ausreichender Konzentration vorhanden sind.

Vielleicht schützt uns dieser Mechanismus vor einer zu großen Flut von Duftmolekülen. Wir können die Augen schließen und die Ohren verstopfen, um nicht zu sehen und zu hören. Aber solange wir atmen, können wir nicht verhindern, dass wir etwas riechen.

Wie wird der Duft zum Erlebnis?

Gebannt bleibt Wisla während unseres Spaziergangs im Wald stehen. Kopf und Nase nach oben gerichtet. Die Nasenflügel bewegen sich. Man kann ihr beim Inhalieren zusehen. Ein Bouquet von Duftmolekülen wirbelt durch die zahlreichen feinen Riech-Härchen, die Cilien, die wie kleine Haarschöpfe von der Spitze der Sinneszellen von oben in die Nasenhöhle hineinwachsen. Sie sind die Bindeglieder zwischen Außenwelt und Gehirn. In der Außenmembran, der äußeren Trennschicht dieser Cilien, liegen Rezeptoren, die sich bestimmte Duftstoffe angeln. Sobald Rezeptor und Duftstoff gekoppelt sind, feuert die dazugehörige Sinneszelle ein Signal an weiterführende Nervenzellen des Riechkolbens. Hier finden die ersten Verrechnungen und Bewertungen statt. Von dort wird die Information unter anderem mittels Neuronen zur Riechhirnrinde geschickt. Und in Wislas Kopf entsteht das Geruchsbild eines Rehs. Wäre da nicht die Leine, die sie zurückhält, würde die Jagd beginnen …

▸ Die Vierbeiner sind – dank ihres hervorragenden Geruchssinns – in der Lage, eine Mischung von Gerüchen in einzelne Düfte zu zerlegen.

Supernase Hund Bei Säugetieren befinden sich die Sinneszellen in der Riechschleimhaut, tief in der Nase. Sie ist beim Menschen ein ziemlich kleines Feld von etwa fünf Quadratzentimetern. Bei einem Schäferhund ist die Riechfläche dreißigmal größer und beträgt 150 Quadratzentimeter. Der Mensch besitzt etwa fünf Millionen Riechzellen, der Hund etwa 200 Millionen. Sein Riechzentrum im Gehirn ist 7- bis 14-mal größer als das des Menschen. Ein Drittel des Hundehirns bearbeitet die Signale aus der Nase, im menschlichen Gehirn dagegen nur ein Zwanzigstel.
Der Schäferhund etwa benötigt 500.000 Essigsäuremoleküle in einem Milliliter Luft, damit er die Essigsäure riechen kann – ein Mensch dagegen 50.000.000.000.000 (50 Billionen). Im Vergleich zum Hund sind wir »geruchsblind«. Wenn man diese Zahlen auf einen Schwimm-badvergleich umrechnet, dann begreift man sofort, wie gut das Riechver-mögen von Hunden ist. Ein Schäferhund kann einen Milliliter Essigsäure-molküle in einem Schwimmbecken – nach Olympia-Standard (50 m lang, 25 m breit und 2 m tief, 2,5 Millionen Liter Wasser fassend) – riechen.

Hunde als Helfer des Menschen: Die Vierbeiner leisten wertvolle Dienste

Die Menschheit nutzt schon sehr lange die gute Nase der Hunde. Früher setzte man Hunde vor allem als Fährtensucher ein. Heute erfüllt die Hundenase vielfältige Aufgaben als empfindlicher Detektor der Geruchsstoffe. Hunde helfen dem Menschen bei der Drogenfahndung, in der Medizin bei der Früherkennung bestimmer Krebsarten, bei der Suche nach Vermissten und bei der Verbrechensbekämpfung.

In der westfälischen Stadt Schloß Holte-Stukenbrock gibt es eine Besonderheit: Hier befindet sich die Landespolizeischule für Diensthundeführer, eine Eliteschule für besonders begabte Vierbeiner. Die Absolventen müssen einen hervorragenden Geruchssinn besitzen, eine schnelle Auffassungsgabe und ein gutes Geruchsgedächtnis haben. Ihre Aufgabe ist alles andere als leicht, wie der folgende Fall demonstriert, den mir ein Polizeibeamter während der Dreharbeiten zu einem unserer Filme erzählte:

DER HUND AM TATORT

Die Polizeibeamten wurden am frühen Morgen zu einem blutigen Tatort gerufen. Es hatte die ganze Nacht in Strömen geregnet. An der Bordsteinkante lag eine tote junge Frau mit starken Kopfverletzungen, schwarzen Haaren und ihrem Fahrrad. Handelte es sich hier um ein Verbrechen oder um einen unglücklichen Unfall? Sicherheitshalber nahm man alle Spuren, die man bekommen konnte. Leider waren es nicht allzu viele, weil der Tatort völlig durchnässt war. Fremde DNS-Spuren waren nicht mehr vorhanden. Nur in den Haaren der Toten fand man Fingerabdrücke und winzige Mengen an Hautpartikeln. Der Fall ruhte etwa ein Jahr, bis man schließlich einen Verdächtigen in einer anderen Sache festgenommen hatte.

Seine Fingerabdrücke passten zu denen, die am Tatort bei der jungen Frau gefunden wurden. Überführt wurde er durch die Hunde der Polizeischule, weil alle anderen Indizien einer biochemischen Analyse – infolge des Regens – nicht mehr zugänglich waren.

GERUCHSSPUREN FÜHREN ZUM TÄTER

Hunde sind Meister im Vergleichen von Geruchsspuren. Sie sind in der Lage, Duftgemische wahrzunehmen, zu analysieren und Teilgerüche herauszufiltern. Sie können verschiedene Mischgerüche vergleichen und bei Duftgemischen identische Teilgerüche feststellen. Das Wiedererkennen eines bestimmten Duftbildes durch einen speziell ausgebildeten Spürhund ist eine Sinnesleistung, die mit der visuellen Identifikation einer Person anhand eines Lichtbildes durch einen Menschen verglichen werden kann. Der Geruchsspurenvergleich ist ein Hilfsmittel, mit dem ein Tatverdacht erhärtet werden kann. Er beruht auf der Tatsache, dass jeder Mensch ein individuelles Geruchsbild aufweist, das durch genetische Faktoren bestimmt wird und durch variable Umweltbedingungen angereichert werden kann. Dieser individualtypische Geruch ist mittels aller Körperausscheidungen und Blut auf Gegenstände übertragbar und lässt sich auf diesen nachweisen.

Eine besondere Bedeutung hat der Schweiß, der in der Regel durch Hautkontakt übertragen wird. Wie wird der Test praktisch durchgeführt?

VORBEREITENDE MASSNAHMEN

Zum Spurenvergleich sind außer dem Tatverdächtigen sechs Vergleichspersonen heranzuziehen. So steht es in der Polizei-Broschüre. Tatverdächtiger und Vergleichspersonen nehmen jeder ein Vierkantrohr aus Stahl in die Hand. Dadurch werden die Geruchsspuren auf den Stahl übertragen. Die Stahlrohre wurden zuvor durch besondere Reinigungsverfahren völlig geruchsneutral gemacht.

DER SPURENVERGLEICH

Die Vierkantstahlrohre, die vorher von den Personen umgriffen wurden, werden nun auf einer stählernen Arbeitsplatte ausgelegt. Auf dieser Arbeitsplatte ist ein Mechanismus angebracht, mit welchem man jedes Vierkantrohr hintereinander befestigt kann. Der Hund sieht also eine stählerne Arbeitsplatte vor sich, auf der die verschiedenen Vierkantrohre aus Stahl angebracht sind. An welcher Position des Arbeitsplatzes das Rohr des Verdächtigen liegt, wird nach dem Zufallsprinzip ausgelost. Um eine psychische Beeinflussung des Hundes durch den Menschen auszuschließen, befindet sich der Hundeführer an einem anderen Ort. Der Hundeführer weiß also nicht, wo das Stahlrohr des Tatverdächtigen liegt. Nun kommt der Hund ins Spiel. Ihn lässt man intensiv am Vierkantrohr des Tatverdächtigen schnuppern. Nun geht es los! Der Hund rennt auf der Arbeitsplatte entlang und schnüffelt an jedem Rohr. Als wir zugegen waren, sind die Hunde mehrere Male auf der Arbeitsplatte hin- und hergerannt und haben an den Rohren geschnuppert. Was geht in diesem Moment im Kopf des Hundes vor sich? Er vergleicht das Duftbild des Tatverdächtigen mit den Duftbildern der anderen Personen. Sein Gehirn macht einen Abgleich zwischen Gedächtnisbild und den Geruchsbildern auf den Vierkantrohren. Erreicht er das Rohr des Verdächtigen, sind Gedächtnisbild und Duftbild identisch, und er beginnt zu bellen, zu kratzen und zu beißen. Als Belohnung darf er mit dem Rohr spielen. Um dem Zufall keine Chance zu geben, werden stets drei Hunde zum Spurenvergleich eingesetzt.

▶ Vierbeinige Retter: Lawinenhunde können Verschüttete unter der Schneedecke orten und anzeigen, wo sie liegen.

▶ Rettung im Wasser: An einem speziellen Geschirr kann sich der Ertrinkende am Hund festhalten und wird an Land gezogen.

Zeitung für Hunde

Was für uns die Zeitung, ist für Hunde der Urin. Zeitungen verbreiten Nachrichten mit großen Schlagzeilen und Kleingedrucktem. Die gleiche Aufgabe hat der Urin für unsere Vierbeiner. Jeder Hund interessiert sich für das Blasenextrakt seines Artgenossen. Sie schnüffeln am Urin und nehmen so am Geschehen ihrer Artgenossen teil. Der Urin ist ein Sammelbecken für Informationen in Form von Botenstoffen, den Hormonen wie Sexual- und Stresshormone. Der Schnüffler erfährt so, ob ein Weibchen paarungsbereit ist, ob ein dominantes Männchen anwesend war oder ein Artgenosse womöglich krank ist. Viele unterschiedliche Nachrichten werden so verbreitet. Aber der Harn markiert auch Grenzen: bis hierhin und nicht weiter. Und der Harn macht Herrschaftsansprüche geltend. Wer die Grenzen überschreitet, wird angegriffen.

Die amerikanische Wissenschaftlerin Alexandra Horowitz hält die Idee, dass Hunde ihr Revier markieren und damit Besitzansprüche anmelden, für falsch und stützt sich dabei in ihrem Buch »Was denkt der Hund?« auf eine Studie, die an verwilderten Hunden in Indien durchgeführt wurde: »Beide Geschlechter markierten, aber nur 20 Prozent der Markierungen waren territorial, bezeichneten also Reviergrenzen. Das Markieren veränderte sich mit den Jahreszeiten und erfolgte bei der Paarung oder beim Stöbern nach Fressbarem besonders oft.

Die Vorstellung vom Reviermarkieren wird zudem dadurch entkräftet, dass nur wenige Hunde im Innern ihres Hauses oder der Wohnung markieren«. (→ Literatur, Seite 236) Ich teile ihre Ansicht nicht, denn Reviermarkierung ist im Tierreich weitverbreitet. Duft ist ein idealer Informationsübermittler, denn er bleibt längere Zeit erhalten. Die alten Nachrichten werden aber nach wie vor gelesen und bergen immer noch gewisse Informationen.

Alles Geschmackssache

Warum empfinden wir eine Speise als »himmlisch«, eine andere hingegen als ungenießbar? Diese Frage zu beantworten, ist nicht leicht. Fest steht, dass unsere Empfindung nicht nur von den Geschmacksknospen auf der Zunge abhängt. Auf der menschlichen Zunge befinden sich etwa 5000 bis 10.000 Geschmacksknospen. Jede Geschmacksknospe enthält etwa 25 Sinneszellen und mehrere Stützzellen. Die Identifikation einer Geschmacksrichtung ist offensichtlich so schwierig, dass die Geschmacksknospen schon nach vierzehn Tagen Dienstzeit sterben und

Salz ist ein lebenswichtiger Mineralstoff, den natürlich auch Hunde brauchen. Doch zu viel Salz im Hundefutter ist ungesund. Hunde haben keinen ausgeprägten Geschmack für salzig. Selbst gekochtes Futter für den Hund deshalb nur schwach salzen.

▶ Wer seinen Hund gut kennt, kann an der Art seines Bellens einschätzen, was sein Vierbeiner ihm sagen möchte.

durch neue ersetzt werden müssen. Bis ins hohe Alter reduzieren sie sich
auf etwa 2000, weshalb mit den Jahren auch der Geschmack abstumpft.
Deutlich mehr Knospen als der Mensch haben Schweine (15.000),
Kaninchen (17.000) und Rinder (25.000). Sind sie also die Gourmets und
nicht wir? Wir wissen es nicht genau, denn bei jeder Speise, die wir als
köstlich oder ungenießbar empfinden, mischt der Geruch mit. Das
können Sie selbst testen: Halten Sie sich die Nase zu, und die Speise
verliert ihren ursprünglichen Geschmack.

Was schmeckt der Hund? Hunde haben im Gegensatz zum Menschen
viel weniger Geschmacksknospen (1700). Bedeutet dies, dass ihre
Geschmacksempfindung nicht so differenziert und variantenreich ist wie
beim Menschen. Nicht unbedingt, denn der Geruchssinn der Hunde ist
ausgeprägter. Vielleicht ist das Zusammenspiel von Geruchsrezeptoren

und Geschmacksknospen intensiver und führt zu Verrechnungen im Gehirn, die einen für uns unbekannten Geschmackseindruck entstehen lassen. Im Vergleich zur Nase ist die Zunge ein unspektakuläres Sinnesorgan. Sie verfügt bloß über vier Geschmacksqualitäten. Es gibt Geschmacksknospen für salzig, sauer, süß und bitter. Erst vor Kurzem hat man eine fünfte Geschmacksknospe entdeckt und gab ihr den japanischen Namen »Umami« = köstlich, nach Fleisch schmeckend. Auf die Spur der Entdeckung führte der Geschmacksverstärker Glutamat (→ Wissen kompakt, Seite 140). Viele Versuche belegen, dass die individuellen Unterschiede in der Geschmackswahrnehmung sehr groß sein können. Manche Substanzen schmecken für den einen bitter, der andere nimmt sie gar nicht wahr. Der Geschmack ist in der Tat Geschmackssache. Und er ändert sich im Laufe des Lebens.

Diese Ausführungen belegen, wie schwer es ist, von seinem eigenen Geschmack auf den anderer Personen zu schließen. Um wie viel schwerer ist es, vom Menschen auf den Hund zu schließen. Aber ich weiß aus Erfahrung, dass alle meine Hunde unterschiedliche Geschmackspräferenzen haben und hatten. Und das macht auch Sinn. Warum sollten sich sonst in der Evolution unterschiedliche Geschmacksrezeptoren entwickelt haben? Meine Hunde bekommen sehr oft unterschiedliches Futter, was Geschmack und Inhalt angeht. Und das ist gut so, denn ihre Sinneswahrnehmung muss trainiert werden. Würden Sie gern jeden Tag das Gleiche essen? Hunde haben im Gegensatz zu den meisten Säugetieren keine Geschmacksknospen für Salz. Jeder Geschmacksrezeptor hat eine Datenleitung zur Großhirnrinde, um zu melden, ob gerade Süßes, also Nahrhaftes, oder Bitteres, womöglich Giftiges, im Anmarsch ist. Im letzten Fall verhindert ein vom zentralen Nervensystem blitzartig zurückgesandter Würgereiz das Schlimmste. Der Geschmackssinn dient also der chemischen Kontrolle unserer Nahrung.

Die Hörwelt des Hundes

Hundeohren machen es kleinen Säugetieren wie etwa Mäusen nicht leicht, unentdeckt zu bleiben. Den beweglichen Lauschern, die wie Radarschirme das Umfeld nach Geräuschen absuchen, entgeht wenig. Ihre Hörschärfe ist deutlich besser als die des Menschen. Hundeohren können zwei Schallquellen in großer Entfernung leichter orten als wir. Wir vernehmen sie als nur eine Schallquelle. Unsere Vierbeiner können Geräusche etwa zehnmal feiner lokalisieren als der Mensch. Das macht das Aufspüren der Beute leichter. Diese Fähigkeit verdanken Hunde ihren aufrecht stehenden, beweglichen Ohrmuscheln, mit denen sie die Schallwellen besser einfangen können als der Mensch mit seinen mehr oder weniger beweglichen Ohrmuscheln. Selbst Hunde mit Schlappohren profitieren davon. Hunde sind auch in der Lage, die Gespräche der Mäuse abzuhören, denn der Dialog der Mäuse findet im Ultraschallbereich statt. In diesem Bereich müssen wir passen. Diese hohen Töne hören wir nicht mehr. Hunde aber schon. Hunde hören in einem Frequenzbereich von 20 bis 40.000 Hz. Wir Menschen hören in einem Bereich von 15 bis 20.000 Hz. Das heißt aber nicht, dass Hunde besser hören als wir, wie oft behauptet wird, sondern lediglich, dass sie ein größeres Frequenzband wahrnehmen. Besser hören sagt etwas über die Empfindlichkeit des Gehörs aus. Das heißt, bei welcher minimalen Schallintensität, die wir hören, die Sinneszelle Informationen zum Gehirn abfeuert. Die subjektive Hörempfindlichkeit ist abhängig von der Frequenz. Tiefe Töne (niedrige Frequenz) und ganz hohe Töne (hohe Frequenzen) hören wir schlechter. Da müssen wir den Lautsprecher aufdrehen, bis wir einen Ton wahrnehmen. Am besten hören wir in einem Frequenzbereich von 2000 bis 4000 Hz. Und zwar so gut, dass es besser gar nicht geht. Wäre unser Gehör geringfügig empfindlicher, würden wir thermisches Rauschen hören, wir würden hören, wie die Moleküle der Luft zusammenstoßen, und in einem Meer von Geräuschen versinken. Um eine Vorstellung von der Empfindlichkeit des Ohrs zu

▸ Die Ohrmuscheln des Hundes sind beweglich und wirken wie Schalltrichter. Selbst Hunde mit Schlappohren profitieren von dieser Fähigkeit.

bekommen, machen wir einen kurzen Exkurs in die Anatomie und Physiologie des Ohrs.

So funktioniert das Gehör Schallwellen treffen auf das Ohr, werden in den Gehörgang geleitet und bringen an dessen Ende das Trommelfell zum Schwingen. Diese Schwingung wird auf drei Gehörknöchelchen übertragen, die dann ebenfalls schwingen und die Schwingung ihrerseits auf eine Membran (ovales Fenster), der Eintrittsstelle in das Innenohr, übertragen. Die Druckübertragung bringt die Flüssigkeit der Schnecke des Innenohrs in Bewegung. Die hin und her wabernde Flüssigkeit bringt die Basilarmembran zum Schwingen.

Auf der Basilarmembran sitzt das Cortische Organ, in dem sich Hörsinneszellen mit Sinneshaaren (Haarzellen) befinden (→ Wissen kompakt, Seite 140). Je nachdem welche Frequenzen der Ton enthält, beginnen unterschiedliche Stellen der Basilarmembran zu schwingen, und die Sinneszellen werden aktiviert.

Was hört der Hund? Wenn wir uns unterhalten, sprechen wir meist in dem Frequenzbereich, in dem wir am besten hören. Hunde können also locker die gesprochenen Worte hören, weil auch sie hier empfindlich sind. Bei einer Frequenz von 2000 Hz und darunter bis etwa 64 Hz haben Hunde dasselbe Hörvermögen. Von 3000 bis 12.000 Hz hören Hunde bei einer bestimmten Lautstärke von 5 bis 15 Dezibel noch Töne, die uns verborgen bleiben. Bei Hunden liegt die höchste Empfindlichkeit bei 8000 Hz. In diesem Frequenzbereich müssen wir schon viel lauter sprechen, damit uns andere hören. Unsere Empfindlichkeit hat im Vergleich zu Hunden also deutlich abgenommen.

Welche Bedeutung dies für Mensch und Hund hat, schildert Stanley Coren eindrucksvoll in seinem Buch »Wie Hunde denken und fühlen«: »Wenn wir Worte wie schwimmen, schwach oder schwer aussprechen und die Silbe ›sch‹ dehnen, geschieht dies bei den meisten Menschen im Frequenzbereich von 2000 Hz. Wenn sie nun einen Zischlaut ›ssss‹ aussprechen, der sich wie eine summende Hornisse anhört, dann geschieht dies bei ungefähren 8000 Hz. In unseren Ohren klingt der Ton leiser, ganz anders bei Hunden: Sie vernehmen ihn lauter«. (→ Literatur, Seite 236) Probieren Sie es mit Ihrem Hund aus. Es klappt.

Dass Hunde sensibler auf hohe Töne reagieren als Menschen, erklärt die Angst von Balu vor dem Staubsauger. Als er ihn zum ersten Mal hörte, verschwand er sofort aus dem Zimmer. Heute hat er die Angst überwunden. Staubsauger, Rasenmäher und andere Elektrogeräte erzeugen oft hochfrequente Quietschtöne, die wir nicht wahrnehmen, die aber dem Hund Ohrenschmerzen bereiten.

TIPPS & TRICKS

Hunde folgen Gesten des Menschen besser, wenn sie durch hohe Töne dazu aufgefordert werden. Wenn Sie zum Beispiel mit dem Zeigefinger auf einen Gegenstand deuten, den der Hund holen soll, motiviert ihn Ihr hoher Tonfall zusätzlich.

▸ Hunde heulen oft dann, wenn sie sich verlassen fühlen. Aber auch bestimmte Laute, wie der Klang der Sirene, können das Heulen auslösen.

Der Hör-Test: Wie gut kann Ihr Hund Töne unterscheiden?

»Kommen« auf Ton

Bringen Sie Ihrem Hund bei, auf einen bestimmten Ton zu kommen und sein Leckerli abzuholen. Geben Sie ihm das Kommando »Platz«. Stellen Sie sich in einem Abstand von drei bis vier Metern vor ihn. Spielen Sie ihm dann etwa mit einer Blockflöte einen bestimmten Ton vor. Nachdem Sie fertig sind, rufen Sie ihn und geben ihm die Belohnung. Nach wenigen Übungen hat er begriffen, dass er auf den Ton hin kommen soll.

Mehrere Töne unterscheiden

Auch die Unterscheidung von zwei und mehr Tönen fällt dem Hund nicht schwer. Spielen Sie ihm zu dem bekannten Ton einen weiteren vor und verbinden Sie diesen Ton zum Beispiel mit Streicheleinheiten. Sie werden feststellen, wie gut Hunde Töne unterscheiden können. Auch mit meinem Hund Teddy habe ich diese Versuche gemacht. Alles klappte wunderbar, bis auf einen besonders hohen Ton. Wenn ich ihm den vorspielte, heulte er wie ein Wolf.

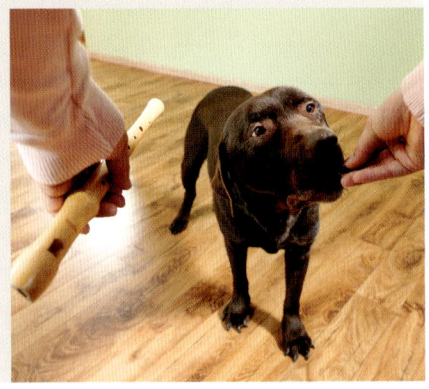

Hunde hören das meiste von dem, was auch wir hören. Aber, wie schon erwähnt, auch Ultraschall. Wisla ist darin, wie es scheint, ein Profi. Mitten in der Nacht, bei tiefer Stille, springt sie auf und rennt in den Garten zur Voliere, in der 30 Wellensittiche leben. Sie hat das Navigationspiepsen der Ratten gehört, die wieder einen Versuch starten, um Vogelfutter zu erbeuten. Aber sie haben die Rechnung ohne Wisla gemacht. Menschen haben sich dieser Hörfähigkeit bedient und die unhörbare magische Hundepfeife entwickelt, die im Ultraschallbereich tönt.

Wie gut Hunde hören, haben wir geklärt, aber was sie tatsächlich verstehen, ist eine andere Sache (→ Seite 132).

Die Evolution hat den Gehörsinn nach dem Sehsinn hervorgebracht. In den Frühzeiten des Lebens muss die Erde ein stiller Ort gewesen sein. Außer dem Grollen des Donners, den Explosionen der Vulkane, dem Rauschen des Wassers, dem Pfeifen des Windes war Jahrmillionen nichts zu hören. Erst nachdem sich das Gehör etablierte, entwickelte sich die Stimme. Wie mag der erste von einem Lebewesen erzeugte Laut geklungen haben? Wir wissen es nicht. Es war auf jeden Fall der Startschuss einer unglaublichen Entwicklung und die Geburtsstunde der menschlichen Sprache. Eine neue Kommunikationsebene für Tiere trat auf die Bühne des Lebens. Tiere konnten sich mittels Lauten verständigen. Warum bringen Tiere Laute hervor? Professor Tembrock, der große Verhaltensforscher der ehemaligen DDR, vertritt die Ansicht, dass Tiere damit ihren Artgenossen anlocken oder einen rivalisierenden Artgenossen beziehungsweise Artfremde vertreiben wollen. Trifft dies auch für Hunde zu, oder steckt mehr dahinter?

Bellen ist nicht gleich Bellen

In den letzten zwei Jahren, in denen Wislas Behinderung fortschritt, entwickelte sich eine besonders tiefe Beziehung zwischen ihr und mir. Ihre Behinderung wirkte sich folgendermaßen aus:
▸ Manchmal hatte sie einfach nicht die Kraft in den Hinterbeinen, um sich hochzustemmen.
▸ Sie konnte in der Seitenlage eines ihrer Beine nicht in die richtige Position unter den Körper bringen, um aufzustehen.
▸ Beide Füße waren so verdreht, dass die Fußfläche nicht auf den Boden zeigte, sondern nach oben.
▸ Mitten in der Nacht stand sie vor der Tür zum Garten und wollte aus unterschiedlichen Gründen hinaus. Zum Pipimachen, zum Trinken oder um frische Luft zu schnappen.
Ich half ihr in allen Situationen, bis ich bemerkte, dass Wisla für jede ihrer Handlungen unterschiedliche Belllaute aussandte. Wenn sie etwa hilflos dalag und die Beine verdreht waren, bellte sie heller und leicht weinerlich. Wollte sie in den Garten, war es ein tiefes, grollendes Bellen. An ihren Belllauten konnte ich ihre Handlungsabsicht feststellen. Ich bat meine musikalisch begabte Frau, mir zu helfen, um sicher zu sein, dass meine Zuordnung richtig ist. Sie sollte – ebenso wie ich – den einzelnen Belllauten Handlungen zuordnen. Wir protokollierten, unabhängig voneinander, Wislas Handlungen und Laute. Das Ergebnis war verblüffend: In über 90 Prozent stimmten wir überein.

► Ein gefundenes Fressen. Und was macht ein kleiner Mops mit solch einem großen Knochen? Er wird ihn gleich genüsslich benagen.

Das war natürlich kein wissenschaftlich exakter Versuch. Dafür hätte es Tonaufzeichnungen und Auswertungen mit einem Sonographen bedurft. So wie es meine geschätzte Kollegin und liebe Freundin Dr. Dorit Feddersen-Petersen gemacht hat. Dorit untersucht seit Jahren intensiv die lautliche und mimische Kommunikation von Hunden, Wölfen und Dingos. Auf diesem Gebiet ist sie die Expertin schlechthin. In ihrem Buch »Hundepsychologie« (→ Literatur, Seite 236) schreibt sie: »Über Bellen wird nachweislich interagiert und differenziert kommuniziert. Bellen wurde in seiner Struktur und Funktion im Zuge der Domestikation ausgeprägt verändert und erfüllt offenbar die Anforderung an den domestizierten Wolf im Zusammenleben mit dem Menschen exzellent.« Und genau das tat Wisla, als sie dem Menschen ihre Hilfsbedürftigkeit mittels Lauten mitteilte. Was sich für uns so leicht anhört, ist eine große gedankliche Leistung. Wisla muss ihren eigenen körperlichen Zustand erkennen, diesen Zustand mit einem Belllaut benennen und gelernt haben, dass ich ihr aus ihrer schwierigen Situation helfen kann. Wisla bellte im normalen Alltag selten.

Das Bellen hängt von der Persönlichkeit ab

Balu setzt seine Stimme häufig ein und untermalt seine Handlungen durch lautes Bellen. Er ist der geschwätzige unter meinen Hunden. Er bellt, wenn er seine Hundefreunde zum Spielen auffordert, er einem Artgenossen drohen will, wenn eine Person das Grundstück des Hauses betreten will (Revierverteidigung) und wenn er aggressiv oder erregt ist. Auffallend ist, dass sich Balu sehr leicht erregt und dann losbellt. Er ist im Vergleich zu Wisla ein eher ängstlicher Typ. Ist seine leichte Erregbarkeit der Grund seines Bellens? Viele Wissenschaftler waren und sind dieser Meinung. Wäre ich in meinem Leben nur Balu begegnet, hätte ich an dieser Hypothese keinerlei Zweifel, aber Wisla und ihre Kolleginnen haben mir gezeigt, dass dem Bellen von Hunden nicht nur der Erregungszustand zugrunde liegt, sondern ein Bündel von Ursachen wie der Wunsch, mit seinem Artgenossen oder Menschen zu kommunizieren. Warum Hunde bellen, hat also verschiedene Ursachen und Gründe, und es ist situationsgebunden.

Teddy, der Schweiger Keiner hatte so viel »Selbstbewusstsein« wie er. Teddy war die Ruhe selbst. Aufregung, Angst und Aggression kannte er nicht. Nur wenn er angegriffen wurde, verteidigte er sich. Aber das kam selten vor, denn seine Artgenossen verstanden sofort, mit wem sie es zu tun bekommen, wenn sie die Grenzen überschreiten. Ich bekam Teddy mit 11 Wochen. Seinen ersten Beller hörte ich erst mit 13 Monaten. Wir dachten schon, er kann nicht bellen. Irgendwie beunruhigte mich sein Verhalten, weil ich nicht wusste, ob eine Störung oder eine Krankheit die Ursache dafür war. Der Zufall half. Eines Tages begegnete er zwei französischen Briards und rannte freudig auf sie zu. Ohne Vorwarnung fielen sie über ihn her, bissen und verletzten ihn. Nur mein Eingreifen mit einem Stock befreite ihn aus der gefährlichen Umklammerung dieser Hunde. Teddy war geschockt. Mit eingeklemmtem Schwanz suchte er Schutz bei mir. Die Briards verstanden dank meiner eindeutigen Signale und zogen sich zurück. Am Abend war Teddy fix und fertig, schlief und träumte dabei. Mehrere Male bellte er hintereinander und strampelte mit den Beinen. In den nächsten zwei Monaten bellte er immer wieder einmal im Traum, aber dann hörten wir es nicht mehr. Ich bin sicher, Teddy verarbeitete dieses Erlebnis im Traum. Warum Teddy im Vergleich zu seinen Artgenossen so wenig bellte, weiß und verstehe ich nicht. Vielleicht hat er, was das Bellen betrifft, noch die Genausstattung seiner Vorfahren, den Wölfen, in sich. Denn Wölfe bellen viel weniger als Hunde. Dorit Feddersen-Petersen sagt zum Bellen: »Für den Hundehalter ist es wichtig, die verschiedenen Bellformen kennenzulernen, um sie für das

Hundetraining, die Kommunikation mit dem Hund tiergerecht nutzen zu können. Bellen ist nicht gleich Bellen.«

Hunde können mehr als bellen In diesem Sommer besuchte uns unsere kenianische Freundin Pamela. Sie wusste, dass sie bei uns zwei großen Bernhardinern begegnen würde, die sich frei im Haus und Garten bewegen dürfen. Pamela hatte keinerlei Angst vor diesen Hunderiesen, sondern schloss sie sofort in ihr Herz. Diese Zuneigung spürte Wisla. Ihre Antwort kam prompt. Sie wedelte mit dem Schwanz, drückte sich an Pamela und ließ sich streicheln. Und Balu? Er war verwirrt. Seine Chefin Wisla ließ eine völlig fremde Person mit einem völlig anderen Aussehen ins Haus, ohne zu bellen und zu knurren. Das war neu für ihn. Er zog sich in einen anderen Raum zurück und wir ins Wohnzimmer. Wir saßen auf der Couch, plauderten, und zu unseren Füßen lag Wisla, als Balu plötzlich den Raum betrat. Er fixierte minutenlang Pamelas Gesicht – es herrschte Totenstille im Raum. Niemals zuvor hatte er in seinem Leben einen Menschen mit dunkler Hautfarbe gesehen. Er war verblüfft, aber auch wir aufgrund seiner Reaktion. Plötzlich gab Balu helle, freundliche

WISSEN KOMPAKT

RUND UM DIE SINNESWELT
Fachbegriffe leicht verständlich erklärt

• **Rezeptoren**
Das sind spezialisierte Zellen, die auf Reize reagieren.

• **ß-Phenylethanol**
oder auch 2-Phenylethanol genannt. Dabei handelt es sich um eine chemische Verbindung aus der Gruppe der Alkohole, die nach Rosen riecht.

• **Glutamat**
Der Geschmacksverstärker Glutamat verleiht Fisch, Fleisch, Gemüse und Obst eine würzige Note. In kaum einem ihrer Fertigprodukte verzichtet die Lebensmittelindustrie auf sein besonderes Aroma.

• **Ovales Fenster**
Das ovale Fenster ist eine Membran zwischen Mittelohr und Innenohr. Sie überträgt die Schwingung der Gehörknöchelchen auf die Flüssigkeit des Innenohrs.

• **Basilarmembran**
Sie trennt die Flüssigkeit der Hörschnecke des Innenohrs in zwei Räume: den Vorhofgang und den Paukengang. In ihr sind die Haarzellen eingelassen.

• **Cortisches Organ**
Es besteht aus einer Reihe von Haarzellen, die durch die Bewegung der Flüssigkeit abgelenkt werden. Hier werden die Töne analysiert.

Töne von sich. Es war eindeutig kein Bellen, sondern Laute aus seinem Wortschatz, die wir früher nie hörten. Er schien uns etwas mitteilen zu wollen, fragt sich nur, was?

Hunde gehören sicherlich in die Meisterklasse der stimmlichen Kommunikation unter den Säugetieren. Ihre wilden Verwandten wie etwa Wolf, Kojote, Schakal oder Wildhund können in der lautlichen Kommunikation nicht mit ihnen konkurrieren. Sie sind ihnen in den Variationen der Laute unterlegen. Hunde knurren, wuffen, keifen, fiepen, winseln, quengeln, fauchen und vieles mehr. Wir machen uns kaum bewusst, wie vielfältig die Lautäußerungen der Hunde sind, sondern reduzieren sie vor allem auf das Bellen. Und welches ist die häufigste Lautäußerung der Hunde? Nach Dorit Feddersen-Petersen eindeutig das Knurren. Warum sind die Hunde im Vergleich zu ihren wilden Verwandten so geschwätzig?

Wölfe wurden in Tausenden von Generationen zu Hunden gezüchtet. Man verpaarte ausgewählte Rüden mit ausgewählten Weibchen, bis sich die gewünschten Merkmale herausschälten. Merkmale wie die Mimik der Wölfe waren für den Menschen weniger wichtig und wurden bei der Zucht vernachlässigt. Wölfe besitzen ein facettenreiches Mienenspiel. Mit nahezu 60 Gesichtern kommunizieren sie mit anderen Lebewesen. Wölfe verändern ihren Gesichtsausdruck über Nasenrücken, Mundwinkel, Lippen, Stirn, Ohren, Augen und Stirnfalten. Der Deutsche Schäferhund hat dagegen nur 12 Gesichter. Dorit fand bei ihren Untersuchungen heraus, dass bei Hunderassen, deren Mimik deutlich reduziert wurde, das Bellen variantenreicher wurde. Sie schreibt: »Es scheint so zu sein, dass reduziertes Ausdrucksverhalten durch eine größere Anzahl von Bellformen ausgeglichen wird.«

Eines blieb jedoch immer wichtig auf dem Weg vom Wolf zum Hund. Hunde sollten unsere Partner sein, unabhängig von Aussehen oder Rasse, Hunde sollten uns verstehen – unsere Befehle, unseren Tonfall, unsere Gesten. In dieser Hinsicht schuf der Mensch den Hund nach seinem Bild. Aber in diesem Bild sind viele Rätsel und Geheimnisse versteckt, weil die Natur den treuen Gefährten mit einem anderen Werkzeugkasten und Antennen mit unterschiedlicher Empfindlichkeit ausgestattet hat, um die Welt zu entdecken und zu vermessen. Für mich ist es ein Wunder, dass sich Mensch und Hund bei solch unterschiedlicher Wahrnehmung der äußeren Welt so gut verstehen – eine großartige Leistung der beiden Gehirne von Mensch und Hund. Es ist ein Abenteuer, einen Hund und seine Persönlichkeit kennenzulernen. Aber Abenteuer gibt es nicht zum Nulltarif …

Können Hunde denken?

Es gibt immer noch Menschen, die sich als die »Krone der Schöpfung« sehen. Sie sprechen Tieren Denkvermögen und Intelligenz ab. Die Forschung förderte jedoch erstaunliche Erkenntnisse über Tiere, natürlich auch Hunde, zutage, die Sie vielleicht verblüffen werden …

Der Beweis ist erbracht

Schon von Mensch zu Mensch ist es schwierig, jeweils eine Vorstellung vom geistigen Kosmos des anderen zu erlangen. Ohne sprachliche Kommunikation erscheint die Welt in den Köpfen anderer Spezies geradezu als undurchdringlich. Aber die Wissenschaft hat Wege und Möglichkeiten gefunden, sich der Intelligenz und dem Denken der Tiere zu nähern. Zugegeben, Hunde gehören nicht zu den Denkanwärtern und Intelligenzbestien im Tierreich. Das liegt aber nicht an ihren Fähigkeiten, sondern am Menschen. Der Fokus vieler Menschen ist im Zusammenleben mit dem Hund auf die Erziehung gerichtet. Der Hund hat zu gehorchen und nicht kreativ zu sein. Kreativität und Denken ist in solch einer Beziehung Ballast. Wie gut es den Tieren dabei geht, ist Nebensache und wird ignoriert. Aber Hunde haben viele Pfeile in ihrem Intelligenzköcher. Man muss sie nur benutzen. Davon zeugt Fritz, der Dobermann. Es geht um eine verpatzte Prüfung – mit anschließender Korrektur.

Fritz korrigiert seinen Patzer Kein Problem für Fritz, die Hürden auf dem Übungsplatz zu überspringen. Aber natürlich brauchte es einige Zeit, bis er gelernt hatte, diese Aufgabe auf Kommando von Sarah, seiner Besitzerin und Trainerin, durchzuführen. Nach ihrem »Hol« sollte Fritz zunächst in einem Sprung über das Hindernis setzen, auf der anderen

Seite eine Hantel aufnehmen und mit der Hantel im Maul zurückspringen. Als letzten Akt hatte er die Beute vor Sarahs Füße zu legen. Es war eine Standardübung. Fritz beherrschte sie bald fehlerfrei und schien überdies großen Spaß an diesem Spiel zu haben. Dann kam der Tag der Prüfung. Ein offizielles Schiedsgericht war angereist. Sarah war ein bisschen aufgeregt, wie sie später gestand, obwohl sie keinen Grund dazu hatte. Und irgendwie muss sich dies auf Fritz übertragen haben: Er startete völlig korrekt mit einem Sprung, nahm erwartungsgemäß die Hantel, aber dann – statt auf dem Rückweg nochmals zu springen – lief er seitlich an dem Hindernis vorbei. Durchgefallen! Fritz hat nicht aufgepasst. Aber dann, noch ehe Fritz Sarah erreicht hatte, zögerte er, schaute sie an, dann zurück zur Hürde, und plötzlich drehte er um. Mit einem Riesensatz, wobei er die Hantel immer noch im Maul trug, holte er nach, was er vergessen hatte. Gleich zweimal, hin und zurück, übersprang er das Hindernis, um anschließend vorschriftsmäßig die Hantel bei Sarah abzuliefern. Für die Zuschauer war es klar, dass Fritz seinen Patzer bemerkt hatte und dann versuchte, ihn durch zwei Extrasprünge auszubügeln. Selbst die Schiedsrichter überlegten einen Augenblick, ob Fritz nicht Extrapunkte für die Demonstration von Einsicht in die Aufgabenstellung verdient habe. Doch Regeln sind Regeln – auch für Hunde. So notierten sie null Punkte.

Auf der anderen Seite könnte man es als Glücksfall werten, dass Fritz etwas von seiner inneren Welt verraten hat. Er muss eine Vorstellung vom Inhalt der Trainingsaufgabe entwickelt haben, sonst wäre sein Bemühen um Wiedergutmachung kaum zu verstehen. Natürlich fehlt auch hier die letzte Beweiskraft. Der Standardeinwand, es handle sich lediglich um eine Gelegenheitsbeobachtung unter kontrollierten Bedingungen, ist nicht zu entkräften. Immerhin könnte die Trainerin ihrem Fritz einen auffordernden Blick zur Hürde hin zugeworfen haben, und ihr Hund hat diesen wunschgemäß befolgt. Nun gut, wir wollen Fritz in Ruhe lassen und stattdessen ein Ereignis schildern, das nicht nur innerhalb eines Experiments stattgefunden hat, sondern auch in der wissenschaftlichen Literatur genau beschrieben ist.

Eine Dohle, die zählen kann Hauptdarstellerin ist diesmal eine Dohle. Kurt Schiemann arbeitete am zoologischen Institut von Freiburg bei Professor Otto Köhler, dessen Forschungsprogramm sich zur Aufgabe gestellt hat, herauszufinden, ob Vögel zählen können. Wieder einmal war Schiemann dabei, einen Versuchsdurchgang seiner Dohle zu protokollieren. Sie sollte exakt fünf Körner abzählen, nachdem man ihr ein Kärtchen mit fünf Punkten gezeigt hatte. Die Versuchsanordnungen folgten immer

► Mit vollem Körpereinsatz bewältigt dieser Papillon den Agility-Parcours.
Nach dieser Anstrengung sind keine Denksportaufgaben angesagt.

einem gleichen Grundschema: Es war eine Reihe von Futterschälchen
aufgebaut, jedes mit einem Pappdeckel zugedeckt und jeder Deckel mit
einer anderen Anzahl von Punkten aus Plastelin-Klecksen versehen, die
beliebig geformt und verteilt waren. Unter diesen Punktmengen sollten
die Tiere die richtige auswählen, zum Beispiel die Menge fünf. Köhler
hatte seinen Dohlen-Schülern beigebracht, zunächst ein Musterkärtchen
mit der gewünschten Anzahl zu inspizieren – in unserem Fall also eines
mit fünf Klecksen. Hatten die Vögel die Aufgabe begriffen, konnte der
eigentliche Versuch beginnen. Bei einem der Versuchsdurchgänge
passierte es: Die Dohle sollte bis fünf zählen, sprich, sie durfte fünf
Futterkörner fressen. Im ersten Schälchen fand sie eines, im zweiten
lagen zwei, im dritten eines. Also insgesamt vier. Ein Futterkorn stand ihr
noch zu, aber dennoch verließ sie das Versuchsgelände durch die offene
Tür. Plötzlich machte die Dohle eine Kehrtwendung, trippelte ins Versuchsgelände zurück und spielte den Versuchsablauf noch einmal durch.
Am ersten Schälchen mit einem Körnchen nickte sie einmal mit dem

Kopf. Das Schälchen war natürlich leer. Beim zweiten nickte sie zweimal, beim dritten einmal. Sie zählte, quasi in Gedanken, nochmals durch und kam zu einem anderen Resultat. Ohne zu zögern, trippelte sie weiter und öffnete ein weiteres Schälchen, indem sich leider kein Futter befand. Das störte sie nicht. Sie öffnete das nächste, in dem sich ein Korn befand. Jetzt war die Aufgabe gelöst, und sie verließ die Bühne. Deutlicher als durch die Nickbewegungen des Kopfes ist das Zählen im Kopf kaum zu demonstrieren. Gibt es einen originelleren Beleg dafür, dass erlerntes Verhalten mehr sein kann als nur starres Abspulen einer Handlungsfolge? Die Dohle hat die Aufgabe offensichtlich nochmals in ihrem Kopf durchgespielt. Und mit hoher Wahrscheinlichkeit war dies bei Fritz, dem Dobermann, ebenso – nur nickte er nicht mit dem Kopf. Sind Tiere also fähig, sich in ihre eigene Welt zu versetzen, haben sie eine Vorstellung von dem, was sie tun? Eine Frage, die mich schon immer interessiert hat.

Weiß ein Hund, was er tut?

Können Hunde ein Problem besser oder schneller lösen, wenn sie einem Artgenossen bei der Problemlösung zuschauen? Das wollten wir in unserem Freiburger Seminar herausfinden. Hierzu führten wir folgende Versuche durch: Die Hunde, unter anderem Cora, sollten eine 1-Liter-Kunststoffflasche umwerfen. Aber die Flasche hatte es in sich. An ihrem unteren Ende war ein zehn Zentimeter breiter Pappsaum wie bei einem Zylinderhut angeklebt (→ Test, Seite 154). Die Flasche ließ sich also nicht so einfach umwerfen. Ein Nasenstüber reichte nicht aus. Verhängnisvoll war auch, wenn die Hunde mit ihren Pfoten auf die Krempe traten. Diese Schwierigkeiten hatten wir beabsichtigt, um wirklich feststellen zu können, ob der jeweils zuschauende Hund abschaut. Hatte der Hund die Aufgabe gelöst, dann wurde in zwei Metern Entfernung ein Drahtkorb hochgezogen, unter dem sich ein Leckerli befand, das sich der Hund als Belohnung holen und fressen durfte. Sowohl Flasche als auch Drahtkorb waren im Blickfeld des Hundes. Nun der Zufall: Tango, ein Australian-Shepherd-Rüde, kam an die Reihe. Cora hatte den Trick heraus, wie man die Flasche umwirft, und Tango hatte ihr dabei zugeschaut. Als Tango die Flasche bearbeitete, konnte sich Cora von ihrem Frauchen Charlotte befreien, verteidigte zähnefletschend die Flasche und ließ Tango nicht an sie heran. Cora ist im Allgemeinen sehr futterneidisch, und das machte mich stutzig. Warum verteidigt sie nicht das Leckerli unter dem Drahtkorb? Weiß sie womöglich, dass man erst dann die Belohnung bekommt, wenn man die Flasche umgeworfen hat? Wir waren elektrisiert. Noch am gleichen Tag führten wir einen anderen Versuch durch: Charlotte, Coras Frauchen, warf vor den Augen Coras die Flasche um. Cora rannte zur Flasche, schnupperte kurz, stutzte und starrte auf Charlotte, ging aber nicht zum Drahtkorb, unter dem das vermeintliche Leckerli lag. Das verstärkte unseren Verdacht. Hatte Cora begriffen, dass sie eine Aufgabe lösen muss, bevor sie ein Leckerli bekommt, gleich, um welche Aufgabe es sich handelt? Hatte sie womöglich das Prinzip begriffen: Löse eine Aufgabe, und du bekommst eine Belohnung? Das wollten wir wissen. Ein halbes Jahr harter Arbeit mit unzähligen Versuchen und deren Kombinationen und Kontrollversuchen lag vor uns.

Lampenfieber Theo Heyen von der Redaktion Stern TV war begeistert von unseren Experimenten und machte den Vorschlag, einige davon bei Günther Jauch zu zeigen. Ich war skeptisch, weil ich nicht wusste, wie die Hunde auf diese fremden Eindrücke – Scheinwerferlicht, fremde Personen und die Kameras – reagieren würden.

Am Drehtag hatte Cora, die Entlebucherhündin, den Vortritt. Ihr wurde die bekannte Flasche präsentiert. Sie ließ sich weder von den Scheinwerfern noch der Kamera stören, sondern warf schnurstracks die Flasche um und holte sich ihr Leckerli am Drahtkäfig ab. Gelernt ist gelernt. Zweiter Versuch mit erschwerten Bedingungen: Cora hatte zwei Aufgaben zu bewältigen. Erstens die Flasche umwerfen und zweitens eine Hollzwäscheklammer aus einer Wasserschale fischen. Sie rannte zur Flasche und warf sie um. Dabei schaute sie schon zum Drahtkorb und überprüfte, ob er hochgezogen wurde. Doch es tat sich nichts. Sie zögerte, schaute noch einmal zum Drahtkorb – wieder tat sich nichts. Was ging in ihrem Kopf vor? Vermutlich bildete sie eine Hypothese: »Wenn sich der Drahtkorb nicht öffnet, muss ich noch eine andere Aufgabe lösen.« Zumindest handelte sie so. Sie fischte mit einiger Mühe die Holzklammer aus der Wasserschale. Was passiert aber, wenn die Flasche bereits umgeworfen daliegt und nur die Wasserschale mit Holzklammer vorhanden ist? Cora schaute sich die Flasche an, ließ sie aber links liegen und fischte gezielt die Holzklammer aus dem Wasser. Theo trieb das Experiment noch auf die Spitze. Er bot Cora eine liegende und eine stehende Flasche und zudem die Wasserschale mit Holzklammer an. Cora ließ sich nicht beirren, sondern warf die Flasche um und fischte die Holzklammer. Was ging in ihrem Gehirn vor sich? Aus Erfahrung wusste sie: »Eine umgeworfene Flasche ist das Resultat eines gelösten Problems, also muss ich mich damit nicht mehr beschäftigen und widme mich den anderen Problemen.« Aus all unseren Versuchen und Kontrollversuchen können wir den Schluss ziehen, dass sowohl Cora als auch Tango wissen,

SCHON GEWUSST ?

Hunde können die Gefühle des Menschen gut analysieren und interpretieren. Sie haben ein hohes Maß an emotionaler Intelligenz. In einer engen Mensch-Hund-Beziehung geht der Hund sogar auf die Gefühle seines menschlichen Partners ein. Bei missmutiger Stimmung etwa zieht er sich zurück. Bei Trauer schmiegt er sich an. Bei Freude ist er ausgelassen und fordert zum Spiel auf.

Futter angeln: Löst Ihr Vierbeiner das Problem?

Die Konstruktion

Sie brauchen Backsteine und Bretter. Zwei aufeinandergestapelte Backsteine legen Sie der Länge nach hintereinander. In einem Abstand von 20 bis 30 Zentimetern bauen Sie eine zweite Reihe Backsteine auf. Auf die Backsteine legen Sie anschließend zwei Bretter so, dass ein Tunnel entsteht. Zwischen den Brettern lassen Sie einen schmalen Spalt frei, damit das Futter hindurchfallen kann.

So gelingt es nicht

Beschweren Sie die Bretter mit jeweils einem Backstein, damit sie nicht verrutschen. Lassen Sie im Beisein des Hundes ein Leckerli durch den Spalt fallen. Der Hund will mit dem Kopf durch den Spalt. Aber das geht nicht. Er muss einen anderen Weg finden, um an das Futter zu kommen.

was sie tun. Warum können wir uns so sicher sein? Die Aufgabe, die ihnen gestellt wird, ist immer neu. Das Einzige, was sie wissen, heißt: Löse eine Aufgabe. Das wiederum bedeutet: Einem Hund muss bewusst sein, dass er etwas tut. Dafür spricht auch Tangos Verhalten, als er vor einer neuen Herausforderung stand: Vor ihm lag eine umgekippte Flasche, und eine Wasserschüssel mit einer Holzwäscheklammer stand daneben. Tango biss in die Flasche, warf sie in die Höhe und brachte sie letztendlich zum Papierkorb. Die Wasserschüssel versuchte er umzukippen. Tango handelt nach dem Motto: »Wenn ich weiß, ich muss etwas tun, dann weiß ich um das Tun.« Wir haben gesehen, dass manche

Das könnte was werden

Die Lösung besteht darin, dass er von der Seite, statt von oben, das Futter mit der Pfote angelt. Nach unserer Erfahrung lösen nach einigem Probieren etwa 50 Prozent der Hunde diese nicht einfache Aufgabe. Sie können den Schwierigkeitsgrad jedoch noch steigern. Bauen Sie dazu einen »zweistöckigen« Tunnel.

Leckerli im Zwischenboden

Wie gehabt, lassen Sie das Futter durch den Spalt fallen. Jetzt fällt es allerdings nicht auf den Erdboden, sondern auf den Zwischenboden. Die Hunde suchen zuerst am Boden, sind erstaunt, dass sich dort kein Leckerli befindet, und schauen nochmals durch den Spalt. Nach einiger Zeit begreifen sie das Problem und fischen das Futter aus dem Zwischenboden.

Hunde wissen, was sie tun. Es stellt sich also die Frage, ob dies etwas grundsätzlich Neues ist, um Probleme zu lösen, und die Dimension des Denkens eröffnet. Der Durchbruch zum Denken erscheint mir dann gegeben, wenn Gegebenheiten der realen Welt im Kopf simuliert werden. Das ist in der Tat ein ungeheurer Schritt, denn er ersetzt materielle Gegenstände und konkrete Ereignisse durch – nur gedachte – Vorstellungen. Und das haben sowohl Fritz, Tango, Cora und die Dohle getan. Dieser grundsätzliche Schritt zeichnet jede Art von Planspiel aus, sei es, um eine Banane zu bekommen oder ein wissenschaftliches Problem zu lösen. Der Vorzug des Denkens zeigt sich vor allem in neuen oder

► Lange Zeit sprach man den Vierbeinern Denkvermögen ab. Forschungsergebnisse widersprechen dem allerdings eindeutig.

ungewohnten Situationen, wo passende, durch Übung erlernte oder gar angeborene Lektionen nicht parat sind. Nun ist es jedoch an der Zeit, Denken zu definieren.

Was ist Denken?

Denken bedeutet für mich das Durchspielen einer Situation oder eines Problems im Kopf. Vor unserem geistigen Auge führen wir verschiedene Handlungen durch, um deren Ausgang zu beurteilen.
Dahinter steckt die schlichte Erfahrung, dass es günstiger ist, in der Simulation zu scheitern als in der Wirklichkeit. Ein Schachspieler verdeutlicht dieses Bild: Er plant in seinem Kopf seinen und den Zug des Gegners. Je weiter er vorausdenkt, desto besser spielt er. Denken ist

gleichsam Probehandeln im Kopf. Es simuliert mögliche – oder unmögliche – Abläufe. Etwas zu durchdenken, ist somit ein neues Verfahren, Probleme zu lösen. Denken und Lernen unterstützen sich bis zu einem gewissen Grad. Das heißt: Je mehr Wissen man sich durch Lernen angeeignet hat, desto leichter kann man bestimmte Probleme lösen. Aber in der Praxis ist Lernen und Denken oft schwer zu unterscheiden, weil Mensch und Tier, wenn sie vor einem neuen Problem stehen, erst kopflos ausprobieren. Wenn ich beispielsweise meinen Schlüssel verlegt habe, suche ich zunächst überall – ohne nachzudenken. Erst wenn die Suche erfolglos ist, bin ich gezwungen, darüber nachzudenken, wo der Schlüssel liegen könnte. Vor meinem geistigen Auge spiele ich die Orte durch, an denen ich mich in den letzten Stunden aufhielt. Jeder hat schon einmal erlebt, wie er vor einem Problem stand und es ohne Verstand lösen wollte.

Menschen und Tiere neigen dazu, bekannte Wege einzuschlagen. Erst wenn diese gar nicht zum Ziel führen, wird nachgedacht. Gehen Tiere diesen kognitiven, also intellektuellen, geistig abgetrampelten Pfad entlang, wird ihnen das Denken in aller Regel abgesprochen. Grund dafür ist, dass man die Ursache ihres Handelns nicht erfragen kann. Daher ist das Planen von Experimenten, die eine Aussage über das Denkvermögen oder die Intelligenz eines Tieres machen, oft aufwendig und schwierig. Juliane Kaminski vom Max-Planck-Institut in Leipzig hat solch ein Experiment mit dem berühmten Border Collie Rico durchgeführt und dabei bewiesen, dass Hunde logisch denken können (→ Seite 90). Hunden hat man bis dahin solch ein Logikverständnis abgesprochen. Selbst viele Hundehalter trauen ihrem vierbeinigen Freund intellektuell wenig zu. Ein Grund dafür ist sicher der, dass viele Menschen die Mitgeschöpfe nicht ernst nehmen und sich selbst als »Krone der Schöpfung« definieren. Tiere werden und wurden immer unterschätzt.

Die Logik der Graugans Sogar Graugänse können logische Schlüsse ziehen, wie die Wissenschaftlerin Isabella Scheiber herausfand. Sie forscht an der Konrad-Lorenz-Forschungsstation Grünau in Österreich. Der Versuch ist einfach, aber eindrucksvoll. Die Graugans hatte die Wahl zwischen zwei Futterschälchen – eines war mit einem roten, das andere mit einem gelben Pappdeckel verschlossen. Nur im rot abgedeckten Schälchen befand sich Futter, das gelbe war leer. Die Aufgabe der Gans bestand darin, das Schälchen mit dem roten Pappdeckel zu wählen. Das war für die Gans ein Kinderspiel. Nach ein paar Fehlversuchen hatte sie begriffen: Futter gibt es nur bei Rot. Nun stellte man die Gans vor die Wahl, sich zwischen gelbem und grünem Deckel zu entscheiden.

Jetzt befand sich nur bei Gelb Futter im Schälchen und Grün war leer. Auch das war für die Graugans kein Problem. Sie lernte, Gelb zu wählen. Die gleichen Versuche führte man noch mit Grün und Blau und mit vielen weiteren Farbkombinationen durch. Sie beweisen aber noch nicht, dass Graugänse logisch schlussfolgern können. Nun ließ man die Gans zwischen Rot und Grün oder Gelb und Blau wählen. Wie würde sie sich entscheiden? Siehe da, die Gans wählte Rot oder Gelb. Diese Kombinationen hat sie zwar zuvor noch nie gesehen, aber sie schlussfolgert: Bei Rot habe ich immer Futter bekommen, bei Grün nur dann, wenn es in der Kombination mit Blau auftaucht. Bei Blau hatte sie überhaupt nie Futter bekommen, folglich konnte es nur Gelb sein, das sie wählen musste. Warum sind Graugänse und Hunde zu so logischem Handeln fähig?

Hunde und Graugänse haben etwas gemeinsam Sie leben in Gruppen. Und in beiden Gruppen gibt es Rangordnungen. Um Hierarchien richtig einzuordnen, ist es von Vorteil, logisch denken zu können. Hund A erkennt, dass er stärker ist als Hund B. Hund B ist stärker als Hund C. Somit weiß Hund A, dass er sich im Streitfall nicht mit Hund C auseinandersetzen muss. Hund C weiß, dass es keinen Sinn macht, sich mit dem stärkeren Hund anzulegen. Der Vorteil dieses Wissens liegt auf der Hand. Es werden Energie verbrauchende, aufwendige Streitereien, die zu Verletzungen führen können, vermieden.

Aber logisches Denken wurde uns nicht einfach in die Wiege gelegt, sondern muss auch geschult werden. James und Carol Gould beschreiben in ihrem Buch »Bewusstsein bei Tieren« (→ Literatur, Seite 236) ein eindrucksvolles Beispiel aus einer sowjetischen Studie, wie Logik und Erziehung zusammenhängen: »Iwan lebt in Sibirien; in Sibirien sind alle Bären weiß. Welche Farbe hat der Bär, den Iwan sah?« Analphabeten – also Erwachsene ohne schulische Ausbildung – antworteten in der Regel mit solchen Erklärungen wie »Ich war noch nie in Sibirien« oder »Ich habe Iwan noch nie gesehen«, während Kinder, die zehn Jahre in die Schule gegangen sind, das Rätsel ohne Zögern beantworteten. Mich berührt dieses Beispiel aus verschiedenen Gründen. Ich fühle, welche Ungerechtigkeit Kinder ohne Schulausbildung erfahren. Ich fühle, wie schwer es ist, etwa Menschen eines anderen Kulturkreises einzuschätzen, und wie viel schwerer dies erst bei Tieren ist. Leichtfertig beurteilen wir sie und behaupten, dass sie dies und jenes nicht können. Dabei kennen wir sie viel zu wenig, und es mangelt an der entsprechenden Forschung.

Auch wir Menschen scheinen oft Schwierigkeiten mit logischem Denken zu haben. Wie sonst lassen sich die Vorurteile gegen Mathematik und

Physik erklären? Bei beiden Wissenschaften ist logisches Denken Grundvoraussetzung, um sie zu verstehen. In weiten Teilen unserer Gesellschaft gehört es zum guten Ton, sein Unverständnis gegenüber Mathematik und Physik auszudrücken, obwohl die Wissenschaften nur versuchen, unsere Welt zu erklären. Tiere und Menschenbabys sind frei von solchen Vorurteilen. Die Wissenschaft entdeckte, dass sogar Babys ein Grundverständnis für physikalische Regeln haben. Dies war eine Sensation und zugleich der Startschuss für neue Forschungsprojekte. Die Forscher untersuchten, ob Tiere die Fähigkeit besitzen, einige grundlegende physikalische Regeln bezüglich Objekten und deren Wechselwirkungen zueinander zu benutzen und zu verstehen.

Hundephysik

Kandidaten waren 20 Hunde unterschiedlichen Alters, Geschlechts und verschiedener Rassen einschließlich Mischlinge. Versuchsapparatur war die schon auf Seite 98 beschriebene Problembox (→ Foto Seite 99). Sie sollte sich als ein Glücksfall herausstellen, denn mit ihr konnten wir beweisen, dass manche Hunde physikalische Grundregeln verstehen, dass sie sogar ein Verständnis für den Gebrauch eines Werkzeugs haben. Und sie verriet uns, mit welch unterschiedlichen Hundepersönlichkeiten wir es zu tun hatten. Die Problembox ist geeignet, bestimmte Persönlichkeitsmerkmale festzustellen. Aber gehen wir der Reihe nach vor.

Der Countdown beginnt Charlotte, Coras Frauchen, befiehlt ihrem Hund, sich im Abstand von etwa zwei Metern vor die Problembox hinzusetzen. Für die gut erzogene Cora kein Problem. Nun öffnet Charlotte mit einer Hand den Deckel der Problembox. In der anderen Hand hält sie ein Leckerli und zeigt es der Hündin. Sie fuchtelt damit in der Luft herum, damit Cora aufmerksam wird. Dann wirft Charlotte das

▶ Wie soll ich mich entscheiden? Der Hund befindet sich in einem Konflikt. Übersprungshandlung nennt man in der Fachsprache diese Art von Kratzen. Auch Menschen zeigen dieses Verhalten.

Der Zylinderhut: Kann der Hund ihn umwerfen?

Die Herausforderung

Basteln Sie aus Pappe eine Art »Zylinderhut«, bei dem der Rand besonders groß ausfällt. Die Größe des Hutes muss sich nach der Größe des Hundes richten. Legen Sie im Beisein des Hundes ein Leckerli unter den Hut. Fordern Sie Ihren Hund auf, das Leckerli zu holen. Der Hund will mit seiner Schnauze oder Pfote den Zylinderhut umwerfen. Vergeblich, denn er steht mit einer seiner Pfoten auf dem Rand.

Gewusst wie

Es dauert sehr lange, bis der Hund durch Zufall oder Einsicht den Hut umwirft. Stufe zwei: Der Hutrand umfasst jetzt nicht den gesamten Hut, sondern nur eine Hälfte. Unser Verdacht, dass einige Hunde das Problem tatsächlich begriffen hatten, wurde von einigen Kandidaten bestärkt, denn sie näherten sich dem Zylinderhut nur von der Seite, wo kein Rand war. Um den Zufall auszuschließen, drehten wir den Hut. Die Hunde wählten immer die Seite ohne Rand.

Leckerli vor Coras Augen auf das bewegliche Brett in der Box und verschließt den Deckel. Charlotte zieht sich zurück und gibt Cora weder Hinweise noch Hilfestellungen, sondern lässt sie selbst handeln. Cora will das Leckerli haben, darüber gibt es keinen Zweifel. Sie rennt schnurstracks zur Box, umkreist sie, riecht daran und springt auf die Problembox. Das macht Sinn, denn sie hatte ja beobachtet, wie Charlotte das Leckerli von oben in die Box warf. Aber das ist nicht der Weg zum Erfolg. Cora springt von der Box herunter und kratzt mit den Pfoten an verschiedenen Stellen der Box – vergeblich. Dann rennt sie zu Charlotte und bellt sie auffordernd an. Charlotte verzieht keine Miene und reagiert nicht.

Cora versteht den Hinweis: keine Hilfe. Die Hündin rennt wieder zur Box und versucht erneut ihr Glück, indem sie am Gitter der Box kratzt. Kein Erfolg. Also wieder zurück zu Charlotte und wieder zurück zur Box. Dieses Spiel wiederholte sich fünf Mal. Cora gab nicht auf. Ihre Hartnäckigkeit zahlte sich aus. Cora scharrte mit ihren Pfoten am Holzbrett und zog es zufällig heraus. Das Leckerli gehörte ihr. Sie hatte es verdient, aber nichts verstanden und gelernt.

Beim nächsten Versuch stellte sie sich ähnlich an wie zuvor. Wildes unüberlegtes Scharren. Beim dritten Versuch, ans Leckerli zu kommen, ist der Groschen gefallen. Sie hatte gelernt, an welcher Stelle der Box sie scharren und kratzen musste. Und zwar an der Schmalseite der Box, wo das Holzbrett mit der Holzkante herausragte. Aber die Versuchskonstruktion hatte es in sich, denn eine Pfote auf das Brett zu setzen und zu kratzen, reichte in aller Regel nicht aus, um das schwere Brett, auf dem das Leckerli lag, wie eine Schublade zu sich heranzuziehen, weil es zu schwer war. Ab und zu gelang es Cora dennoch, aber meistens nicht. Diesmal hatte Cora Glück, sie wusste, an welcher Stelle sie ziehen musste, aber nicht, wie. Ihr Erfolg ist ein reiner Glückstreffer. Sie hat das Prinzip, das dahintersteckt, noch nicht begriffen.

Die Motivationsbremse ziehen Um das Brett ohne Schwierigkeiten herauszuziehen, muss man mit der Pfote an dem Brettchen ziehen, das die Vorderseite einer Schublade bildet. Nach mehreren Versuchen hatte Cora das Prinzip begriffen und zog zielgerichtet am Brett, indem sie ihre Pfote auf das Brettchen setzte. Aber ist das Herausziehen eines Brettes wirklich eine Leistung? Was auf den ersten Blick für Menschen so leicht aussieht, ist in Wirklichkeit Gehirnakrobatik für Hunde.

Ein Blick in die wissenschaftliche Literatur verrät, dass die Aufgabe alles andere als leicht ist. Was geht in den Köpfen der Hunde vor sich? Nach dem Neurologen und Verhaltensforscher Marc Hauser geschieht Folgendes (→ Literatur, Seite 236): Zuerst müssen die Tiere eine stark durch Emotionen und Antrieb motivierte Handlung unterdrücken. Sie sehen das Futter und wollen auf dem schnellsten und direkten Weg dorthin. Sie müssen im wahrsten Sinne des Wortes die »Motivationsbremse« ziehen. Dieser Mechanismus – die Fähigkeit, Handlungen zu unterdrücken, die durch starke Emotionen motiviert sind – entwickelt sich auch beim Menschen erst allmählich, wie die kanadische Entwicklungspsychologin Adele Diamond herausgefunden hat. In Diamonds Tests wurden Kleinkinder mit einer durchsichtigen Plexiglaskiste konfrontiert, die auf einer Seite offen war. Im Inneren der Box befand sich ein Spielzeug für das Kind, das es zuvor noch nie gesehen hatte. Alles Neue ist für Babys interessant, und sie wollen danach greifen. Bei manchen Versuchen war die Öffnung direkt dem Kind zugewandt, es musste nur die Hand ausstrecken und konnte das Spielzeug greifen. War die Öffnung aber auf der anderen Seite, mussten die Kinder einen Umweg machen und seitlich um die Kiste herumlangen. Dies erfordert die Unterdrückung des natürlichen Dranges, einfach geradeaus zu greifen. Babys bis neun Monate waren dazu nicht in der Lage. Sie griffen immer wieder mit ihrer Hand nur geradeaus, ohne aus den Fehlern zu lernen. Adele Diamond wollte nun wissen, in welchem Bereich des Gehirns dieser Hemm- oder Unterdrückungsmechanismus angesiedelt ist. Versuchstiere waren Rhesusaffen. Sie konnte an ihnen beweisen, dass das Verrechnungszentrum, das die Handlung (mit der Hand geradeaus greifen) unterdrückt, im präfrontalen Cortex sitzt, einem Teil des Frontlappens der Großhirnrinde an der Stirnseite des Gehirns. Bei Kindern ist dieses Hirnareal erst im Alter von neun Monaten ausgereift.

Zurück zu Cora. Bisher konnten wir zeigen, dass sie in der Lage ist, ihre Motivationsbremse zu ziehen, wenn es gilt, ein Problem zu lösen, und dass sie in der Lage ist, eine zufällige Handlung, das Ziehen am Brett, mit der Futterbelohnung zu verknüpfen. Aber was hat Cora von der Aufgabe verstanden? Hat sie die physikalische Grundregel verstanden, dass sich Objekte dann und nur dann bewegen, wenn sie durch den Kontakt mit etwas anderem in Bewegung versetzt werden?

In unserem konkreten Fall heißt das: Weiß Cora, dass sie am Brett ziehen muss, um das Leckerli zu fischen? Diesen Versuch, der gewissermaßen die Nagelprobe darstellt, ob Hunde physikalische Grundregeln beherrschen, möchte ich Ihnen beschreiben.

In der Problembox (→ Foto, Seite 99) befanden sich zwei gleich aussehende Bretter, aber nur auf einem der Bretter lag das Futter, beim anderen lag es daneben. Cora ging auf die Frontalseite der Box zu, stoppte und schaute gebannt in die Box. Von ihr aus gesehen rechts lag direkt das Leckerli auf dem Boden. Verführerisch nah. Das waren spannende Momente. Würde sie verstehen, an welchem Brett sie ziehen muss? Man sah, wie es in ihrem Kopf arbeitete. Sie kam in einen Konflikt, der sich in einer Übersprungshandlung äußerte, wie bei Menschen, die sich zwischen zwei Alternativen nicht entscheiden können und sich daraufhin am Kopf kratzen. So auch Cora (→ Zeichnung, Seite 153). Dann, als hätte es in ihrem Gehirn gefunkt, ging sie nach links und zog in alter Manier das Brett mit dem Futter heraus. Sie ließ sich von dem näher liegenden Futter nicht verführen, sondern entschied sich richtig.

War Coras Leistung Zufall oder Einsicht in die Problematik? In weiteren

TIPPS & TRICKS

Heute keine Lust zu lernen. Auch Hunde sind nicht jederzeit bereit zum Lernen. Sie erkennen die Unlust Ihres Hundes daran, dass er Sie nicht genau beobachtet, wenn Sie ihm eine Aufgabe klarmachen wollen. Er schaut umher und schnuppert am Boden. Fordern Sie ihn mit Gesten und aufmunternder Stimme zum Mitmachen auf. Will er dennoch nicht mitmachen, verzeihen Sie ihm seine Laune.

▸ Den Ball noch im Flug zu fangen, ist für einen Jack Russell Terrier ein Kinderspiel. Was denkt sein Kumpel wohl über diese Leistung?

Versuchen stellte Cora unter Beweis, dass sie imstande war, die kausale Verknüpfung zwischen ihrem Handeln an einem Gegenstand und dessen Wirkung auf einen zweiten nachzuvollziehen. Das heißt, Cora hatte verstanden: Ich komme nur an das Futter, wenn ich an dem Brett ziehe, auf dem das Futter liegt. Befindet sich das Futter hingegen neben dem Brett, habe ich keine Chance.

Um Probleme dieser Art lösen zu können, muss demnach die Fähigkeit vorhanden sein, im Kopf eine Güterabwägung vorzunehmen und gewisse Handlungen zu unterdrücken. Für Marc Hauser ist dies die Voraussetzung für rationales Denken. Rationales Denken basiert auf der Fähigkeit, die eigenen Optionen abwägen zu können, jeder von ihnen das ihr entsprechende emotionale Gewicht zuzusprechen und dann eine oder mehrere Alternativen zugunsten einer anderen zu verwerfen. Genau nach diesem

Prinzip handelte Cora. Aber damit nicht genug. Wir hatten noch eine weitere Frage. Hat Cora verstanden, welche Aufgabe die Leiste an der Stirnseite des Brettes hatte, quasi der Griff an der Schublade? Wer sie beobachtet, zweifelt nicht daran, denn zielgerichtet setzt sie ihre Pfoten auf die Leiste des schweren Brettes und zieht dieses leichtfüßig zu sich heran. Ohne Benutzung des »Griffes« kann sie mit ihren 15 Kilogramm Körpergewicht das Brett kaum bewegen.

Hier in Kurzfassung das Ergebnis. Die Leiste, also der Griff, ist auf das schwere Brett geschraubt. Entfernt man die Schrauben und legt den Griff lose auf das Brett, so fällt er ab, wenn Cora daran zieht. Genau das taten wir und beobachteten Coras Reaktion. Cora rannte zur Problembox, zog am Griff, und der flog weg. Cora stutzte und überlegte einige Sekunden, kratzte aber nicht am Brett, was sie zu Anfang der Versuchsreihe machte, sondern entfernte sich von der Problembox und setzte sich in einiger Entfernung hin. Sie hatte verstanden, dass es sinnlos ist, weiter zu scharren. Als wir in einem der Kontrollversuche statt eines Griffes auf dem Brett ein Seil befestigten, nahm sie das Seil ins Maul und zog damit das Brett mit dem Leckerli zu sich.

Werkzeugverständnis Wir hatten keine Zweifel, dass Cora verstanden hat, dass sie auf dem Brett nach relevanten Strukturen wie einem Griff oder eben einem Seil suchen muss, um das Brett zu sich zu ziehen. Wer an einem Gegenstand relevante Strukturen erkennt und diesen Gegenstand deshalb für seine Zwecke einsetzen kann, hat ein gewisses Werkzeugverständnis. Um einen Hammer sinnvoll zu gebrauchen, muss man ihn am Griff anpacken und nicht am Hammerkopf. Die Benutzung eines Hammers ist für uns die leichteste Sache der Welt, aber in Wirklichkeit haben wir gelernt, ihn zu benutzen. Geben Sie Kleinkindern einmal einen Spielzeughammer in die Hand. Sie werden staunen, wie schwer sie sich tun, ihn sinnvoll einzusetzen. Dass Hunde ein Werkzeugverständnis haben, traute man ihnen nicht zu. Anwärter dafür waren die Menschenaffen, Papageien und Rabenvögel. Sie sind nicht nur talentierte Werkzeugverwender, sondern ihnen ist auch gegenwärtig, dass ein Werkzeug, um nützlich zu sein, gewisse Designkriterien erfüllen muss.

Nicht alle lösten das Problem Cora war der Überflieger unserer Testkandidaten. Sie besaß alles, was ein Hund benötigt, um diese Aufgabe zu lösen: Intelligenz, Ausdauer, Durchstehvermögen und Neugierde. Denn nicht alle Hunde waren in der Lage, das Brett mit dem Leckerli darauf aus der Problembox zu ziehen. Das ist nichts Besonderes. Wer Intelligenzexperimente mit Tieren macht, weiß, dass immer einige Tiere an der Aufgabe scheitern. Das ist Alltag. Für das Scheitern oder für

SCHON GEWUSST ?

Hundehalter leiden deutlich weniger unter Stress als andere Menschen. Das belegt eine Untersuchung von Wissenschaftlern der Universität von New York in Buffalo. Dabei wurden Testpersonen stressigen Situationen ausgesetzt und deren typische körperliche Reaktionen wie Herzfrequenz, Blutdruck und Schweißproduktion gemessen. Das Ergebnis: Wer einen Hund um sich herum hatte, wies unter Belastung die geringsten Stress-Symptome auf.

das Bestehen einer Aufgabe sind unterschiedliche Gründe verantwortlich, die nicht immer unbedingt etwas mit der Intelligenz des Tieres zu tun haben, sondern auch mit anderen Persönlichkeitsmerkmalen.

Susi, eine sehr verfressene Retriever-Mix-Hündin, war einer der Kandidaten, die am Test teilnahmen. Laut Frauchen macht sie für Futter alles und ist daher bestens für die Aufgabe geeignet. Ihr Frauchen hatte keine Zweifel, dass Susi den Test bestehen würde. Susi schaute wie gebannt auf ihr Frauchen, während diese das Leckerli in die Box warf. Susi ging behutsam, fast vorsichtig auf die Box zu, roch an ihr, umkreise sie zweimal, blieb stehen und schaute in Richtung Frauchen. Dann machte sie einen neuen Anlauf, sprang auf die Box und streckte ihre Nase dem Leckerli entgegen. Das war alles, und dabei blieb es auch. Sie sprang von der Box herunter und legte sich direkt neben sie. Dort verharrte sie 25 Minuten lang, dann brachen wir den Versuch ab. Hatte Susi einen schlechten Tag? Wir versuchten es noch dreimal – immer mit dem gleichen Ergebnis. Frauchen war bitter enttäuscht und konnte ihre Wut Susi gegenüber kaum verbergen. Die Dame hatte andere Vorstellungen von der Persönlichkeit ihres Hundes. Sie wollte nicht akzeptieren, dass Susi eher zurückhaltend, jedoch keinesweg spontan und neugierig ist. Mit großem Einsatz und vielen Worten gelang es mir schließlich, Frauchen die Stärken ihrer Susi vor Augen zu führen.

Wie unterschiedlich Hunde mit der Problembox umgehen, ist erstaunlich und illustriert, mit welch unterschiedlichen Begabungen und Persönlichkeiten wir es bei unseren Hunden zu tun haben. Kein Hund ist wie der andere. Selbst Rassemerkmale haben nur eine bedingte Aussagekraft. Meine beiden Bernhardiner zum Beispiel verhalten sich sehr unterschiedlich bei Intelligenztests.

Zahlenjongleure

Ich bin zu Besuch in einem Freiburger Kindergarten. Vor mir sitzen fünf »Zwerge« im Alter von zwei bis drei Jahren an ihren kleinen Tischen. Ich bitte den Jüngsten von ihnen, den zweijährigen Robert, mir von den zehn Keksen, die auf dem Tisch liegen, fünf zu geben. Er greift mit seinen kleinen Händchen eine Handvoll und gibt sie mir. Nachdem ich mich bedankt habe, bitte ich ihn, mir nochmals fünf Kekse zu geben. Wiederum greift er in den Haufen Kekse und gibt mir ein paar davon. Robert versteht also offenbar, dass ich nicht nur einen, sondern mehrere Kekse von ihm möchte. Aber genau abzählen, das kann er noch nicht. Er wird erst mit vier Jahren dazu in der Lage sein. Eine Anzahl Gegenstände einer bestimmten Zahl zuzuordnen, setzt eine gewisse Abstraktion voraus. So weit ist Roberts Gehirn mit zwei Jahren noch nicht entwickelt.

Aber auch Erwachsene beginnen erst dann zu zählen, wenn die Menge der Gegenstände, die auf einem Tisch liegen, größer als die Zahl acht ist. Bis zu acht Gegenstände erfasst unser Gehirn sofort – ohne zu zählen. Bei neun Gegenständen erfassen wir die acht auf einen Blick und addieren einen dazu. Wie viele Gegenstände, also welche Menge, eine Tierart erfasst, ist unterschiedlich. Wellensittiche zum Beispiel erfassen sieben Gegenstände. Bei Hunden – soweit mir bekannt ist – wurde diese Menge noch nicht bestimmt.

Allerdings hat das Zählen nichts mit dem Erfassen einer Menge zu tun. Zählen ist komplexer und eine mathematische Operation: $1 + 2 = 3$; $2 + 2 = 4$ usw. Wer zählen kann, kann bestimmte logische Operationen im Kopf durchspielen. Die Zahl vier scheint eine magische Zahl zu sein. Einige Urvölker im Amazonasgebiet zählen nur bis vier. Fünf Früchte oder zehn Früchte sind einfach viele. In unserer Welt ist Zählen selbstverständlich, aber in der Welt der Tiere?

Können Hunde zählen? Wir testeten Hunde nach einer Methode, die wir bei Katzen entwickelt haben. Einige unserer Katzen konnten im mathematischen Sinne bis vier zählen. Das Prinzip des Versuchs ist einfach. Die Katze läuft aus etwa vier Metern Entfernung auf vier Futternäpfe zu, auf deren Deckel entweder ein, zwei, drei oder vier Symbole abgebildet sind, während entweder ein, zwei, drei oder vier Töne erklingen. Nur wenn die Katze den Napf wählt, dessen Deckel diejenige Anzahl von Symbolen aufweist, welche der Anzahl der erklungenen Töne entspricht, erhält die Katze Futter. Es führt hier zu weit, alle Kontrollversuche zu beschreiben, aber so viel sei gesagt: Die Katze hörte zum ersten Mal drei Töne und wählte drei Symbole. Auch bei vier Tönen machte sie auf Anhieb keinen Fehler. Schnurstracks ging sie zum richtigen Napf. Diese richtigen Entscheidungen belegen, dass Lernen dabei keine Rolle spielte. Natürlich haben wir unsere Ergebnisse statistisch abgesichert.

Und die Hunde? Wir waren überzeugt, dies sei die richtige Methode, sie zu testen. Siegessicher gingen wir daran, aber vergeblich. Wenn es für die Hunde schwierig wurde, sich zwischen zwei und drei zu entscheiden, legten sie sich entweder zwischen die Futternäpfe oder forderten ihren Besitzer auf zu helfen. Wir haben alles Mögliche versucht und viele Hunde getestet, aber nach eineinhalb Jahren gaben wir enttäuscht auf. Das heißt aber nicht, dass die Hunde unfähig sind zu zählen, sondern es könnte auch sein, dass sie bei auftretenden Schwierigkeiten die Entscheidung dem Herrchen überlassen, obwohl sie selbst die Situation

Eine Menge: Weiß Ihr Hund, was das ist?

Viel oder wenig

Lassen Sie nacheinander in zwei Futternäpfe unterschiedliche Mengen an Fleischstückchen oder Leckerlis fallen. Legen Sie dann je ein Stück Pappe auf. Der Hund sitzt in einem Abstand von ein bis zwei Metern vor Ihnen und beobachtet Sie. Fordern Sie Ihren Vierbeiner jetzt auf, seine Belohnung zu holen. Wählt er den Napf mit der größeren Menge? Beim nächsten Versuch vertauschen Sie die Menge. Was passiert?

Viel oder nichts

Hunde haben oft eine Vorliebe für eine bestimmte Seite. Sie entscheiden sich im Voraus, wohin sie gehen, ohne auf die Menge zu achten. Eine mögliche Erklärung: Die Menge ist im Moment für den Hund nicht so wichtig, denn er wird ja auf beiden Seiten belohnt. Wecken Sie die Aufmerksamkeit Ihres Hundes, indem Sie manchmal in eine Schale kein Futter fallen lassen. Die Hunde in unseren Testreihen konnten Mengen zwischen eins und fünf unterscheiden.

durchschauen. Diesen Gedanken untermauerten Wissenschaftler der Uni Budapest mit einem Versuch. Sie stellten Hunde vor die Entscheidung, einen Leckerbissen zu ergattern, indem sie einen Hebel bedienen mussten, der das sichtbare Futter freigab. Einige der Hunde fanden schnell heraus, was zu tun war, andere blieben untätig.
Dabei fiel auf, dass die Hunde mit einer besonders festen Bindung zum Menschen besonders untätig waren. Diese Unterschiede verschwanden sofort, wenn sie von ihrem Besitzer ermuntert wurden, sich das Futter zu holen – da wussten alle Hunde, was zu tun war. Die Hunde mit der stärksten Beziehung sind nicht »dümmer«, sondern zeigen nur ein

abhängiges Verhalten. Vielleicht war dies auch der Grund, warum wir bei unseren Zählversuchen kein Glück hatten.

Mehr Glück hatten Rebecca West und Robert Young. Sie wählten eine Methode, die Entwicklungspsychologen bei Babys erfolgreich anwenden. Forscher lassen die kleinen Probanden dabei Projektionswände, Schautafeln oder Gegenstände betrachten. Und dann beobachten sie, wie der Säugling reagiert: wie lange er hin- und dann wegschaut. Da auch Hunde die Eigenschaft haben, Unerwartetes länger anzuschauen, konnte man sie auf die gleiche Weise wie die Säuglinge befragen, was sie von Zahlen und Zählen verstehen. Die Versuchsergebnisse lassen den Schluss zu, dass Hunde zählen können. Immerhin konnten sie 1 + 1 und 1 +2 zusammenzählen. Aber es bleibt noch viel Arbeit für die Forscher, um eine genaue Antwort zu bekommen.

Tiere sind keine Rechenkünstler Im Vergleich zum Menschen sind Tiere wirklich keine Zahlenjongleure. Ihre Fähigkeit, zu zählen und zu rechnen, ist rudimentär. Selbst Alex, der wohl berühmteste Vogel der Welt, ist kein Held der Zahlen. Alex ist ein Graupapagei und wurde von der Forscherin und Besitzerin Irene Pepperberg ein Leben lang erforscht. Er hat eine Vorstellung von so abstrakten Begriffen wie Formen, Farben und Mengen. Ich besuchte Alex dreimal.

Bei meinem ersten Besuch hatte ich Gelegenheit, die Rechenkünste von Alex auf die Probe zu stellen. Ich zeigte ihm damals drei Zehnpfennigstücke und ein Markstück und stellte ihm die Frage: »Wie viel?« Er drehte den Kopf seitlich, beäugte die noch nie in seinem Leben gesehenen Geldstücke und antwortete: »Vier.« Über die Rechenkünste von Alex gibt es keine Zweifel. Sie wurden vielfach auf die Probe gestellt. Aber dennoch stellte ich ihm eine hinterhältige Frage. Ich zeigte ihm zwei Schlüssel, die bis auf zwei kleine, kaum bemerkbare Zacken fast identisch aussahen. Dann fragte ich Alex: »Was ist unterschiedlich?« Er antwortete zwar etwas zaghaft, aber gut hörbar: »Nichts.« Hat Alex womöglich ein Konzept von nichts oder null? Mit dieser Leistung kann sich kein Hund der Welt messen.

Welcherart Evolutionsdruck mag die Entstehung der Fähigkeit, zu zählen und zu rechnen, begünstigt haben? Und warum ist die Fähigkeit beim Menschen im Gegensatz zu Tieren so hoch entwickelt? Vermutlich werden Tiere in der Natur mit Situationen konfrontiert, bei denen es eher auf relative oder ungefähre Mengen ankommt als auf eine genaue Anzahl. Bei Amphibien und Fischen, die eine große Anzahl Eier legen und später die Brut pflegen, ist den Eltern die genaue Anzahl unbekannt. Genauso unbekannt war Emma, der Mama meines Berhardiners Balu,

► Intelligenzspielzeug gibt es inzwischen in einer großen Bandbreite zu kaufen. Eine interessante Beschäftigung für die meisten Vierbeiner.

die Anzahl ihrer Kinder. Balu hatte sechs Geschwister. Ein Schimpansenmann, dessen Gruppe aus zwanzig Tieren besteht, wird vielleicht bemerken, wenn ein Mitglied fehlt, aber er denkt sicherlich nicht: Um Gottes willen, jetzt sind wir nur noch 19, und im Falle eines Angriffs einer anderen fremden Gruppe sind wir geschwächt.

Warum sich im Laufe der Evolution die numerischen und mathematischen Fähigkeiten des Menschen entwickelt haben, ist unklar. Kein Zweifel, dieser Fähigkeit verdanken wir einen Großteil unseres Fortschrittes – und sie hat viel Segen gebracht.

Aber vielleicht ist sie auch die Wurzel für Streit, Missgunst, Neid und Krieg, denn wenn wir keine genauen Zahlenvorstellungen von 100 oder 1000 Euro oder 10 oder 20 Kilo Fleisch haben, frage ich mich gar nicht, ob es gerecht ist, dass der andere mehr oder weniger davon hat. Ich habe noch nie bei meinen Hunden oder bei meinen Freilandbeobachtungen an Löwen oder anderen Tieren erlebt, dass sie darauf schauen, ob der andere mehr zu fressen hat als er selbst.

Philipp spricht mit seinem Herrchen: Der Weg zu einer gemeinsamen Verständigung

Wer über ein einfaches Zahlenverständnis verfügt, sollte auch die Fähigkeit haben, einem Gegenstand einen abstrakten Begriff zuzuordnen. Konkret wird etwa einem Holzdreieck die Zahl drei zugeordnet, einem Holzquadrat die Zahl vier usw. Doch können Hunde Symbole verstehen? Ádám Miklósi, ein bekannter Hundeforscher aus Ungarn, und sein Team sind dieser spannenden Frage nachgegangen.

Wir konnten die Arbeit der ungarischen Hundeforscher während der Dreharbeiten für den Film »Wer ist klüger: Hund oder Katze?« beobachten und filmen. Akteure sind Philipp, ein Belgischer Schäferhund, und sein Herrchen Richard, der behindert ist und im Rollstuhl sitzt. Philipp ist in Ungarn kein Unbekannter. Im Jahr 2000 kürte man ihn zum intelligentesten Hund Ungarns. Wer Richard und Philipp besucht, erlebt seine erste Überraschung am Gartentor. Nach dem Klingeln stürmte uns ein temperamentvoller und bellender Schäferhund entgegen. Das Tor ist abgeschlossen, und von der Ferne ruft Richard: »Alles in Ordnung, der Besuch darf kommen.« Philipp rennt ins Haus, holt den richtigen Schlüssel vom Schlüsselbrett und übergibt ihn den Besuchern. Nicht schlecht, aber dieses »Kunststück« läuft noch auf der Stufe des Lernens ab. Und das ist für einen ausgebildeten Behindertenhund zunächst nichts Besonderes. Doch die nächste Kostprobe zeugt von Philipps Intelligenz.

PHILPP SPRICHT MIT HERRCHEN

Philipp kann eigene Wünsche äußern. Dazu benutzt er Symbole. Sie hängen neben dem Schlüsselbrett. Eine Kette mit Dreieck bedeutet: Ich will spielen. Eine Kette mit einem Ring heißt: Ich habe Durst. Eine mit einer Plastikwurst: Ich will spazierengehen. Eine mit einer Kordel: Ich

bin müde. Aber hinter einem Symbol, nämlich einer alten Filmdose, verbirgt sich eine ganz besondere Geschichte.

EINE FILMDOSE WIRD ZUM HILFERUF

Ein Freund von Richard legte gedankenlos Richards Handy in ein Regal des Küchenschranks, wo es sowohl für Richard als auch für seinen Hund Philipp unerreichbar war. Nach einer Stunde – der Freund war gegangen und neuer Besuch gekommen – klingelte das Handy. Philipp rannte zum Küchenschrank, um das Handy von dort zu holen. Aber vergeblich, das Handy lag ja im Regal. Richard und sein Freund befanden sich in einem anderen Raum und bemerkten Philipps Problem nicht. Philipp gab jedoch nicht gleich auf. Seine Beharrlichkeit, ein Problem zu lösen, ist eine Grundeigenschaft seiner Persönlichkeit. Plötzlich packte er eine auf dem Tisch liegende Filmdose und brachte sie dem Besucher. Er machte so auf sich aufmerksam und forderte ihn auf, ihm in die Küche zu folgen. Das tat der Besucher und begriff sofort, was Philipp von ihm wollte. Er nahm das Handy und brachte es Richard. Nun war Philipp zufrieden. Die Filmdose wurde zum Symbol und bedeutet jetzt: »Hilf mir.« Dies war aber kein Zufall, sondern bewusstes Handeln von Philipp, denn auch in anderen Situationen, in denen Philipp nicht weiterweiß, setzt er die Filmdose ein. Machen Sie sich klar, was dies bedeutet: Ein Hund benützt – ohne dass ihm ein Mensch das beigebracht hat – einen neutralen Gegenstand, um mit Menschen zu kommunizieren, das heißt, der Filmdose wird ein kurzer Satz zugeordnet: »Hilf mir.« Das sind die Anfänge einer Bildsprache. Jedem Gegenstand oder Symbol wird ein Wort oder eine Wortkombination zugeordnet. Nicht so perfekt wie Philipp. aber dennoch sehr eindrucksvoll konnte auch Teddy, mein Schäferhund, Symbole verwenden. Er hat seine eigene Zeichensprache entwickelt. »Turnschuh im Maul« ist nicht etwa als Aufforderung zum Spaziergang zu verstehen, sondern bedeutet: »Ich mag dich.« Immer wenn sympathischer Besuch kommt, drückt er per Turnschuh sein Wohlgefallen aus. Auf ähnliche Weise kommunizieren auch stumme Menschen miteinander.

Die Wissenschaft bedient sich dieser Methode bei der Erforschung der Sprache bei Menschenaffen. Das größte Genie unter den Menschenaffen ist Kanzi, der Bonobo. Seine wilden Verwandten leben im Kongo – und nur dort.

MEISTER DER SYMBOLSPRACHE

Unter allen Tieren ähneln Bonobos dem Menschen am meisten. Als ich Kanzi – getrennt durch ein Gitter – gegenüberstand, fielen mir sofort seine klugen Augen auf. Seine Symbolsprache umfasst über 100 Zeichen. Er kann damit sogar Sätze bilden. Kanzi forderte mich auf, den gelben Ball zu werfen. Also warfen wir uns den gelben Ball zu. Plötzlich rannte er zu seinem Laptop, auf dem Symbole abgebildet sind, und drückte bedächtig auf einige Zeichen. Sie bedeuten: »Kraul mich«, wie mir seine Trainerin erklärte. Kanzi versteht unsere Sprache bis zu einem gewissen Punkt und kann sie auch anwenden. Hunde können sich sicher nicht mit Kanzi messen, aber Philipps Fähigkeiten sind nicht zu unterschätzen. Vielleicht verstehen unsere Hunde mehr, als wir uns je erträumt haben. Als Philipp bei unseren Dreharbeiten müde wurde, holte er die Kette mit der Kordel, das Symbol für »müde«. Und als er gar keine Lust mehr hatte, brachte er die Kette mit der Plastikwurst, das Symbol für »spazieren gehen«. Das war unmissverständlich, und wir beendeten unseren Dreh.

► Das Handy klingelt, doch Philipp kann es nicht seinem behinderten Herrchen bringen. Dazu liegt es zu weit oben im Regal.

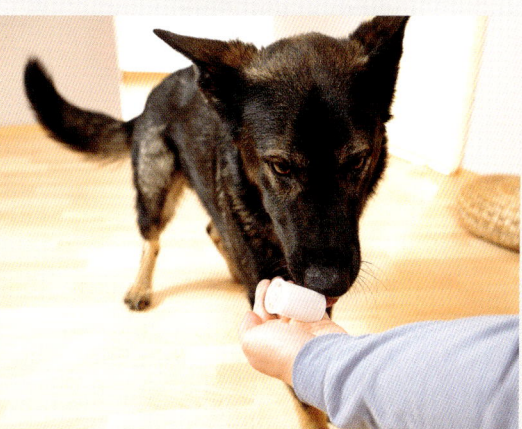

► Phlipp findet eine Lösung. Eine leere Filmdose wird zum Hilferuf. Er bringt sie dem Gast und fordert ihn so auf, mit ihm zum Regal zu gehen.

Nachahmen ist eine hohe Kunst

Nachahmung hat in unserer Gesellschaft keinen hohen Stellenwert. Wir sprechen verächtlich von »nachäffen«, obwohl die meisten Affenarten, außer den Menschenaffen, dazu kaum in der Lage sind. Im Reich der Tiere ist Nachahmung eher selten. Wer etwas kopiert, hat keine eigenen Einfälle und Kreativität, so die landläufige Meinung. Da ist auch etwas dran. Aber ich denke, diese Betrachtung greift zu kurz, denn Nachahmen ist viel mehr. Nachahmen bedeutet nichts Geringeres, als dass man sich bis zu einem gewissen Grad in den anderen hineinversetzen kann – nicht in das, was er denkt und fühlt, sondern in das, was er tut. Wer durch Zuschauen lernt, muss sich in irgendeiner Weise mit den Aktionen des anderen identifizieren. Die Fähigkeit ist durchaus einzureihen in die großen Strategien des Problemlösens.

Wer etwas abschaut und nachahmt, erspart sich das eigene Lernen durch Versuch und Irrtum, und er umgeht das abwägende Durchspielen im Kopf. Stattdessen werden ihm Lösungen vorgespielt. Man braucht sie nur zu imitieren. Aber was heißt hier »nur«? Nachahmen setzt erstens voraus, dass man wahrnimmt, was der andere tut, und zweitens, dass man diese Handlungsweisen in eigene Handlungsweisen überträgt. Man schließt vom anderen auf sich selbst. Der Mensch ist Weltmeister der Nachahmungskunst. Das liegt an seiner Sprachfertigkeit. Das Erlernen einer Sprache beruht auf der hohen Kunst des Imitierens. Diese Fähigkeit ist dem Menschen in die Wiege gelegt. Schon wenige Stunden nach der Geburt beginnen die Säuglinge, Gesichtsausdrücke und Fingerbewegungen zu imitieren.

Warum können Babys so gut imitieren? Nach Auffassung der beiden Forscher Andrew Meltzoff und M. Keith Moore können Babys dadurch die Identität des anderen absichern und bestätigen, dass also die Person vor ihren Augen dieselbe ist wie die, die sie gestern gesehen haben. Um diese Hypothese zu überprüfen, führten die Forscher folgende Experimente durch: Sie ließen einen Säugling beobachten, wie zwei Erwachsene nacheinander verschiedene Gesichtsausdrücke präsentierten. So kam zum Beispiel Fred herein und streckte die Zunge seitlich aus dem Mund. Anschließend kam Joe und spitzte den Mund. Das Baby nuckelte die ganze Zeit an seinem Schnuller und konnte nicht sofort imitieren. 24 Stunden später betrat Joe die Szene und blieb ausdruckslos vor dem Baby stehen: Der Säugling spitzte die Lippen. Dann kam Fred, und der Säugling streckte die Zunge seitlich aus dem Mund.

Können Hunde nachahmen? Ob Hunde wirklich nachahmen, ist oft schwer zu beurteilen, denn Nachahmung birgt ein Problem in sich:

Sie tritt selten alleine auf, sondern ist mit anderen Verhaltensweisen verwoben. Eine klare Grenze zwischen den einzelnen Verhaltensweisen zu ziehen, ist schwierig. Wenn ein Löwe etwa eine Antilope schlägt, hat er einiges von Geburt mitbekommen, einiges vom Artgenossen abgeschaut und einiges selbst gelernt. In dieser Zwickmühle befindet man sich, wenn man ein Verhalten als Imitation bezeichnet. Dieses Problem muss man immer im Hinterkopf behalten. Schon Charles Darwin, der Begründer der Evolutionstheorie, hat dieses Problem erkannt. In seinem Buch »Die Abstammung des Menschen« aus dem Jahr 1871 schildert er scharfsinnig mehrere Fälle, wie Hundebabys von Katzenmüttern aufgezogen wurden (→ Literatur, Seite 236). Und siehe da: Die Welpen gewöhnten sich an, was typisch für Katzen ist. Sie leckten ihre Pfoten nass, um damit wie mit einem Waschlappen über Kopf und Ohren zu fahren. Einer der Welpen hat diese Katzenwäsche sein ganzes dreizehnjähriges Hundeleben beibehalten. Darwin erkannte die geistigen Fähigkeiten der Hunde. Umso erstaunlicher ist es, dass wir weit mehr als 100 Jahre später immer noch unsere Hunde unterschätzen, ihre Denkfähigkeit negieren und vor allem auf Dressur setzen.

Mutter ist die beste Lehrerin Nehmen wir beispielsweise die Ausbildung von Drogenhunden. Üblicherweise kommen die Welpen schon im Alter von acht Wochen zu ihrem Trainer. Mit drei Monaten erhalten sie ihre erste Dressurausbildung. Dann unterliegen sie einem Auswahltest. Es folgen weitere Dressuren und schließlich die Abschlussprüfung. Ein hartes Schuljahr. Aber das meiste könnte man sich sparen. Das legt eine Studie aus Südafrika nahe. Die Welpen einer Drogenhündin durften anstelle der Dressur bei ihrer Mutter bleiben und an deren Spür- und Schnüffeleinsätzen teilnehmen. Das Ergebnis war verblüffend: Die Lehre der Mutter war genauso effektiv wie das harte Training bei den Ausbildern. Ganz nebenbei hatten die jungen Hunde mitbekommen, was Mutter von Beruf macht, und es mit spielerischer Leichtigkeit nachahmend übernommen.

Bisher richtete man kaum den Fokus auf Nachahmung. Das mag vielleicht daran liegen, dass die meisten Hunde allein mit Frauchen oder Herrchen leben. Bei meinen Hunden habe ich aber schon erlebt, dass sie eindeutig den Artgenossen imitieren. Robby, der Retriever, war zehn Jahre lang nicht in der Lage, eine angelehnte Tür mit der Schnauze aufzustoßen, bis es ihm Wisla, die Bernhardinerhündin, vormachte. Die Jahre zuvor stand er ratlos vor der Tür und bellte und holte sich Hilfe von uns. Interessant ist, dass er sich dieses Verhalten nicht von Teddy, dem Schäferhund, abschaute, der diese Technik fast täglich vor seinen Augen

SCHON GEWUSST ?

Sein Mensch ist für den Hund unter guten Bedingungen die wichtigste Bezugsperson und weit mehr als das »Alpha-Tier«, also Rudelführer. Selbst das Gähnen von Frauchen und Herrchen wird von vielen Hunden nachgeahmt.

▶ Dieser Australian Shepherd hat seine Liebe zu dem großen roten Gummiball entdeckt. Das Spiel entspannt nach anstrengenden Denktests.

einsetzte. Haben Hunde womöglich einen bevorzugten Partner, von dem sie etwas imitieren? Unsere Experimente scheinen dies zu bestätigen.

Von einem Vertrauten lernen Wir bildeten zwei Gruppen von Hunden: Die erste Gruppe spielte häufig zusammen und ging täglich miteinander spazieren. In der zweiten Gruppe kannten sich die Hunde lediglich durch zufällige Begegnungen beim Spaziergang, aber sie kommunizierten nicht miteinander. Beiden Gruppen wurden die gleichen Aufgaben gestellt: Sie mussten knifflige Probleme lösen, wie etwa eine manipulierte Plastikflasche umwerfen (→ Seite 146). Hunde, die untereinander vertraut sind, imitieren sich häufiger als diejenigen von Zufallsbegegnungen. Der Vertrautheitsfaktor scheint also eine wichtige Rolle bei der Imitation zu spielen. Dieses Ergebnis war zu erwarten, denn man versetzt sich leichter in eine Person, die einem vertraut ist, als in eine fremde. Aber Nachahmen kann auch richtig schwer sein, wie der folgende Fall zeigt. Wir kennen die Akteure schon. Es sind Ádám Miklósi, Richard und Philipp aus Ungarn. Zur Erinnerung: Richard ist behindert und sitzt im Rollstuhl. Hebt Richard mit den Vorderrädern des Rollstuhls ab, kippt leicht nach hinten und lässt sich wieder zurückfallen, so macht das Philipp nach, indem er die Vorderbeine hoch und runter bewegt. Aber es kommt noch besser: Dreht sich Richard auf den Hinterrädern nach links, dreht sich auch Philipp nach links. Das Gleiche geht natürlich auch rechts herum. Wir haben es während unserer Dreharbeiten erlebt und waren baff. Was anfangs ein Spiel war, wurde Wissenschaft (→ Literatur, Seite 235).

Schlaue Nachahmer Hunde sind aber nicht nur sture Nachahmer, sondern überlegen auch dabei. Bevor sie etwas nachahmen, machen sie eine Güterabwägung im Kopf, ob das, was sie imitieren, für sie auch von Nutzen ist. Diesem schlauen Gedankenspiel kam Friederike Range von der Universität Wien mit ihren Experimenten auf die Spur. Sie trainierte einen Border Collie darauf, mit der Pfote an einem trapezförmigen Rundholz zu ziehen, um so eine Kiste mit Futter zu öffnen. Das Training war nötig, weil im Regelfall Hunde das Holz ins Maul nehmen, um daran zu ziehen, und nicht die Pfote benutzen. Nun konnte das Experiment beginnen. Frau Range bildete zwei Gruppen von Hunden. Die erste Gruppe beobachtete den Border Collie, wie er mit der Pfote das Holz bewegte. Wie zu erwarten, ahmten die Beobachter den Hund nach und bewegten das Holz mit der Pfote. Die zweite Gruppe beobachtete den gleichen Hund bei der gleichen Tätigkeit, der aber nun zusätzlich einen Ball im Maul hatte. Was würden die Beobachter machen? Sie nahmen das Holz ins Maul und öffneten so die Futterkiste. Sie ahmten also den Vorführer nicht bedingungslos nach. Sie erkannten, dass derjenige, der einen Ball im Maul hat, gar nicht anders kann, als die Pfote zu benutzen. Also braucht man ihn in diesem Punkt nicht zu imitieren. So in etwa interpretierte Friederike Range ihre Ergebnisse (→ Literatur, Seite 237).

Fest steht für mich, dass Hunde imitieren können. Wie selektiv sie dabei vorgehen, scheint noch nicht eindeutig geklärt zu sein.

Gemeinsam stark

Wer Löwinnen bei der Jagd beobachtet, stellt leicht fest, dass ihre Jagdstrategie nicht nach einem starren angeborenen Schema ausgeführt wird, sondern ihre Technik sich nach den Erfordernissen der Jagdbedingungen richtet. Sie sind also äußerst flexibel und haben ein Verständnis von den Handlungen der anderen Löwinnen. Das heißt, Löwen haben eine geistige Vorstellung von dem, was der andere tut oder tun wird. Sie nehmen an der inneren Welt des Rudelmitglieds teil und verstehen, dass ihr gemeinsames Handeln zum gemeinsamen Erfolg werden kann.

Zusammen sind sie stark. Das sind meines Erachtens die wichtigsten Bedingungen und Voraussetzungen, wenn man von kooperativem Verhalten spricht. Unter den Raubtieren ist kooperatives Verhalten am deutlichsten bei Löwen ausgeprägt.

Sind Hunde kooperativ? Bei anderen Jägern wie zum Beispiel Wölfen ist nicht so leicht zu erkennen, dass sie sich während der Jagd aufeinander abstimmen und das Verhalten des anderen Einfluss auf die eigene Handlungsweise hat. Ob Wölfe in unserem Sinne kooperativ jagen, ist auch heute noch unter den Wissenschaftlern eine heftig diskutierte Frage. Sind Wölfe, die Vorfahren unserer Hunde, überhaupt zu kooperativem Verhalten fähig? Eine wichtige Frage, wie ich meine, denn sie sagt viel über die Kommunikationsfähigkeit des Rudeltiers Wolf und vielleicht auch über die des Hundes aus. Silke Plagmann von der Uni Kiel wollte es wissen. Sie untersuchte das Kooperationsverhalten von Wölfen und Deutschen Schäferhunden. Dazu entwickelte sie eine Testapparatur, die in etwa zwei Metern Höhe auf einem senkrecht im Boden verankerten Träger montiert war. An den beiden Enden der Apparatur hing jeweils ein Seil herunter. Die Lösung der Aufgabe für die Wölfe bestand darin, gleichzeitig am jeweiligen Seilende zu ziehen, um an das Futter zu kommen. Einem Tier allein war es nicht möglich, das Futter freizusetzen. Das Ergebnis war ernüchternd. Von den fünf getesteten Wölfen kooperierte keiner, obwohl jeder der Kandidaten die Technik des Seilziehens bestens beherrschte (→ Literatur, Seite 237).

Mit den Schäferhunden hatte Silke Plagmann mehr Glück. Sie kooperierten miteinander und hatten ein Verständnis für den Partner. Warum die Wölfe versagten und die Hunde nicht, wirft viele Fragen auf. Eine eindeutige Antwort gibt es nicht. Ich glaube, es waren zu wenige Wölfe, und unter ihnen waren vielleicht keine Persönlichkeiten mit der Fähigkeit, sich in die Handlung seines Partners hineinzudenken. Dafür sprechen auch die Untersuchungen von Helene Möslinger von der Uni Wien (→ Literatur, Seite 236). Auch sie untersuchte die Kooperationsfähigkeit von Wölfen, zwar mit einer anderen Testapparatur, aber mit mehr Erfolg. Die Lösung der Aufgabe bestand ebenfalls darin, dass die Wölfe gleichzeitig jeweils an einem Seilende ziehen. Das Seil umwickelte eine Apparatur, bestückt mit Futter, das die Wölfe zu sich heranziehen konnten, wenn jeder von ihnen an einem Ende des Seils zog. Die Wölfe kooperierten, zogen die Testapparatur erfolgreich zu sich und genossen die Belohnung. Sie synchronisierten ihr Verhalten und lösten die Aufgabe immer schneller. Der wissenschaftliche Beweis, dass manche Hunde und manche ihrer Vorfahren, der Wölfe, kooperieren können, war erbracht.

Blindes Vertrauen Wie gut Hunde mit Menschen kooperieren, zeigen meines Erachtens am besten die Blindenhunde. Zugegeben, viele der Handlungen des Hundes sind erlernt, aber wer sich die Mühe macht, den Blinden und den Hund genau zu beobachten, wird feststellen, wie sich der Blindenhund in die Handlung des Blinden hineindenkt. Ádám Miklósi und sein Team haben dies wissenschaftlich überprüft, indem sie die Kooperation zwischen blinder Person und Hund auf der Straße filmten. Beide Partner bewegten sich schnell und sicher und gingen jedem Hindernis aus dem Weg. Gelernt ist gelernt. Aber die Auswertung der Filme war eine Überraschung. Je mehr sich Blinder und Blindenhund aneinander gewöhnten, desto eher kam es auch zu spontanen Entscheidungen. Das antrainierte Verhalten trat in den Hintergrund. Dass nur einer von beiden entschied, wo es langging, kam selten vor. Wohin gegangen wird, entschied manchmal der Blinde und manchmal der Hund. Meist fiel die Entscheidung, wenn Mensch und Hund starteten, stoppten oder sich um die eigene Achse drehten. Ich selbst wurde Zeuge der Kooperationsfähigkeit bei Hunden. Wisla und ich wanderten in den Bergen von St. Moritz und mussten einen steilen Abhang auf einem sehr schmalen Pfad überqueren. Wir hatten mit Mühe nebeneinander Platz. Ein Fehltritt hätte zu einem etwa 50 Meter tiefem Absturz geführt. Ich bekam Angst. Wisla muss mein Verhalten verstanden haben, denn sie tat etwas, was sie noch nie zuvor in ihrem Leben getan hatte.

Ich gab Wisla das Kommando, rechts neben mir, also auf der von der Tiefe abgewandten Seite, zu gehen. Doch Wisla »dachte« anders. Sie ignorierte mein Kommando und bewegte sich keinen Zentimeter vorwärts. Plötzlich wechselte sie die Position. Sie wollte an der rechten, gefährlichen Seite gehen. Vorsichtig einen Schritt vor den anderen setzend, schritten wir den schmalen Pfad entlang. Dabei beobachtete sie jeden meiner Schritte. Für sie war die Überquerung ein Kinderspiel. Mir war klar: Sie versuchte sich in meine Situation zu versetzen. Das rührte mich.

▶ Teddy entwickelte verschiedene Formen des Ballspiels – je nachdem, mit welcher Person er gerade spielte.

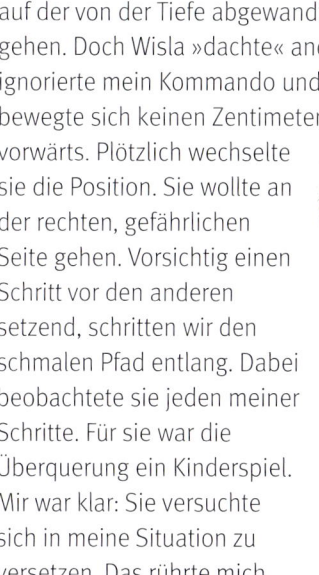

Der kürzeste Weg: Wie schnell findet ihn Ihr Hund?

Problem erkannt

Sie brauchen ein Apportierholz und einen etwa 10 m langen Zaun, der an beiden Seiten eine Öffnung hat. Stellen Sie sich mit Ihrem Hund vor den Zaun. Werfen sie das Apportierholz auf die andere Seite. Normalerweise laufen Hunde an den Zaun heran, beginnen zu bellen und zu graben. Sie erkennen nicht, dass sie um den Zaun herumlaufen müssen. Nur die intelligentesten lösen die Aufgabe auf Anhieb.

Problem gebannt

Führen Sie Ihren Hund am Zaun entlang und zeigen Sie ihm, wie er das Holz erreicht. Bei den nächsten Würfen kennt er sich aus. Jetzt gehen Sie zum Werfen, zusammen mit Ihrem Vierbeiner, näher an eine Öffnung heran. Kluge Hunde wählen nun den kürzeren Weg zur nächsten Öffnung. Konservative dagegen bleiben bei dem einmal entdeckten Weg.

Soziale Intelligenz

Viele Menschen sind der Ansicht, dass Tiere zwar kluge Gehirne haben, mit denen sie sich Dinge merken, lernen und sogar Probleme lösen können. Doch sie glauben, dass Tiere außerstande sind, die Folgen einer Handlung abzuschätzen oder sich in andere Lebewesen hineinzuversetzen. Nach ihrer Meinung tun Tiere sinnvolle Dinge, ähnlich wie Schlafwandler, ohne sich im Klaren darüber zu sein, was sie tun. Teddy, mein Schäferhund, belehrte mich eines Besseren. Er hatte einen ausgeprägten Spieltrieb. Unsere Spielregeln waren alles andere als sanft – gleich ob es

Wurf-, Stock- oder Kampfspiele waren. Sein Temperament beim Spiel ließ ihn schnell über das Ziel hinausschießen. Meine Hände und Arme trugen manche Kratzer und Prellungen davon. Das störte uns jedoch nicht. Wir vergaßen uns im Spiel. Mit Franziska, einem kleinen dreijährigen Mädchen, spielte er völlig anders. Sein Spielverhalten war wie umgewandelt. Vorsichtig rannte er mit ihr um die Wette, um den fliegenden Ball zu fangen. Hatte das Kind durch Zufall – aufgrund der Position – den Ball schneller gefangen als er, setzte er sich artig vor sie und wartete, bis sie ihm den Ball zuwarf. Das geschah meist nach kurzer Zeit. Teddy fing den Ball und warf ihn mittels einer Schnauzen- und Kopfbewegung zurück. Franziska kreischte vor Freude, wenn es ihr gelang, den Ball zu fangen. So spielten sie bis zu einer halben Stunde lang. Es war ein Bild der Zufriedenheit. Beide entwickelten ein eigens auf sie abgestimmtes Ballspiel (→ Zeichnung, Seite 171). Mit mir spielte Teddy nie so. Kein einziges Mal warf er mir den Ball zurück. Das war ein Novum in Teddys Spielrepertoire und beschränkte sich nicht nur auf Franziska.

Auf einer Zugfahrt von Freiburg nach Hamburg war sein Mitspieler ein behinderter Junge. Er saß uns mit seiner Mutter gegenüber. Der Junge spielte mit einem Tennisball, der zufällig auf den Boden fiel. Teddy nahm den Ball ins Maul und warf ihn dem Jungen zu. Die beiden vergnügten sich mehrere Stunden mit dem Spiel. Teddy war offensichtlich in der Lage, sich an die Unbeholfenheit und motorischen Fähigkeiten von Kindern anzupassen. Er verstand ihre Zeichen und Gesten. Dieses Verständnis ist die Stärke der Hunde. Selbst den nächsten Verwandten des Menschen, den Schimpansen, sind sie in diesem Punkt überlegen. Hunde sind womöglich die besten »Menschenversteher« im Tierreich. Das ist kein Zufall, sondern das Ergebnis eines jahrtausendelangen Zusammenlebens und der Zucht. Der Mensch hat sich den Hund nach seinem Abbild geschaffen. Er hat vermutlich intuitiv die Tiere zur Zucht ausgewählt, die seine Gesten und sein Verhalten leicht verstehen.

Wenn Herrchen oder Frauchen mit dem Finger auf weit entfernte Gegenstände zeigt, versteht der Hund, dass er dort hinlaufen muss. Die Vierbeiner begreifen schnell, dass ihr Mensch ihnen nicht etwa seinen schönen Zeigefinger vorführen will, sondern auf etwas anderes, weiter Entferntes hinweist. Sie begreifen also, dass der Mensch sich bei der Handbewegung etwas »denkt«. Selbst wenige Monate alte Hunde, die bisher kaum Kontakt mit dem Menschen hatten, verstehen auf Anhieb diesen Wink, der sie zum Leckerli führt. Die Wissenschaftler der Uni Budapest machten einen ähnlichen Versuch, nur deutlich schwerer. Der Hundebesitzer hält einen Stock hinter seinem Rücken und deutet mit ihm auf den Futternapf.

Erstaunlich, einige Hunde verstanden auch diese Geste. Diese Art von Tests wurde zur Spielwiese der Forscher – mit überraschenden Ergebnissen (→ Schon gewusst?, Seite 25). Die Forscher fanden beispielsweise heraus, dass Hunde nicht zu dem Container laufen, wo Frauchen oder Herrchen hingehen, sondern zu dem, auf den der Besitzer mit dem Finger deutet und in welchem das Futter versteckt ist. Die Vierbeiner lassen sich also durch die Marschrichtung nicht in die Irre führen. Für sie hat die Geste Vorrang vor der Bewegung. Unsere Zeichen und Gesten sind buchstäblich ein Lesebuch für sie. Zwingt man Hunde, zwischen zwei Personen Futter zu erbetteln, dann wählen sie die Person aus, der sie in die Augen sehen können, und nicht die, deren Augen verbunden sind. Wie gut Hunde die Zeichen und Gesten des Menschen beachten, können Sie leicht selbst überprüfen (→ Signale erkennen, Seite 216).

Doch wie weit geht das Verständnis zwischen Mensch und Hund? Verstehen Hunde auch indirekte Hinweise des Menschen? Brian Hare vom Max-Planck-Institut in Leipzig ging dieser Frage nach und führte einen sogenannten Hinweis-Test durch, den wir leicht abgewandelt haben, damit Sie ihn selbst durchführen können (→ Hinweis-Test, Seite 42).

Was sagen uns Denksportaufgaben?

Mithilfe der kognitiven Experimente, also solcher, die etwas über den Verstand aussagen, können wir in die innere Welt der Hunde eintauchen. Die Testaufgaben zeigen uns die Stärken und Schwächen unserer vierbeinigen Freunde und helfen uns bei der Ausbildung der Hunde, weil sie Grenzen des Verstehens aufzeigen. Ein Hund, der ein Kommando unsererseits nicht richtig versteht, hat Schwierigkeiten, es zu befolgen. Bestes Beispiel dafür ist die Rechts- oder Linksfüßigkeit der Hunde. Manche Hunde bevorzugen ihre linke oder rechte Pfote, wenn sie einen Gegenstand damit berühren müssen.

Diese Vorliebe ist im Gehirn programmiert – ähnlich wie bei uns Menschen. Darum ist es nicht sinnvoll, Mensch oder Tier zu zwingen, eine bestimmte Seite zu benutzen. Alle Handlungen würde viel länger dauern, und es käme der Verdacht auf, das Tier verstehe die Aufgabe nicht und sei dumm. Diese Schlussfolgerung wird leider viel zu oft und zu schnell gezogen. Hat man aber einen Hund bei einer Denkaufgabe erlebt, wie er etwa immer die linke Pfote benützt, weiß man um die Schwierigkeiten. Die Tests enthüllen auch, dass Hunde selten verstehen, was der Mensch weiß oder nicht weiß. Zum Beispiel helfen uns Hunde, einen versteckten Gegenstand zu finden, indem sie dorthin laufen – gleich ob der Mensch weiß, wo dieser ist oder nicht. Sie verstehen nicht, dass wir den Gegenstand schon früher bemerkt oder gesehen haben. Sie können nicht mit uns über unsere Erlebnisse und Erfahrungen in der Vergangenheit kommunizieren. Denkaufgaben haben für Mensch und Tier einen Vorteil: Sie machen das Tier zum selbstständig Handelnden und nicht zum Gehorchenden. Das setzt mentale und emotionale Kräfte frei, die in eine ähnliche Richtung weisen wie beim Spielen. Man spielt freiwillig, und Spielen findet immer in einem entspannten Umfeld statt (→ Seite 67). Das Gleiche gilt für das Lösen von Problemaufgaben.

Bei den kognitiven Tests ist eine wichtige Grundvoraussetzung, dass die Hunde entspannt sind und freiwillig mitmachen. Das Schachspiel verdeutlicht dies hervorragend. Man ist konzentriert, denkt nach und dennoch ist es ein Spiel. Hunde befinden sich in einer ähnlichen Situation, wenn sie knifflige Aufgaben lösen. Das ist vielleicht einer der Gründe, warum Hunde gern vor Probleme gestellt werden. Diese beugen gähnender Langeweile vor und bringen ein Stück Natur ins Haus, denn verwilderte frei lebende Hunde müssen – im Gegensatz zu unseren verwöhnten Haushunden – jeden Tag ums Überleben kämpfen und zahlreiche Probleme lösen. Aber auch der Hundehalter hat große Vorteile, wenn er seinem Hund Denkaufgaben stellt. Er muss selbst denken und trainiert dabei sein eigenes Gehirn. Er muss sich auf das Denkgebäude des Hundes einlassen, sich aber vor voreiligen Schlüssen hüten. Das ist Gehirnjogging für beide.

Wer Menschen beim Spielen oder in einer Prüfung beobachtet, erfährt viel über ihre Persönlichkeit. Manche sind ängstlich, zurückhaltend, andere lassen sich durch die Situation nicht beeindrucken oder haben sogar Freude daran. Hunde machen es uns noch leichter, denn sie verbergen ihre Gefühle und Absichten nicht. Ich habe in den vielen Versuchen, die wir mit Hunden durchführten, sehr viel über ihre unterschiedlichen Persönlichkeiten gelernt.

Robby zum Beispiel weigerte sich, bei welchem Test auch immer, mitzumachen. Die Belohnung konnte noch so verlockend sein, er blieb stur. Alles Neue betrachtete er mit Argwohn. Er war scheu und ängstlich. Auf diese Charaktereigenschaft musste man Rücksicht nehmen. Man durfte ihn zu nichts zwingen. Wer das nicht begriff, nach dem schnappte er. Teddy war das Gegenteil, schwanzwedelnd, bellend vor Freude nahm er an jedem Versuch teil. Selbst wenn er anfangs scheiterte, gab er nicht auf. Wieder und wieder versuchte er sein Glück. Ich werde nie vergessen, wie er sich abmühte bei der begrifflichen Zuordnung von Ball und Stock. Er sollte die Charakteristika von Ball und Stock begreifen. Ein Ball ist rund

TIPPS & TRICKS

Das Gehirn des Hundes will lernen und denken. Unterforderung führt vor allem beim jungen Hund dazu, dass er seine Langeweile in unerwünschte Verhaltensweisen »ummünzt«. Bieten Sie Ihrem Hund deshalb viele verschiedene Anregungen zum Lernen und Denken. Sorgen Sie unbedingt für neue Sinneseindrücke. Lassen Sie ihn häufig mit Artgenossen spielen.

und hopst, ein Stock ist lang und bleibt liegen. Nach viel Mühen hatte Teddy es geschafft. Die Versuche zeigten uns die ganze Palette der Hundepersönlichkeiten.

Wir hatten keine Schwierigkeiten, sie den einzelnen Persönlichkeitsmerkmalen wie Verträglichkeit/Unverträglichkeit oder Extraversion/Introversion zuzuordnen (→ Auf der Suche nach den »Big Five«, Seite 14). Dabei war und ist es nicht so wichtig, wie erfolgreich die Hunde das Problem lösen, sondern wie sie mit dem Problem umgehen und natürlich auch, wie sie sich ihm nähern. Ihr Handeln, Zögern oder Nichthandeln verrät viel über ihre Persönlichkeit. Mit diesem Wissen kann man die Ausbildung und Erziehung entsprechend dem Charakter des Hundes fördern. Jeder versteht auf Anhieb, dass man ein ängstliches Tier anders behandeln muss als einen Draufgänger. Es wird Zeit, dass die Persönlichkeit der Hunde bei ihrer Erziehung berücksichtigt wird, denn das trägt zum Wohlbefinden des Tieres bei. Und darum geht es schließlich: Unsere Hunde sollen sich bei uns wohlfühlen!

TIPPS & TRICKS

Denken strengt an, deshalb sollten Sie Ihren Hund nicht länger als 20 Minuten an einem Stück mit einer Denksportaufgabe beschäftigen und nicht mehr als zweimal 20 Minuten pro Tag mit ihm üben. Dazwischen braucht der Vierbeiner mindestens eine einstündige Pause.

Warum denken Tiere?

Tiere und Menschen stehen tagtäglich vor Problemen, die gelöst werden müssen: Feinden zu entgehen, an Nahrung zu kommen, den Nachwuchs durchzubringen, Sexualpartner zu finden und vieles mehr.

»Alles Leben ist Problemlösen«, so deutlich formuliert es der renommierte Philosoph Karl Popper. Tritt ein Problem auf, so müssen die Lebewesen einen Lösungsversuch unternehmen und, wenn möglich, das Problem lösen.

Überleben bedeutet also, diese Probleme zu meistern. Denken ist die schnellste und effektivste Vorgehensweise, um plötzliche, unerwartete Probleme zu lösen. Lernen wäre in solch einem Fall zu langsam. Versucht man etwa, das Problem durch Versuch und Irrtum zu lösen, kann es zu spät sein. Und dies lässt sich die Natur viel kosten.

Denken kostet Energie Denken ist nicht billig in Bezug auf den Energieverbrauch. Das etwa eineinhalb Kilogramm schwere Gehirn eines 75 Kilogramm schweren Menschen benötigt etwa 20 Prozent der Gesamtenergie. Bei Babys ist der Preis noch höher. Sie benötigen fast 60 Prozent der Gesamtenergie. Hätten Sie das vermutet?

Wie hoch der Verbrauch beim Hund ist, ist meines Wissens nicht bekannt. Er ist sicherlich niedriger, weil Hunde nicht so viel denken wie wir. Aber hoch ist er wahrscheinlich auch. Dafür spricht, dass unsere Hunde nach den Denktests völlig erschöpft sind.

▸ Tür öffnen – kein Problem für den Australian Shepherd. Mit einem Drehknopf als Klinke wäre die Sache schon problematischer.

Intelligenz und Persönlichkeit

Tieren Intelligenz zuzusprechen, ruft bei vielen Menschen Widerspruch hervor. Sie sind der Auffassung, dass nur der Mensch zu intelligentem Handeln fähig ist. Aber wie bezeichnen diese Menschen Folgendes: Im Max-Planck-Institut Leipzig gingen Wissenschaftler der Frage nach, ob Schimpansen Wasser als Werkzeug benutzen können. Joseph Call, der Versuchsleiter, legte ein begehrtes Leckerli, eine Erdnuss, in ein schmales, durchsichtiges Kunststoffgefäß von etwa 30 bis 40 cm Länge. Das Gefäß wurde am Boden befestigt, sodass es nicht bewegt werden konnte. Die Schimpansin versuchte, den Leckerbissen mit den Fingern zu angeln – ohne Erfolg. Was sie dann machte, dazu sind auch viele Menschen nicht in der Lage. Sie ging an ihr Trinkgefäß, nahm Wasser in den Mund, ging wieder zum Gefäß mit dem Leckerbissen und spuckte das

Wasser hinein. Diesen Vorgang wiederholte sie wieder und wieder. Das Leckerli stieg mit dem Wasserspiegel immer weiter nach oben, bis sie es bequem herausfischen konnte. Eine unglaubliche geistige Leistung und eine besondere Art, Wasser als Werkzeug zu benutzen. Die Schimpansin muss auf irgendeine Weise erfahren haben, dass es Gegenstände gibt, die schwimmen, und dass man diese Eigenschaft nutzen kann. Und sie muss verstanden haben, dass sich der Wasserspiegel erhöht, wenn man mehr Wasser in ein Gefäß gibt. Mithilfe dieses Wissens konnte sie kombinieren: »Um an das Leckerli zu kommen, muss ich Wasser in das Gefäß tun.« Und sie muss sich auch überlegt haben: »Wie bringe ich das Wasser zum Gefäß?« Die Idee, das Wasser in den Mund zu nehmen, ist genial. Wenn das keine intelligenten Handlungen sind, was dann?

Mir war es vergönnt, den Einsteins unter den Tieren bei ihrem Handeln zuzusehen. Ob es Alex, der Überflieger unter den Papageien, war oder Kanzi, der Zwergschimpanse, der sich mittels Computer mit mir unterhielt, oder Rico, der Tausendsassa unter den Hunden. Sie haben mein Denken verändert und erweitert.

Warum sollte die Natur nicht auch die Intelligenz mittels »Simulation im Kopf« mehrmals und auf unterschiedlichen Entwicklungsstufen des Lebens entwickelt haben? Warum sollte nur der Mensch die Intelligenz entwickelt haben? Das macht für mich wenig Sinn und widerspricht meinem biologischen Verständnis der Welt. Besonders für Situationen, in denen die starren Prinzipien der Lebensbewältigung – wie angeborene oder angelernte Handlungsabläufe – nicht mehr ausreichen.

Fluide und kristalline Intelligenz Wie man Intelligenz definiert, darüber wird heftig gestritten und diskutiert. In der Wissenschaft scheint sich eine Definition herauszuschälen. Man unterscheidet zwischen fluider (flüssiger) und kristalliner Intelligenz. Die fluide Intelligenz zielt darauf ab, wie schnell die Informationsverarbeitung im Gehirn vonstatten geht. Darum spielt bei jedem Intelligenztest die Zeit, in der die Aufgaben gelöst werden, eine große Rolle. Aber das allein reicht natürlich nicht aus. Man muss auch das Problem begreifen und damit fertig werden. Zur Bewältigung eines Problems gehört immer auch ein Satz Erfahrung und Wissen. Ein bestimmtes Expertenwissen ist vonnöten, um einen Intelligenztest zu bestehen. Dies bezeichnet man als kristalline Intelligenz. Fluide und kristalline Intelligenz arbeiten Hand in Hand. Nach dem bekannten Neurobiologen Gerhard Roth ist ein intelligenter Mensch derjenige, der schnell sieht, was Sache ist, und dem ebenso schnell einfällt, was zu tun ist. Wenn man diese Definition zugrunde legt, habe ich keine Schwierigkeiten, sie auf Tiere und auch auf Hunde zu übertragen. Bei all unseren

SCHON GEWUSST ?

Einen Sinn für Gerechtigkeit besitzen auch Hunde. Das wiesen Friederike Range und ihr Team von der Uni Wien nach. Zwei Hunde, die sich kannten, sollten einen einfachen Trick zeigen. Für das Geben der Pfote wurden zunächst beide Hunde mit Futter belohnt, später jedoch nur noch einer der beiden. Der andere Hund sollte weiterhin brav die Pfote geben, ging dabei aber leer aus. Der benachteiligte Hund beschloss zu streiken. Die Pfote blieb unten, er machte einfach nicht mehr mit.

kognitiven Tests scheiterte ein Großteil der Hunde und Katzen aus den unterschiedlichsten Gründen an dem Problem. Aber immer gab es Überflieger wie den Kater Harry, der zählen konnte, und die Hündin Cora, die jeden unterschiedlichen Test bravourös löste. Sie gingen das Problem schnell an und zeigten genau das, was man beim Menschen fluide Intelligenz nennt. Die Streubreite der Tiere, die einen solchen Test bestanden oder nicht, war groß. Bei einigen Tieren hatten wir den Eindruck, dass sie das Problem nicht verstanden. Sie wollten es lösen, konnten aber nicht. Ich glaube auch, der Papagei Alex, der Bonobo Kanzi, der Hund Rico sind Ausnahmen. Natürlich gibt es noch mehrere Tiere, die zu solchen Leistungen fähig sind, aber in der Mehrzahl sind sie nicht. Dies deutet für mich auf eine unterschiedliche geistige Fähigkeit, sprich Intelligenz der einzelnen Individuen hin. Unterstützt wird diese These durch neueste Forschungsergebnisse beim Menschen.

Einfluss der Gene Forscher fanden heraus, dass bei der Ausbildung unserer Intelligenz mehrere Gene beteiligt sind, und eines der Gene konnte man sogar isolieren. Daraus zog der Psychologe Ian Deary von der University of Edinburgh den Schluss, dass die kognitive Leistung zu einem hohen Prozentsatz vom genetischen Erbe abhängt (→ Literatur, Seite 237). Diese Auffassung vertreten viele renommierte Forscher, unter anderem auch Steven Pinker von der Harvard Universität. Nach seiner Vorstellung ist eine große Anzahl von Genen mit jeweils kleinem Effekt für die Intelligenz verantwortlich. Wie sonst könnte man sich die besonderen Begabungen von ganz jungen Menschen erklären. In meiner Heimatzeitung, der »Badischen Zeitung«, wird von einem zehnjährigen Jungen mit besonderen mathematischen Fähigkeiten berichtet. Er hatte aus Spaß die Schweizer Abiturprüfung mitgemacht und mit Bestnote bestanden. Dem kleinen Mathegenie liegt die Begabung in den Genen, denn sein Vater ist Mathematikprofessor.

Einfluss der Umwelt Das heißt natürlich nicht, dass die Umwelt keinen Einfluss auf die Intelligenz hat. Er ist nur viel geringer, als sich manche Bildungsideologen vorgestellt haben. Welche Gene ein- und ausgeschaltet werden, bleibt noch im Dunkeln. Was hat dieser Ausflug zu Homo sapiens mit den Hunden zu tun? In der Spezies Mensch gipfelt zwar die Entwicklung der Intelligenz, aber auch andere Lebewesen konnten im Laufe der Zeit die Fähigkeit zum Lernen komplexer Zusammenhänge, zur Analyse von Situationen und zur Flexibilität entwickeln. Die Gene sind nicht vom Himmel gefallen, sondern finden sich auch bei unseren Vorfahren und vermutlich auch bei anderen Tieren. Wie Gene in einem Organismus schlummern können, ohne aktiv eingeschaltet zu sein, zeigen auf eindrucksvolle Weise die zahmen Füchse aus Sibirien. Der russische Forscher Dimitri Beljajew züchtete Silberfüchse auf Zahmheit. Immer wieder wählte er, nach einem ausgeklügelten Zuchtplan, von einem Wurf Füchse die zahmsten Individuen aus. Als die Welpen einen Monat alt waren, bekamen sie zum ersten Mal Futter von der Hand des Menschen angeboten. Gleichzeitig versuchte er, das Tier mit der anderen Hand zu berühren. Jeden Monat wurde diese Prozedur wiederholt. Nach der Geschlechtsreife der Tiere trennte man die Spreu vom Weizen. Füchse, die bei den Tests fliehen oder beißen, wurden nicht mehr zur Zucht verwendet. Füchse hingegen, die auf den Menschen freudig und schwanzwedelnd zugehen, waren die zukünftigen Mütter und Väter der nächsten Generation. Nach zehn Generationen waren fast 18 Prozent der Tiere zahm, nach 35 Generationen waren es fast 80 Prozent. Was war im Organismus der Füchse passiert? Die Konzentration bestimmter Stresshormone im Blut steigt bei wilden Füchsen im Alter von zwei bis vier Monaten stark an, was sie Menschen gegenüber scheu werden lässt. Bei gezähmten Tieren sind Stresshormone auf einem niedrigeren Level. Aber nicht nur ihr Verhalten änderte sich, sondern auch ihr Aussehen. Immer wieder kamen zufällig Füchse mit Schlappohren zur Welt. Aber dies ist noch nicht die vollständige Geschichte.

Im Jahr 2005 wiederholte der amerikanische Wissenschaftler Brian Hare das Experiment von Beljajew, aber mit anderer Fragestellung: Können zahme Füchse menschliche Gesten interpretieren? Das Ergebnis war eine Sensation. Die zahmen Fuchswelpen bestanden die unterschiedlichen Tests genauso gut wie Hundewelpen. Wölfe und Schimpansen, mit denen Hare die gleichen Tests durchführte, schnitten deutlich schlechter ab. Das zeigt, dass die gezielte Zucht zahmer Füchse ausreicht, um ihr Verständnis für die menschliche Körpersprache zu verändern. Gesten zu verstehen und zu interpretieren, ist alles andere als einfach. Es setzt ein gewisses Maß an sozialer und emotionaler Intelligenz voraus.

Der Intelligenztest

Nun drängt sich die Frage auf: Wie misst man die Intelligenz? Wir alle haben schon davon gehört. Es handelt sich dabei um sogenannte Intelligenztests. In einem Fragebogen werden die unterschiedlichsten Fähigkeiten wie Sprachgebrauch, räumliches Vorstellungsvermögen, logisches und mathematisches Denken, Bilder ordnen und ergänzen, Gemeinsamkeiten finden, Figurenlegen usw. abgefragt. Manche Fragen fordern unser Gedächtnis, andere unseren Wortschatz heraus, und nicht

▶ Mensch und Hund – ein starkes Team. Für den Vierbeiner ist sein Mensch oft die stärkste Bezugsperson.

zuletzt werden auch reine Wissensfragen gestellt. Die Mehrzahl der Menschen hat einen IQ von 100. Das ist per Definition festgelegt. Wie auch immer man zu solchen Tests steht, sie haben auch ihre positive Seite. Manch jungem Menschen wurde dadurch seine schulische Karriere ermöglicht, weil in der Hektik des Schulalltags manche hervorragenden Fähigkeiten übersehen wurden. Für jeden Kulturkreis muss man andere Tests entwickeln. Gute IQ-Tests zu entwickeln, ist ein hartes Geschäft, und das gilt in besonderem Maße für unsere Hunde. Denn unterschiedliche Rassen haben unterschiedliche Begabungen und Vorlieben. Und dennoch gibt es Gemeinsamkeiten, wenn man die richtige Belohnung einsetzt. An unserer Problembox haben sich alle Rassen versucht (→ Seite 98). Den passenden Test zu entwickeln, an dem die Kandidaten gleich gerne mitmachen, ist schwierig und bedarf noch vieler Arbeit. Das

Umdenken, dass Hunde Intelligenz besitzen, geht sehr langsam vonstatten. Bei Hundetrainern und Hundesportlern wird erstaunlich selten und vage über die Intelligenz von Hunden gesprochen. Das überrascht, setzen doch alle gängigen Ausbildungs- und Erziehungsmethoden auf die Kooperation des Partners Hund. Ich bin der Meinung, dass manche Ausbildungsmethoden trotz aller modischen Attribute die Intelligenz der Tiere unterdrücken und eher Monotonie, Automatismus und Drill fördern. In einigen IQ-Tests für Hunde wird überprüft, ob einfache Kommandos erkannt werden oder – wie in unseren Tests – ob Hunde physikalische Grundregeln erkennen und wie lange sie brauchen, um ein Problem zu lösen. Statt eine vorgelesene Zahlenreihe zu wiederholen, was Bestandteil eines menschlichen Tests ist, müssen Hunde sich etwa merken, wo ein Leckerli versteckt ist. IQ-Tests für Hunde haben unter anderem den Vorteil, dass man verborgene Fähigkeiten des Hundes entdeckt und sie in aller Regel den Hunden Spaß machen, weil sie für Abwechslung im Hundealltag sorgen. Allerdings sollten solche Tests keine negativen Auswirkungen für den Hund haben, wenn er sie nicht erfüllen kann. Letztlich zählt in der Partnerschaft von Mensch und Hund die intensive Beziehung zueinander. Wichtig ist, dass die Ansprüche beider Seiten berücksichtigt werden und der Hund ein erfülltes Hundeleben hat.

Ist Intelligenz ein Persönlichkeitsmerkmal?

Im Kanon der Persönlichkeitsmerkmale ist Intelligenz nicht vertreten. Das ist erstaunlich und schwer zu verstehen, denn die Persönlichkeitspsychologie beschäftigt sich intensiv mit der Intelligenz. Wie wir gesehen haben, ist die Intelligenz zu einem Großteil angeboren. Kein anderes Persönlichkeitsmerkmal – ob beispielsweise Verträglichkeit oder emotionale Stabilität – ist in den Genen so fest verankert wie die Intelligenz. Für mich ist die Intelligenz unserer Hunde auch ein Persönlichkeitsmerkmal, genauso wie Verträglichkeit oder Mut. Ein kühner Gedanke, der mehrere Gründe hat. Ein Grund ist das Verhalten der Hunde beim Lösen eines Problems. Hier erfährt man anschaulich, wie Persönlichkeit und Intelligenz zusammenhängen. Und ich habe erfahren, wie gern Hunde eines bestimmten Persönlichkeitstyps Kniffelaufgaben lösen. Man wird ihrer Persönlichkeit nicht gerecht, wenn man ihnen nicht die Möglichkeit gibt, ihren Verstand einzusetzen. Intelligente Hunde sind oft anstrengend. Sie brauchen regelmäßig Jobs und ständig Ansprache, sonst nerven sie und werden für viele zur Belastung – ähnlich begabten Kindern, die unterfordert und dann frustriert sind.

▸ Studien zufolge verhalten sich Kinder, die mit Hunden aufgewachsen sind, später sozialer als Kinder, die keinen vierbeinigen Freund hatten.

Der kleine Balu
entdeckt die Welt

Balu ist unser neues Familienmitglied – die Gelegenheit für mich, seine Persönlichkeitsentwicklung fast von seiner Geburt an zu verfolgen und mein ganzes berufliches »Know how« als Verhaltensbiologe einzusetzen. Eine überaus spannende Zeit für uns alle.

Weich und warm im Mutterleib

Hoch oben in den Schweizer Bergen, abseits der Touristenzentren, wurde Balu am Nikolaustag 2011 geboren. Sein Geburtsort bedient alle Klischees, die man von den Alpen hat: ein Panoramablick auf die Viertausender der Umgebung mit klarer frischer Luft. Ein Ferientraum! Vielleicht wird Balu auch ein »Traumhund«. Aber so weit ist es noch nicht. Mit 680 Gramm kam er klein, blind und hilflos zur Welt. Ein Jahr später hat er sein Gewicht nahezu verhundertfacht. Mit zwölf Monaten wog er 65 Kilogramm, ohne ein Gramm Fett zu viel. Er ist ein reines Muskelpaket und kann mit jedem Schäferhund mithalten, wenn sie um die Wette rennen. Wie unvorstellbar rasant seine Entwicklung erfolgt, zeigt ein Blick auf den Menschen. Bei uns verdrei- oder vervierfacht sich im Schnitt das Geburtsgewicht bis zum ersten Lebensjahr.
Man kommt jedoch aus dem Staunen nicht heraus, wenn man versucht, sich klarzumachen, mit welcher Geschwindigkeit sich die Zellen entwickeln und mit welcher Rasanz die Stoffwechselprozesse ablaufen.
In Bezug auf den Hund ist dies vielleicht der Grund, warum große Hunde im Vergleich zu kleinen Hunden meist früher sterben. Balu hat noch sechs Geschwister, fünf Schwestern und einen Bruder. Sie teilten sich 64 Tage den Schonraum der Gebärmutter von Mama Emma.

Hier war es mollig warm bei gleichbleibender Temperatur. Und Nahrung gab es im Überfluss. Wenn Mama Emma sich zu schnell bewegte, wurden die Hundebabys in ihrem »Privatteich« kräftig umhergeschüttelt. Nehmen die noch ungeborenen Welpen dieses Schaukeln wahr? Sind sie womöglich ebenfalls in der Lage, wie Menschenbabys schon im Mutterleib zu lernem?

Schon das Ungeborene lernt Die sensationelle Entdeckung, dass bereits ungeborene Babys lernen, fanden Wissenschaftler in den 1980er-Jahren heraus. Ich hatte das Glück, zwei führenden französischen Forschern in Paris bei ihrer Arbeit über die Schulter zu schauen. Wir drehten gerade den Film »Die Kunst, auf die Welt zu kommen«. Madame Busnel sprach über Professor DeCaspers sensationelle Entdeckung. Er fand heraus, dass Kinder schon im Mutterleib die Stimme der Mutter lernen, sie nach der Geburt wiedererkennen und im Vergleich zu anderen Stimmen bevorzugen. Nun wollten Madame Busnel und Monsieur Lecanuet herausfinden, ob sich Babys an ein bestimmtes klassisches Musikstück erinnern, das man der schwangeren Mutter vorgespielt hatte. Getestet wurde Charlie, einen Tag alt. Das Baby bekam einen speziellen Schnuller. Der Druckwandler im Inneren des Schnullers war mit zwei Tonbandgeräten verbunden. Je nachdem in welchem Rhythmus Charlie nuckelte, konnte er sich die klassische Musik oder einen Boogie vorspielen. Charlie jedenfalls entschied sich für die Klassik – die wohlvertrauten Töne in Mutters Bauch. Fazit aus einer langen Versuchsreihe: Babys bevorzugen die Musik, die sie schon im Bauch der Mutter gehört haben. Aber auch Vögel lernen bereits in solch einem frühen Stadium des Lebens. Das bewies Professor Beat Tschanz von der Universität Bern. Er erforschte das Verhalten der Trottellummen, einer Vogelart, die in dichten Kolonien an den steilen Hängen norwegischer Fjorde brütet. Damit jedes Küken weiß, wohin es gehört, lernt es die Stimmen der Eltern bereits im Ei zu unterscheiden. Professor Tschanz nahm aus den verschiedenen Nestern Lummeneier und ließ sie künstlich im Brutschrank bebrüten. Nach einem exakten Zeitplan holte man die Eier aus dem Brutschrank und spielte ihnen die Rufe der Eltern vor. Die Frage war: Erkennt ein geschlüpftes Küken den Ruf seiner Eltern wieder? Daniel, das Versuchsküken, saß zusammen mit anderen Küken in einer Pappschachtel. Auf einer Seite der Schachtel wurde die Pappe entfernt und gegen ein Tuch ausgetauscht, damit das Küken die Schachtel verlassen konnte. Gegenüber der Schachtel war das Tonband mit Lautsprecher aufgebaut. Und nun ertönte der Ruf von Daniels Eltern aus dem Lautsprecher: Tatsächlich kam nur Daniel hervorgewatschelt. Er schob das Tuch zur Sei-

▶ Raffinierter Balu. Solch einem herzzerreißenden Blick kann kaum ein Mensch widerstehen. Streicheleinheiten sind höchst willkommen.

te und ging schnurstracks auf den Lautsprecher zu. Die anderen Küken blieben im kuscheligen Karton. Was immer man den Küken im Ei vorspielt, für sie gehören die Töne immer zu den Eltern. Einem anderen Ei hatte man die Rufzeichen der Schweizer Post vorgespielt, und auch dieses Küken erkannte »seine Eltern«. Diese und andere Beispiele zeigen, dass sowohl Säugetiere als auch Vögel nicht als ein unbeschriebenes Blatt auf die Welt kommen. In Wirklichkeit wird schon im Mutterleib oder im Ei an der Persönlichkeit gefeilt, und die ersten Weichen werden gestellt. Wer schon im Mutterleib gelernt hat, wer seine Mutter ist, hat es später leichter, sich in einer neuen Umwelt zurechtzufinden. Und Balu? Hat er mit seiner Mutter Emma wie Mensch und Trottellumme Zwiesprache gehalten, als er sich noch in ihrem Schonraum befand? Dafür spricht wenig, denn die Augen und Ohren eines neugeborenen Hundes sind noch 10 bis 14 Tage nach seiner Geburt geschlossen. Aber sicher kann man nicht sein, denn das Verhalten des Hundeembryonen vor der Geburt ist bisher wenig erforscht. Hunde sind allerdings die

Geruchsexperten schlechthin. Vielleicht kommunizieren sie mit ihrer Mama über den Geruch. Diesen Verdacht hatten Deborah L. Wells und Peter G. Hepper von der Queen's University in Belfast. Die Wissenschaftler wussten, dass die Mutter bestimmte Stoffe wie Anis und Vanille ins Fruchtwasser abgibt, wenn diese in hoher Konzentration unter das Futter gemischt werden. Würde der Verdacht der beiden Forscher zutreffen, würden die Hundebabys das Anis und die Vanille riechen und sich nach der Geburt daran erinnern (→ Literatur, Seite 237).

Die Forscher fütterten die schwangeren Hundemütter zunächst mit Anis im Futter. 23 Stunden nach der Geburt wurden die Welpen auf ein erwärmtes Minihöckerchen gesetzt. Links von ihnen hing ein Baumwolltüchlein mit Anis getränkt und rechts ein Tüchlein mit destilliertem Wasser. Und siehe da, die Babys richteten, statistisch abgesichert, viel häufiger ihr Köpfchen zu dem Anistüchlein. Bei der Wahl zwischen Vanilletüchlein und destilliertem Wasser wählten sie in etwa gleich oft destilliertes Wasser bzw. Vanille, denn Vanille hatten die Hundemütter nicht ins Futter bekommen.

An den Ergebnissen der Forscher gibt es keine Zweifel, denn sie führten zahlreiche Kontrollexperimente mit immer gleichem Ergebnis durch: Hundebabys lernen im Mutterleib. Sie identifizieren mit ihrer Nase bestimmte Stoffe und können sich später nach der Geburt an sie erinnern. Das bestätigt auch, dass Hunde bei der Geburt kein weißes Blatt sind. Und dass es gerade der Geruch ist, ist sicher kein Zufall. Schließlich ist es das überragende Sinnesorgan der Hunde. Die Welt der Gerüche, so wie sie Hunde wahrnehmen, bleibt uns verschlossen. Sie ist um ein Vielfaches komplexer als unsere und übersteigt unsere Fantasie. Auf diese Komplexität werden die Hundebabys im Mutterleib vorbereitet (→ Seite 124).

Die Qual der Wahl

Balu hatte einen guten Start ins Leben. Seine Geburt verlief reibungslos, und zur Freude aller Beteiligten hatte Mutter Emma genug Milch für ihre kleine Bande. Keiner kam zu kurz an Mutters Milchbar. Nach kurzen Rangeleien um die Zitze fand jeder seinen Platz. Die Kleinen gediehen prächtig. Acht Wochen nach der Geburt war es dann für uns so weit. Erwartungsvoll fuhren wir in die Schweiz, denn hier wartete ja ein Knäuel Bernhardiner auf uns. Wir hatten die Wahl zwischen zwei Rüden. Die Wahl fiel schwer, denn beide waren einfach süß. Nach welchen Kriterien

TEST: HAT IHR HUND EINEN FREUND?

Gibt es Freundschaft unter Tieren? In der Wissenschaft ist dieser Forschungsgegenstand noch ein nahezu weißes Blatt. Ich lebe seit über 25 Jahren mit einem kleinen Schwarm Wellensittichen zusammen und habe innige Freundschaften beobachtet. Und unter Hunden? Ich meine, ja. Die Freundschaften werden oft bei gemeinsamen Spaziergängen von jungen Hunden geschlossen.

	A	B	C
1. Wie begrüßen sich die beiden befreundeten Hunde nach einwöchiger Trennung? Sie wedeln mit dem Schwanz, stoßen Freudenlaute aus und beschnuppern sich sofort (A). Sie bleiben kurz stehen, checken die Lage, gehen aufeinander zu und beriechen sich (B).	●	●	●
2. Wie begrüßen sie sich nach einer längeren Trennungsphase (z. B. 6 Monate)? Sie wedeln mit dem Schwanz, stoßen Freudenlaute aus und beschnuppern sich sofort (A). Sie bleiben kurz stehen und begrüßen sich wie Spielkameraden (B).	●	●	●
3. Fressen die beiden Hunde aus einem Futternapf? Ja (A). Nein (B).	●	●	●
4. Lecken sich die beiden Hunde im Vergleich zu anderen Hunden häufig gegenseitig Fell und Maulpartien? Ja (A). Nein (B).	●	●	●
5. Die Hundemeute (4 und mehr Tiere) ruht sich nach langem Toben und Spielen auf der Spielwiese aus. Die beiden befreundeten Hunde liegen eng zusammen (A). Jeder liegt alleine für sich (B).	●	●	●
6. Will einer der Hunde den anderen beim Spiel oder in einer anderen Situation dominieren? Nein (A). Ja (B).	●	●	●
7. Ein aggressiver großer Hund versucht einen von ihnen zu attackieren. Wie reagiert der andere? Er droht dem Angreifer und macht ihm klar, dass er in den Kampf eingreift (A). Er zieht den Schwanz ein und flieht oder zieht sich langsam zurück (B).	●	●	●

Auflösung:
Wenn Sie alle Fragen mit A beantworten können, dann liegt es nahe, dass Ihr Hund tatsächlich einen besten Freund hat. Wenn Sie öfter mit A geantwortet haben, ist Ihr Vierbeiner auf einem guten Weg, eine Freundschaft mit einem Artgenossen zu schließen. Überwiegt die Antwort B, macht sich Ihr Hund nicht allzu viel aus engen Freundschaften.

189

sollten wir uns entscheiden? Die Biologie hilft da nicht weiter, außer die Tiere sind offensichtlich krank oder haben eine Behinderung. Oft in Hundebücher angepriesene Welpentests, die über die spätere Persönlichkeit des Hundes eine Aussage machen, erinnern mich an die Vorhersagen einer Wahrsagerin. Mit der Realität hat dies wenig zu tun. Ein Blick in die wissenschaftliche Literatur verrät, dass die Ergebnisse der einzelnen Untersuchungen in dieser Frage sehr widersprüchlich sind. Und dies hat gute Gründe.

Wie ich Ihnen bereits im zweiten Kapitel dieses Buches erläutert habe, formt die Umwelt und die Plastizität des Gehirns die Persönlichkeit sehr stark (→ ab Seite 32). Diese Prozesse verlaufen vermehrt in einem frühen Stadium ab und dauern weit in das Jugendalter hinein. Natürlich gibt es Verhaltensweisen, die bei einzelnen Individuen aufgrund der Genetik früh festgelegt werden und nicht veränderbar sind. Balu zum Beispiel beginnt wie ein Wolf zu heulen, wenn das Martinshorn eines Krankenwagens ertönt. Sein Kopf und seine geöffnete Schnauze sind gen Himmel gerichtet, und der Heulton ertönt. Aber die Regel ist das nicht. Also wie findet man nun aus einem Wurf den richtigen Welpen für sich?

Vertrauen Sie Ihrem Bauchgefühl Balu haben wir gewählt, weil er auf dem Kopf eine Zeichnung trug, die wie ein weißes Krönchen aussah. Die Entscheidung war also alles andere als rational. Rational war allerdings unsere Vorarbeit. Bevor wir uns zum Kauf entschlossen, besuchten wir die Züchterin zweimal, um uns Klarheit über die Haltungsbedingungen ihrer Hunde zu verschaffen. Die Unterbringung der Hunde und der Mensch-Hund-Kontakt waren hervorragend. Die gesamte Familie ging liebevoll mit den Bernhardinern um. Wir erlebten, wie alle Familienmitglieder mit den Hunden sprachen, wie sie Kommandos gaben, wie sie die Vierbeiner belohnten und wie sie mit ihnen umgingen, wenn die Hunde etwas taten, was sie nicht sollten.

Die Hundemutter Emma war in einem guten körperlichen Zustand, weder zu dick noch zu dünn. Und ihre Persönlichkeit, ihr Charakter? Auf mich machte Emma einen selbstbewussten, neugierigen und friedfertigen Eindruck. Anzeichen von Angst konnte ich nicht erkennen. Auch der Umgang mit fremden Hunden verlief problemlos. Als sie meiner Berhardinerhündin Wisla begegnete, beschnupperten sie sich nach Hundemanier und gingen ihrer Wege. Kein Hauch von Aggression. Einer fehlt noch, der Vater von Balu. Er wohnt etwa 100 Kilometer entfernt von der Züchterin und ist ein Riese. Einen so großen Bernhardiner hatte ich zuvor noch nie gesehen. Er bringt stolze 75 Kilo auf die Waage und hat ein Schultermaß von 85 Zentimeter. So groß er ist, so gutmütig und wachsam ist er. Wichtig bei der Auswahl eines Welpen: Nehmen Sie sich genügend Zeit. Es ist überaus wichtig, so viel wie möglich über die Hundemama und die Halter zu erfahren. Unser erster Besuch dauerte fast drei Stunden, und unser zweiter war nicht viel kürzer.

Start in die Zukunft

Balu war fast vierzehn Wochen alt, als wir ihn in den verschneiten Bergen abholten. In der Schweiz dürfen Hunde erst ab der zwölften Lebenswoche abgegeben werden. Und das ist im Interesse der Hunde, denn in der Zeitspanne von acht bis zwölf Wochen entwickelt sich der kleine Organismus rasant. Der Schutz durch die Mutter und der Umgang mit den Geschwistern ist die beste Gewähr dafür, dass sich das Gehirn und die Nervenzellen gut entwickeln. Geborgenheit heißt die Zauberformel. Balu hatte schon kräftig zugelegt. Er wog 14 Kilogramm. Und nun begann für ihn das Abenteuer in eine ungewisse Zukunft. Was mag sich bei der Autofahrt nach Freiburg in seinem Kopf abgespielt haben? Welche Eindrücke musste er wie verarbeiten? Wir werden es nie genau wissen, aber manches Szenarium kann man sich vorstellen. Bevor wir die Fahrt antraten, spielten meine Frau und ich mit Balu im Schnee. Wir warfen ihm Schneebälle zu und freuten uns, wenn er im tiefen Schnee versank. Nachdem er ausführlich getobt hatte und müde wurde, setzte ich mich mit Balu auf dem Schoß ins Auto. Sofort war der Kleine hellwach, schaute interessiert und schnüffelte umher. Alles war neu für ihn, bis auf seine

▸ Die Nähe der Mutter gibt dem Welpen das Gefühl von Geborgenheit. Dieses Gefühl sollte er auch bei Ihnen haben.

Schlafdecke und vielleicht der Bernhardiner-Geruch von Wisla. Balu blieb ruhig auf meinem Schoß sitzen und beobachtete, wie Bäume, Häuser und andere Autos an ihm vorbeiflitzten. Ein Gewitter an neuen Reizen. Meine Aufgabe war es, dem Welpen Geborgenheit und Sicherheit zu vermitteln. Ich sprach mit ihm, liebkoste und streichelte ihn. Er jammerte nicht, sondern machte einen zufriedenen Eindruck. Aber die Reizflut war vielleicht doch zu groß: Motorengeräusch, Anfahren und Stoppen. Alle seine Sinne wurden herausgefordert: Augen, Ohren, Nase und Gleichge-wicht. Die Folge davon: Balu erbrach sich zweimal. Das war nicht weiter schlimm, wichtiger war, dass er mich spürte und fühlte. Nach eineinhalb Stunden und mehreren kurzen Pausen kamen wir zu Hause an. Bevor wir das Haus betraten, spielten wir wieder mit ihm. Sinn dieses Spielens war es, Kontakt zu ihm aufzubauen und vertrauter mit ihm zu werden, damit er sich in der neuen Heimat – ohne Mutter, Geschwister und seine gewohnten Menschen – nicht so verlassen fühlte. Verlassenheitsgefühl ist ein Nährboden für Angst. Alles andere als ein guter Begleiter für einen jungen Organismus!

Balu zieht ein

Bevor Balu aber sein neues Zuhause erkunden darf, muss noch eine Hürde genommen werden. Wie überzeuge ich Wisla, unsere neunjährige Bernhardinerin, von unserem neuen Familienmitglied? Das ist kein leichtes Unterfangen, denn Wisla ist ein eifersüchtiges Wesen und sehr anhänglich. Ich höre schon in meinem geistigen Ohr die Auffassung vieler Hundehalter und Trainer: In solch einer Situation hat sich der Hundehalter zu behaupten und muss klar seine Dominanz und Alpha-position demonstrieren (→ Wissen kompakt, Seite 27). Diese Einstellung ist meines Erachtens, wie so oft, zu einfach gestrickt. Sie berücksichtigt einseitig die Interessen des Halters und nicht die Gefühle von Wisla.

Auf Gefühle eingehen Ziel meines Zusammenlebens mit Hunden ist, dass wir Freude empfinden und uns wohlfühlen. In diese Philosophie passt ein autoritäres, unreflektiertes Gehabe nicht. Ich muss die Gefühle von Wisla ernst nehmen und versuchen, ihre Eifersucht in diesem speziellen Fall zu minimieren. Wenn mir das nicht gelingt, herrscht in ihrem Kopf das Gefühl der Zurücksetzung und Eifersucht vor, was später zur Feindschaft der beiden Hunde führen kann. Was also tun? Zugege-ben, es ist ein Spagat der Gefühle. Hier Wislas Eifersucht, dort Balus Angst vor diesem großen, fremden Artgenossen. Wisla und ich sind in ihrem Lieblingsraum. Sie liegt friedlich auf ihrem Teppich, dabei streichle

Spielerisch lernen: Von Hund zu Hund

Von klein auf

Im Spiel mit den Geschwistern übt der Welpe alles, was für sein späteres Leben wichtig ist: Geschicklichkeit, Ausdauer, Kraft, Bewegungsabläufe und den Umgang mit seinesgleichen. Bereits drei Wochen nach seiner Geburt entdeckt ein Welpe seine Geschwister als Trainingspartner. Bruder oder Schwester werden mit der Pfote angestupst und zum Mitmachen aufgefordert. Schon bald entwickeln sich die ersten Balgereien.

Zähnchen-Test

In der dritten Lebenswoche, wenn das Milchgebiss durchbricht, wird alles ins Mäulchen genommen und angeknabbert, was der kleine Racker erreichen kann. Und das sind in erster Linie seine Geschwister. In einer Art »Maulspiel« versucht man sich gegenseitig zu erkunden, oder man übt sich in der Kunst zu beißen, ohne gebissen zu werden. Besonders beliebt als »Beißobjekte« sind dabei vor allem die Ohren und die Beine des Geschwisterchens.

ich sie und spreche mit ihr. Wir sind ganz entspannt, aber zu Balus Sicherheit trägt sie das Halsband, damit ich sie zurückhalten kann, falls sie aggressiv auf ihn reagiert. Meine Frau betritt mit Balu auf den Armen das Haus. Wisla reagiert nicht. Sie genießt das Streicheln. Erst als meine Frau mit Balu in die Zimmertür tritt, dreht sie den Kopf und schaut meine Frau an. Balu war in diesem Augenblick völlig ruhig und blickte wie gebannt auf Wisla. Wie wird sie reagieren? Sie wäre nicht Wisla, wenn sie nicht ein Verhalten zeigen würde, mit dem wir nicht gerechnet haben. Wisla steht auf, dreht sich und wendet den Kopf von meiner Frau und Balu ab. Auf Zurufe meiner Frau reagiert sie überhaupt nicht. Das ist völlig untypisch. Normalerweise begrüßt sie meine Frau freudig. Was geht in Wislas Kopf vor? Ich vermute, die Eifersucht siegt über die Neugierde, den Neuling zu beschnuppern. Und ihre Art, Eifersucht auszudrücken, ist, den Neuling in ihrer inneren Welt zu verdrängen. Aber warum greift sie ihn nicht an? Viele Gründe bieten sich an: Vielleicht erkennt Wisla, dass Balu ein Welpe ihrer Rasse ist. Solche Hundekinder werden zwar zurückgewiesen, aber nicht attackiert. Oder Wisla weiß, dass ich eine Attacke nicht dulden würde. Möglicherweise flammt aber auch ein wenig Mutterinstinkt in ihr auf. Das Verhalten von Wisla änderte sich in den folgenden zwei Stunden nicht. Sie ignorierte den Neuankömmling, selbst als wir ihr Balu vor die Nase setzten. Immer die gleiche Reaktion: Abwenden des Kopfes. Dieses Verhalten beunruhigte mich, denn ich bin der Meinung, weder bei Hunden noch bei Menschen sollte man Gefühle »anbrennen« lassen, weil sie sich sonst eventuell auf unkontrollierte Weise äußern. In unserem speziellen Fall könnte es passieren, dass Wisla den kleinen Hund beißt. Drei Tage lang ließ ich die beiden nicht aus den Augen. Am Abend des dritten Tages beschnupperte Wisla Balu ausführlich. Ein wichtiger Schritt in die richtige Richtung.

Keiner darf sich zurückgesetzt fühlen Das Zusammenführen zweier Hunde, die sich nicht kennen und nun in einem Haus zusammenleben sollen, erfordert viel Fingerspitzengefühl. Man darf nichts erzwingen. Geduld ist das Gebot der Stunde. Und ganz wichtig: Wisla darf nicht zurückgesetzt werden. Ich streichelte und sprach sogar häufiger mit ihr als vor Balus Einzug. Wislas gewohnter Tagesrhythmus wurde vollkommen beibehalten. In ihrem Kopf sollte nicht der Hauch des Gefühls entstehen, zurückgesetzt zu werden. Das hört sich leicht an, ist aber in der Praxis schwer durchzuführen. Ein vierzehn Wochen alter Bernhardiner bedient nun einmal alle Klischees des putzigen Teddybärs und zieht uns Menschen wie ein Magnet an. Man vergisst sich. Zum Glück waren wir zu zweit. Wenn ich mich mit Wisla abgab, spielte meine Frau währenddessen mit Balu oder umgekehrt.

Balu unterstützte uns, indem er kein einziges Mal aufdringlich auf Wisla zustürmte. Er hatte Respekt vor ihr, aber keine Angst. Er respektiert im wahrsten Sinne des Wortes ihr Verhalten. Oft steht Balu ruhig im Raum und beobachtet Wisla. Sein Verhalten gleicht dem meinen. Auch ich stehe oft nur da, beobachte die beiden Hunde und versuche, ihre Stimmung und Gefühle zu erfassen. Vermutlich macht Balu das Gleiche. Was ging in Balus Kopf vor, als er Wisla zum ersten Mal begegnete? Hatte er Angst vor diesem fremden Hund, oder war ihm die Körperstatur eines Bernhardiners von seinem Geburtsort bekannt? Fragen wir ihn, denn sein

Verhalten verrät seine Gedanken und Gefühle. Auf der Heimreise nach Freiburg begegneten wir während einer Pause einer Riesenschnauzerhündin. Balu tollte herum. Plötzlich bemerkte er die Hundedame. Er schaute sie mit großen Augen an. Seine Nasenflügel bewegten sich. Jedes Luftmolekül wurde wie mit einem Staubsauger eingesogen, um den Duft des fremden Artgenossen zu analysieren. Das Ergebnis der chemischen Analyse war klar. Der fremde Geruch und vermutlich das unbekannte Aussehen flößten ihm Angst ein. Er zog den Schwanz ein und rannte davon. Man muss nicht viel von Hunden verstehen, um Balus Verhalten korrekt zu interpretieren. Seine Antwort auf den fremden Hund war eindeutig. Obwohl die Riesenschnauzerhündin freudig schwanzwedelnd und mit nach hinten gelegten Ohren auf Balu zukam, verstand Balu ihre freundlichen Signale nicht.

Ganz anders verhielt sich Balu, als er Wisla begegnete. Nachdem er Wisla vom Arm meiner Frau aus eine Zeit lang gemustert hatte, wollte er runter und fiepste. Meine Frau stellte den kleinen Kerl auf den Boden, und er setzte sich Richtung Wisla in Bewegung. Als Wisla sich abwendete, stoppte Balu. Daraufhin nahm meine Frau ihn wieder auf den Arm. Wie zuvor beschrieben, wollten wir nichts riskieren oder übereilt handeln. Unser kleiner unfreiwilliger Versuch zeigt, dass Balu in den ersten Wochen seines Lebens gelernt hatte, wie seinesgleichen aussieht. Er unterschied deutlich zwischen Riesenschnauzer und Bernhardiner. Fest stand: Wisla war keine große Hilfe, um dem Welpen die Angst und die Einsamkeit in der neuen Umgebung zu nehmen. Das war eindeutig unsere Aufgabe. Und wir nahmen sie mit Freude wahr.

Ich habe bis heute viele Welpen in meinem Leben großgezogen, aber bei keinem so akribisch Buch geführt wie bei Balu. Wesentliche Stationen seines Lebens werden von mir protokolliert, gefilmt, fotografiert und später genau analysiert.

Was ist für ein Hundekind wichtig?

Um darauf eine Antwort zu finden, ist es nötig, in die Welt des kleinen Hundegehirns einzutauchen. Ich wähle bewusst eine vermenschlichende Sprache, damit Sie die Gefühle des Welpen so nah wie möglich nachempfinden können. Eine objektive wissenschaftliche Sprache gibt mir nur schwer Auskunft über die Gefühlswelt der Tiere. Schließlich fühlen und denken wir mit unserer Sprache, und nur sie lässt in unserem Kopf Bilder der Gefühle und Empathie entstehen.

TIPPS & TRICKS

Die individuelle Persönlichkeit ist wichtiger als Rassemerkmale. Ein ängstlicher Hund braucht sehr viel Zuspruch und Zuwendung. Ein forscher Hund dagegen muss ab und zu gebremst werden. Um einen ängstlichen Hund auszubilden, müssen Sie ihm zunächst die Angst nehmen. Der Draufgänger braucht Regeln, die Sie ihn liebevoll, aber konsequent lehren sollten.

Verlust muss verkraftet werden Als Balu in unser Auto einstieg, änderte sich seine Welt schlagartig. Von einem Augenblick auf den anderen musste er mit neuen Herausforderungen fertig werden. Er verlor seine Mutter, Geschwister und seine menschlichen Pfleger. Eine fremde Person hielt ihn im Arm, die anders roch, aussah und andere Laute von sich gab. Diese Veränderungen sind für einen Hundewelpen kein Kinderspiel. Aufzucht und Fürsorge scheint bei den meisten Säugetierarten ein biologisches Grundprinzip zu sein. Es ist jedoch mehr als nur die Beschaffung der Nahrung. Es ist auch psychisches Futter. Eindrucksvoll konnten dies Professor Harry Harlow und seine Frau an Rhesusaffen nachweisen. Die Tiere wurden sofort nach der Geburt von der Mutter getrennt. In ihrem Käfig hatten sie die Wahl zwischen zwei Attrappen, die als »Mutterersatz« dienten. Eine der Attrappen war mit einem weichen Fell und einem Gesicht ausgestattet, die andere sah zwar ähnlich aus, bestand jedoch nur aus Draht. Nur die »Drahtmutter« spendete Milch. Die Äffchen hielten sich bei der Milchspenderin stets nur zur Nahrungsaufnahme auf, kuschelten sich aber ansonsten an die fellbespannte Attrappe. Dieser Versuch beweist, wie wichtig das Kontaktbedürfnis der Affen für eine normale Entwicklung des Verhaltens ist. Isoliert aufgezogene Individuen zeigen später deutliche Entwicklungsstörungen wie stereotype Bewegungsabläufe oder hohe Aggressionsbereitschaft sowie Störungen im Spielverhalten und beim Lernvermögen. Insbesondere die Mutter-Kind-Beziehung scheint also für den Sozialisierungsprozess wichtig zu sein. Neuere Forschungen weisen in die gleiche Richtung. Professorin Katharina Braun und ihr Team von der Uni Magdeburg trennten Degujunge während verschiedener Phasen der Entwicklung entweder mehrmals für kurze Zeit oder auch dauerhaft von ihren Eltern und Geschwistern. Für die Degukinder war dies ein negatives, mit Stress und Angst verbundenes emotionales Erlebnis. Als die Forscher daraufhin den Energieverbrauch im Gehirn der einsamen Degukinder überprüften, stellten sie fest, dass das limbische System (→ Wissen kompakt, Seite 41) seine Aktivität auf Sparflamme herunterfährt. Die Forscher führten weitere Untersuchungen am Gehirn der Degus durch. Dabei wurden sie fündig und stellten gravierende biologische Veränderungen im Gehirn fest. Diese Veränderungen wirken sich direkt auf das spätere Lern- und Sozialverhalten aus. Wie weit man die Ergebnisse der Rhesusaffen und der Degus auf Hunde übertragen kann, bleibt die Frage. Vieles spricht aber dafür, denn beide Tierarten leben in komplexen Systemen mit einer hohen sozialen Organisation, bei denen die Mütter eine bedeutende Rolle spielen.

SCHON GEWUSST ?

Wölfe heulen aus Freundschaft, fand Friederike Range von der Uni Wien heraus, indem sie einzelne Wölfe vom Rudel trennte. Wie sehr ein Wolf in dieser Situation heult, ist davon abhängig, wie sein Verhältnis zu dem Tier ist, das die Gruppe verlassen hatte, und nicht vom sozialen Status des Tieres.

▸ Man ist versucht, kleineren Hunden mehr Streicheleinheiten zuzubilligen.
Doch das ist falsch. Gerade die Riesen sind oft »Schmusebärchen«.

Sanfte Hunde-Erziehung:
Welpen darf man nicht überfordern

Was Hänschen nicht lernt, lernt Hans nimmermehr? Dieses Sprichwort wird gern auf die Welpen-Erziehung übertragen. Ich teile diese Weisheit nicht. Die Basis für eine gute Hund-Mensch-Beziehung ist zunächst die vertrauensvolle Bindung des Vierbeines an seine Zweibeiner. Nur so kann sich der Hund zu einer glücklichen Persönlichkeit entfalten. Überforderung und Drill haben hierbei nichts verloren.

Erziehen etwa Löwen-, Wolfs- oder Hundemütter ihre Kinder? In gewisser Weise tun sie es, jedoch setzen sie ihre Erziehungsmaßnahmen äußerst sparsam ein. Wenn die Kleinen sie zu sehr mit ihren spitzen Zähnchen beißen oder sie zu wild spielen und Mama dabei in ihrer Ruhe stören, dann kann dieser schon mal der Geduldsfaden reißen. Mutters Antwort fällt jedoch nicht allzu streng aus. Sie zeigt die Zähne, knurrt, droht, und wenn alles nichts hilft, beißt sie die Kleinen in die Ohren. Die Frage ist deshalb, ob wir unsere Vierbeiner bei der Erziehung nicht zu streng anfassen. Zudem wissen wir nicht, wie Welpen die rasanten Umweltveränderungen, die durch den Menschen verursacht werden, verarbeiten.

WENN DAS GEHIRN NOCH ZU JUNG IST

Hat das junge Hundegehirn überhaupt die Möglichkeit, sich an all die Errungenschaften des modernen Lebens anzupassen? Machen Sie sich einmal klar, welche Sinneseindrücke auf einen Welpen einstürmen, wenn er folgsam sitzend mit Ihnen im Verkehrsgewühl vor einer Ampel ausharrt. Mit großer Wahrscheinlichkeit fällt es Ihnen schwer, sich in die Situation des Hundes zu versetzen, weil Sie diese Situation schon tausendmal erlebt haben. Sie ist Ihnen in Fleisch und Blut übergangen. Aber was so leicht aussieht, hat sogar für erwachsene Menschen ihre Tücken.

Mein afrikanischer Freund aus einem Dorf in der Nähe der Serengeti besuchte mich in Deutschland und sah das erste Mal in seinem Leben eine Verkehrsampel – es war gerade »Rushhour« in Stuttgart. Der dicht vorbeiströmende Verkehr erzeugte bei ihm Furcht, und ich musste ihn am Arm zurückhalten, damit er nicht kopflos die Straße überquerte. Doch zurück zu unserem Welpen. Nichts wird dem Welpen in dieser Situation hinsichtlich seines biologischen Erbes geboten, um das Erlebte zu verkraften. Alles ist neu für ihn, alles muss gelernt werden, und das in kürzester Zeit. Und darum meine Bitte: Überfrachten Sie Ihren Vierbeiner in den ersten Monaten seines Lebens nicht mit unnötigen Gehorsamsübungen, denn seine Gehirnentwicklung sorgt automatisch dafür, dass der Welpe das Richtige lernt. Er wird es Ihnen danken, indem er gemäß seiner Anlage ein glücklicher und zufriedener Hund wird. Vieles lernt das Hundekind von allein im Zusammenleben mit Ihnen oder später, wenn es reif dazu ist. Die häufig vertretene Auffassung, dem Hund von Anfang an zu zeigen, wer der dominante Rudelführer ist, halte ich für falsch. Auch auf die Gefahr hin, dass der Hund mir später auf der Nase herumtanzt, wie Verfechter dieser Meinung glauben. Welpen sind noch gar nicht in der Lage, soziale Beziehungen eines Rudels zu erfassen, geschweige denn zu wissen, wer der Boss im Rudel ist. Gute Welpenschulen tragen diesem Gedanken Rechnung, indem sie Welpen nicht überfordern, sondern ihnen spielerisch und stressfrei wenige Alltagsregeln des Zusammenlebens beibringen. Für ein gutes Miteinander und Verstehen ist ein Perspektivenwechsel von Vorteil. Das gilt für alle kognitiven, intellektuellen Bereiche, aber besonders für die Welt der Gefühle.

VERLETZTE GEFÜHLE

Verletzte Gefühle zu heilen, ist oft ein langer Prozess, und man trägt womöglich ein Leben lang seelische Narben davon. Gefühle fallen nicht vom Himmel, sondern entwickeln sich wie das heranwachsende Gehirn. Ihre Entwicklung und Ausprägung ist das Zusammenspiel von Genetik und Umwelteinflüssen. Wie gut der junge Hund die Gefühle Angst, Stress und Aggressivität verarbeitet, hat Einfluss auf seine Persönlichkeit. Untersuchungen an anderen Säugetierarten, einschließlich des Menschen, zeigen, dass Angst und Furcht und die dabei oft entstehende Aggressivität sehr stark vom Lernen und der Erfahrung abhängen. Besonders Tierkinder sind dabei hoch gefährdet. Tiere lernen auch dadurch, dass bestimmte Situationen mit sehr unangenehmen bzw. bedrohlichen Konsequenzen für sie verbunden sind – denkt man zum Beispiel an die Ausbildung von Kampfhunden. Verrechnungen des Lernprozesses finden unter anderem im Hippocampus und der Amygdala statt und werden im Gedächtnis gespeichert (→ Wissen kompakt, Seite 41). Natürlich spielt neben dem Lernen und den Erfahrungen auch die genetische Ausstattung des Tieres eine Rolle, das heißt, bestimmte Individuen neigen von sich aus eher zu aggressivem Verhalten oder tendieren zur Flucht. Dennoch hat man es ein Stück weit selbst in der Hand, wie sich ein Welpe entwickelt. Unterschätzt wird dabei oft die Macht der Gefühle. Menschen- und Tierkenner wissen, dass die Gefühle eher den Verstand beherrschen als der Verstand die Gefühle. Gefühle sind wichtige Ratgeber und entscheiden darüber, wie wir uns in bestimmten Situationen verhalten. Auch Hunde haben Gefühle. Sie empfinden Angst, Freude und Schmerz ähnlich wie wir ...

▸ Spielerisch und ohne Stress sollte der junge Hund anfangs nur einige wenige Alltagsregeln im Zusammenleben mit uns lernen.

▸ Eine glückliche Kindheit und ein sensibler Umgang mit dem Welpen haben einen positiven Einfluss auf dessen Persönlichkeitsentwicklung.

Das Gefühl des Verlassenseins

Mit den Forschungsergebnissen, wie wichtig die Mutter-Kind-Beziehung ist, näherten meine Frau und ich uns Balu. Wir fühlten, dass wir diesem jungen Erdenbürger die Hundemama und die Geschwister ersetzen mussten. Und was tut eine Hundemama? Sie bleibt in Augen- oder Geruchsnähe ihrer Kinder. Von diesem sicheren »Ort«, der Mutter, aus beginnt der Welpe die Welt zu entdecken. Und genau das wollten wir Balu bieten. Er schlief daher die ersten Wochen in unserem Schlafzimmer. Diese Nähe war der psychische Katalysator unserer sich gegenseitig entwickelnden Bindung. Aus ihr resultiert das Fundament unserer Beziehung. Es ist nicht auf Sand gebaut und hält auch stand, wenn Schwierigkeiten auftauchen. Man kennt sich und weiß um die Stärken und Schwächen. Alle meine Hunde wurden so groß. Ich wollte ihnen nicht das Trauma des Verlassenseins in den ersten Lebenswochen zumuten. Für einen zwölf Wochen alten Hund – in diesem Alter dürfen die Welpen in Deutschland abgegeben werden – ist es sehr schwer und vermutlich sehr stressbeladen, die Nacht alleine in einem Raum zu verbringen. Die Biologie hat ihn anders verdrahtet. Alleinsein bedeutet Gefahr. Vermutlich hatte ich daher mit keinem meiner zahlreichen Hunde je Probleme in Bezug auf Aggression oder Erziehung. Eine gute Bindung gibt Sicherheit und stärkt die Persönlichkeit. Gemäß seiner körperlichen und geistigen Entwicklung betritt der junge Hund allmählich die Bühne seines Lebens und lässt die Kindheit hinter sich.

Die erste Nacht mit Balu im Schlafzimmer war – wie nicht anders zu erwarten – sehr unruhig. Ich legte ihm seine gewohnte Decke neben mein Bett auf den Boden. Hier schlief er ruhig ein. Nach etwa einer Stunde wachte er auf und bemerkte seine fremde Umgebung, fiepste und lief umher. Ich lockte ihn wieder auf seinen Platz zurück, streichelte ihn und sprach mit ruhiger Stimme auf ihn ein – so wie man es bei einem Menschenbaby macht. Die Methode schien zu funktionieren, nach kurzer Zeit schlief Balu wieder ein. Das Spielchen wiederholte sich in dieser Nacht drei bis vier Mal. Zu Beginn war ich mir nicht sicher, ob seine Unruhe daher rührt, dass er alleine ist, oder ob er sein Geschäft machen muss. Bei genauer Beobachtung konnte man seine Absicht erraten. Wenn er sich entleeren musste, ging er zielgerichtet mit der Nase am Boden – so als ob er den richtigen Platz sucht. Zu 80 Prozent traf ich ins Schwarze und erriet seine Absicht. Nach vier Tagen hatte der Spuk sein Ende. Ich konnte wieder durchschlafen, weil er sich an den Schlafrhythmus gewöhnt hatte. Von etwa 23.30 Uhr bis gegen 6.00 Uhr schlief der kleine Prinz durch. Zwischendurch, wenn es passte, streichelte ich ihn, um ihn meine Nähe fühlen zu lassen. Auf den ersten Blick scheint dies alles ein großer Aufwand zu sein, aber er zahlt sich in der Zukunft aus. Man bekommt einen psychisch stabilen Hund. Nun habe ich es in der Hand, dem kleinen Weggefährten das Tor zur Welt zu öffnen. Nochmals zur Erinnerung: Die simple Zweiteilung in genetische und umweltbedingte Einflüsse gilt heute als überholt.

Erfahrung mit der Umwelt ist beeinflussbar Kein ernst zu nehmender Wissenschaftler zweifelt mehr daran, dass die Erbanlagen eines Tieres die Rahmenbedingungen für Intelligenz und Verhalten abstecken – ohne Details zu programmieren. Auf die Genetik Balus habe ich keinen Einfluss, auf seine Erfahrungen mit der Umwelt dagegen schon. Im ersten Jahr seines Lebens lernt der junge Hund explosionsartig. Die Nervenzellen sitzen in den Startlöchern. Wie Zweige und Knospen an Büschen und Bäumen im Frühjahr sprießen allerorts fein verästelte, sogenannte Dendriten, die Ausläufer von Nervenzellen. Sie sind übersät mit Dornen, auf denen jeweils Synapsen, also Kontaktstellen, sitzen. Über diese Kontakte empfängt die Nervenzelle Signale anderer Zellen. Je öfter solche Nervenzellkontakte gleichzeitig erregt werden, desto stabiler werden sie. In bestimmten Hirnregionen werden während begrenzter Phasen besonders viele Verknüpfungen installiert und somit grundlegende Fähigkeiten ausgebildet. Das ist in wenigen Worten das Prinzip des Lernvorgangs. Lernen formt und bildet Teile der Persönlichkeit. Dieser Prozess ist vergleichbar mit dem Herstellen einer Skulptur. In einen Holzblock, in dem schon die groben Strukturen von Gesicht und Körper herausgearbeitet sind, meißelt der Bildhauer die feinen Züge des Gesichts und die grazile Figur. Er gibt der Skulptur den Feinschliff und ihre Einmaligkeit – ebenso wie die Umwelt durch Erfahrung und Lernen an unserer Persönlichkeit meißelt.

Eine stabile Persönlichkeit Mein Wunsch und Ziel war es, Balu alle Chancen zu bieten, damit er in der menschlichen Gesellschaft seine Persönlichkeit so gut wie möglich entfalten kann. Selbst auf die Gefahr hin, dass ich mich wiederhole: Es ist überaus wichtig, einem Jungtier Geborgenheit und Vertrauen zu vermitteln. Tiermütter machen das automatisch. Bemühen Sie sich daher um eine verständnisvolle, liebevolle Atmosphäre, die der Hund spürt und die ihm Sicherheit gibt. Mit dieser Geborgenheit im Kopf erkundet Ihr Hund die Welt und lernt mit Herausforderungen fertig zu werden.

Spielerisch lernen Balus erste Wochen waren durch Spielen sowie Erkunden des Hauses und des Gartens geprägt. Tapsig und unbeholfen betrat er den gefrorenen Teich, schnupperte minutenlang an der großen

TIPPS & TRICKS

Denken Sie daran, dass auch Hunde wie wir Menschen unterschiedlich begabt sind. Es gibt Hunde, die eine Lern- oder Denkaufgabe nicht oder nur schwer begreifen, während andere das Problem mit links lösen. Aber auch ein wenig »begriffsstutzige« Hunde sind durchaus liebenswert und brauchen Ihre Zuneigung. Führen Sie mit ihnen einfachere Tests und Übungen durch.

Vogelvoliere und lauschte dem Gezwitscher unserer kleinen Wellensittich-Gesellschaft. Aber was ist ein Leben ohne Freunde? In unserer Nachbarschaft wohnen Flocke, eine Retrieverhündin, und Sascha, eine Mini-Australian-Shepherd-Hündin. Alle drei sind etwa gleich alt, und täglich treffen sie sich zum ausgelassenen Spiel. Es wird sich nach Herzenslust gegenseitig gejagt, miteinander gekämpft und gemeinsam am gefundenen Stock gezogen. Wir lassen sie spielen, ohne einzugreifen. Die Regeln gibt die kleine Hundegesellschaft vor. Auch dann, wenn das Spiel etwas grob wird. So trainieren die Vierbeiner ihren Körper, lernen ihre Kräfte kennen und erwerben soziale Kompetenz.

Mit Freude beobachten wir unsere drei Racker, denken aber nicht im Geringsten daran, wie viele Lernprozesse in diesen Momenten bei den Hunden ablaufen. Balu demonstriert uns, wie schwer es für ihn ist, seine Motorik immer richtig einzusetzen. Wie oft stolpert er, wenn er einen Hang herunterrennt oder einen Haken schlagen will. Ich habe Angst, dass er sich ein Bein bricht. Mich erinnert dies an die Anfänge meiner Skikünste. Jeder weiß, wie mental anstrengend es ist, eine neue Sportart zu erlernen. Aber im Spiel lernen die Hunde noch mehr. Sie lernen auch die Taktiken des anderen bei Kampf- und Verfolgungsspielen. Sie lernen, wie schnell der andere ist, und lassen sich von dessen Mut anstecken, wenn es darum geht, einen Stock aus dem Bach zu holen. Nicht nur der Körper wird beim Spiel gefordert, sondern auch der Kopf. Lernen und Denken kostet besonders bei Jungtieren – ebenso wie bei Menschenkindern – viel Energie. Darum brauchen sie auch noch viel Schlaf.

Viele Umwelteindrücke sind wichtig Es gibt keinen Tag, an dem Balu nicht irgendetwas Neues lernt. Und das ist gut so und wichtig. Von klein auf nehme ich ihn überallhin mit. Vorsichtig und mit Gefühl führe ich ihn an den menschlichen Alltag heran. Er bestaunt die Zweibeiner und betrachtet ihre Mimik mit schräg gestelltem Kopf. Manche Gestalten flößen ihm Angst ein, besonders dann, wenn sie Kopfbedeckungen tragen oder aus dem Schema, wie Menschen auszusehen haben, ausbrechen. So jung und klein er ist, seine Reaktion ist immer dieselbe. Er bellt sie an und plustert sich auf. Balu hat es leicht mit Menschen. Sein Aussehen löst bei den meisten Entzücken aus. Sie wollen ihn streicheln, und in der Mehrzahl der Fälle erlaube ich es auch. Das hat den Vorteil, dass er Homo sapiens als freundliches »Tier« kennenlernt, von dem keine Gefahr und Bedrohung ausgeht. Das gilt insbesondere für Kinder. Ich nehme mir viel Zeit, wenn Kinder den Kontakt mit ihm suchen. Sie dürfen ihn so lange streicheln, wie sie wollen. Und wenn sie ganz klein sind, führe ich ihre Händchen über die besonders zarten Haare auf Balus

► Nach der Trennung von Mutter, Geschwistern und gewohnten Menschen strömt sehr viel Neues auf den jungen Hund ein.

Kopf. Und die Kinder beginnen zu strahlen. Balu hat damit überhaupt keine Schwierigkeiten, sondern scheint die Aufmerksamkeit zu genießen. Wenn es ihm oder den Kindern zu viel wird, ziehen wir weiter. Gelassenheit ist das Motto. Kinder lernen, dass es freundliche Hunde gibt, und Hunde lernen, dass es freundliche Kinder gibt. Das ist keine Selbstverständlichkeit, denn das Verhältnis Mensch–Hund ist oft durch Unwissenheit und Ignoranz gestört.

Hunde brauchen Hunde

Warum liegt das auf der Hand? Hunde sind Rudeltiere, und nur im Clan lernen sie mit ihren Artgenossen umzugehen. Sie lernen die Feinheiten der Hundesignale zu interpretieren, zu deuten und ihr eigenes Verhalten danach auszurichten. Wer ihnen die Chance nimmt, ihre Artgenossen hautnah kennenzulernen, hat mit großer Wahrscheinlichkeit später einen verhaltensgestörten Hund, der nicht sozialisiert ist – einen unglücklichen Hund und womöglich eine Zeitbombe mit dem Sprengsatz Ärger.

Besuch auf der Hundewiese Zum wöchentlichen Pflichtprogramm von Balu gehören mehrmalige Besuche auf der Hundewiese. Hier treffen sich zwanglos und nicht verabredet Hundehalter mit ihren Vierbeinern. Jeder Hundebesitzer hat das gleiche Ziel: Sein Hund soll Artgenossen kennenlernen, darum dürfen die Hunde frei laufen. Es bleibt nicht aus, dass es manchmal zu kleinen Reibereien unter den Vierbeinern kommt. Aber erst, wenn es zu heftig wird, greifen wir ein.

Als Neuling auf der Hundewiese hatte es Balu nicht ganz leicht. Große und kleine Hundeleiber streckten ihm ihre Nasen entgegen und berochen ihn an allen seinen Körperteilen. Er ließ es geduldig über sich ergehen. Im Laufe der Tage und Wochen verlor er seinen Neuigkeitsstatus und suchte sich unter der Meute die passenden Spielkameraden. Mit Erfolg! Er fand neue Freunde, bis auf eine Ausnahme. Balu war etwa fünf Monate alt und schon ziemlich groß, als es geschah. Er hatte in etwa die Körpergröße eines Labradors. Wir Hundehalter unterhielten uns und verloren unsere Vierbeiner aus den Augen. Plötzlich schoss ein großer Hovawart auf die spielende Hundemeute zu und suche sich Balu als Opfer aus. Balu floh vor Schreck. Der Hovawart wollte ihn schon packen, da tauchte auf einmal Wisla auf. Ihre Signale waren eindeutig, und jeder, der sie sah, wusste: Jetzt ist Vorsicht geboten. Wisla flößte Menschen und Hunden Furcht ein. Zähnefletschend und knurrend rannte sie mit ihren 65 Kilo Körpergewicht auf den Hovawart zu. Es gab keinen Zweifel: Sie hätte ihn angegriffen, doch zum Glück suchte der Angreifer sein Heil in der Flucht. Er wusste, dass er gegen Wisla keine Chance hatte.

Ich war in zweierlei Hinsicht überrascht: Erstens, weil Wisla Balu verteidigte, obwohl sie zu Hause keinerlei Anzeichen zeigte, die zwischen ihr und ihm auf eine Bindung hindeuteten. Und zweitens: Nachdem sie den Angreifer in die Flucht geschlagen hatte, trottete sie zu Balu, beroch ihn von oben bis unten und leckte ihm die Schnauze ab.

Von diesem Moment an hatte ich keine Angst mehr, dass sie Balu attackieren könnte. Das Eis war gebrochen, und sie hatte ihn akzeptiert. Dieses Ereignis stärkte Balus Selbstvertrauen und seine Courage, denn von nun an legte er sich häufiger zum Schlafen neben Wisla.

Was liebt ein junger Hund? Wann immer er die Gelegenheit findet, spielt er mit seinem Artgenossen oder mit Frauchen oder Herrchen als Lückenbüßer. Es ist die Lieblingsbeschäftigung aller höher entwickelten Tiere, einschließlich des Menschen. Im Spiel tankt der Hund die vielfältigsten Erfahrungen für die Zukunft. Junghunde müssen sich spielerisch und stressfrei entfalten. Und darum mache ich mich jeden Tag auf die Suche, um Spielkameraden für Balu zu finden. Ich verabrede mich so oft wie möglich mit den Besitzern seiner Freunde. Spielen ist ein Muss im Stundenplan eines Hundes, denn wer spielt, gewinnt an Persönlichkeit. Im Spiel werden Ecken und Kanten des Charakters geschliffen.

Genau hinschauen

Wer mit offenen Augen und gesundem Menschenverstand seinen Hund während des Spielens beobachtet, wird erstaunliche Entdeckungen machen. Nehmen wir Balu als Beispiel. Mit seinen Hundefreunden spielt er Kampf- und Verfolgungsspiele, wie sie in jedem Lehrbuch beschrieben sind. Er vergisst sich im Spiel, aber er vergisst mich nie. In gewissen Zeitabständen schaut er immer nach mir und vergewissert sich, ob ich noch da bin. Ist alles in Ordnung, geht das Spiel weiter. Das ist nicht selbstverständlich, denn die meisten seiner Artgenossen schauen während des Spielens nicht nach Frauchen oder Herrchen. Es ist ein Zeichen der starken Bindung von Balu zu mir und ein Hinweis seiner Anhänglichkeit. Beim Spiel mit dem Stock demonstriert er seine Friedfertigkeit. Selbst wenn drei Hunde den Stock im Maul haben und jeder daran zerrt und um ihn kämpft, setzt er nie seine Stärke aggressiv ein. Immerhin wiegt er mit einem Jahr 65 Kilo und hat eine Schulterhöhe von 80 Zentimetern. Taucht auf der Spielwiese ein selbstsicherer Artgenosse

▸ Balu zeigt Respekt vor dem selbstsicheren Artgenossen. Aber wehe, der droht mit Angriff. Dann kann Balu sehr ungemütlich werden und den Angreifer in die Flucht schlagen.

▶ Die Viererbande versteht sich bestens. Ausgelassen toben sie über die Wiese. Auch unter Hunden gibt es Sympathien und Antipathien.

auf, der sich aufplustert und den Ton angibt, dann weicht Balu zurück. Er zieht den Schwanz ein, macht den Rücken krumm und senkt den Kopf zum Boden. Klar verständliche Signale für den Herausforderer. Der weiß, er ist der psychologische Sieger. Seine Drohgebärden haben Erfolg. Wird der Angreifer jedoch größenwahnsinnig und greift Balu an, wendet sich das Blatt. Balu macht körperlich und psychisch eine Drehung um 180 Grad. Ohne Vorwarnung geht er zähnebleckend zur Attacke über. Der Kontrahent erschrickt so sehr, dass er zumindest bisher immer das Weite gesucht hat. Ausgewachsene Rottweiler und Schäferhunde haben die Drohung und Bedrohung verstanden und zogen sich sofort zurück.
Bei ängstlichen Hunden spielt Balu gern den »großen Maxe« und startet oft einen Scheinangriff. Blitzschnell springt er knurrend auf sie zu und schüchtert sie ein. Meist mit Erfolg. Sie rennen davon und er hinterher, wenn ich nicht aufpasse. Warum reagiert er so? Ist das die dunkle Seite seiner Persönlichkeit? Nein. Dieses Verhalten verrät seine Unsicherheit. Er reagiert wie ein Schachspieler nach dem Motto: Angriff ist die beste Verteidigung. Alles was ihn bedrohen kann, wird erst einmal attackiert. Mit dieser Methode hat er natürlich aufgrund seiner Größe viel Erfolg, und mit ihr verbirgt er seine Unsicherheit und vielleicht sogar einen Schuss Ängstlichkeit. Das deckt sich auch mit meinen anderen Beobachtungen. Ganz bestimmte Geräusche einer bestimmten Frequenz erzeu-

gen Angst bei Balu. Schlägt man etwa zwei Metallkörper aneinander, rennt er davon. Gewitter und Donner dagegen beeindrucken ihn im Gegensatz zu Wisla nicht. Obwohl Wisla im normalen Alltag die Ruhe selbst ist, bringt sie ein Gewitter völlig aus der Fassung. Sie hechelt, schnauft heftig und sucht meine Nähe. In der Nacht steht sie vor der Schlafzimmertür und bellt so lange, bis ich sie einlasse. Am liebsten würde sie unter das Bett kriechen, aber dazu ist sie zu groß. Also legt sie sich ganz dicht zu mir ans Bett. Unsere Nachtruhe ist allerdings dahin, denn die Laute, die sie von sich gibt, sind unüberhörbar. Am Tage taucht Wisla bei Gewitter in den Keller ab, um sich abzuschotten.

Balu konnte ich die Angst vor den Metallkörpern nehmen, indem ich ihn ganz behutsam an das Geräusch gewöhnte. Meine Frau nahm ihn an die Leine, damit er nicht beim ersten Klang davonrannte. Ich zeigte ihm die beiden Metallkörper, ließ ihn daran schnuppern und schlug sie dann ganz sanft zusammen, sodass ein leiser Ton entstand. Aber selbst beim leisesten Geräusch wollte er fliehen, aber das wurde ihm ja durch die Leine verwehrt. Stattdessen sprachen wir ruhig auf ihn ein und streichelten ihn. Nach zwei, drei Versuchen hatte Balu begriffen, dass von diesem Geräusch keine Gefahr ausging, und reagierte nicht mehr darauf. Daraufhin schlug ich die beiden Körper stärker zusammen und gewöhnte ihn auch an diese Lautstärke, bis er keine Angst mehr vor diesen Tönen hatte, usw. Wisla leidet bis heute noch, wenn ein Gewitter hereinbricht. Doch ein Gewitter simulieren, das kann ich leider nicht.

Warum die beiden Vierbeiner auf so verschiedene Geräusche reagieren, weiß ich nicht, aber vermutlich es ist eine frühkindliche Erfahrung, die mit einem negativen Erlebnis gekoppelt ist. Dieses Beispiel belegt, wie sorgfältig man einen Hund beobachten muss, um in seine innere Welt einzudringen. Nur durch Zufall habe ich bemerkt, dass bei Balu lediglich bei einer ganz bestimmten Tonfrequenz Angst entsteht. Beim Ertönen der Sirene eines Krankenwagens beginnt er zu heulen wie ein Wolf. Wisla dagegen zuckt nicht mit der Wimper. Vor Gewittern haben indes viele Hunde Angst, aber das stört Balu nicht im Geringsten. Diese Beispiele zeigen, wie unterschiedlich Hunde auf Geräusche reagieren. Bei den gleichen Geräuschen werden im Gehirn der Hunde unterschiedliche Bereiche aktiviert und unterschiedliche Nervenzellen verschaltet.

Als ich mir diese Tatsache bewusst machte und mit diesem Gedanken im Kopf herumspielte, kam ich zu dem Schluss: Jungen Hunden sollte man so viel Freiraum wie möglich geben, damit sie freiwillig und aus Neugier an den Gegebenheiten der Umwelt lernen können (→ Sanfte Hunde-Erziehung, Seite 198).

Was weiß **ein Hund** von sich?

Balu ist mein liebstes »Forschungsobjekt«. Von klein auf erlebe ich seine Persönlichkeitsentwicklung mit. An ihm finde ich vieles, was man über die Vierbeiner herausgefunden hat, bestätigt. Aber er zeigt mir auch, dass das »Erziehungsrezept« von der Persönlichkeit abhängt.

Das Geheimnis des Namens

Maus Paula ist der Star des Mäusezirkus in Paris. »Allez-hopp, Paula!«, ruft der Mäusedompteur, und Paula springt von einem Höckerchen auf den anderen. Originell und lustig finde ich die kleine Schau – ohne weiter darüber nachzudenken. Erst Jahre später, als ich an der Uni mit weißen Mäusen arbeitete, dachte ich wieder an den Mäusezirkus. Wie an der Uni üblich, bekamen alle Tiere, mit denen man arbeitete, Nummern. Aber das wollte ich nicht. Heimlich gab ich jeder Maus meiner Mäuseschar einen Namen. Die furchtloseste und neugierigste nannte ich Christoph, nach dem Entdecker Amerikas. Die scheueste rief ich Hasenfuß. Plötzlich schoss es mir durch den Kopf: Verstehen Mäuse eigentlich ihren Namen, oder folgen sie anderen Zeichen? In einer kleinen Versuchsserie testete ich meine Mäuse. Alle 25 Mäuse reagierten nicht auf ihren Namen. Sind Mäuse wirklich zu dumm, um sich ihren Namen zu merken, wie die deutsche Zoologin Erna Mohr behauptete. Oder hatte es andere Gründe? Das weiß ich nicht. Auch Paula, die Starartistin, verstand vermutlich ihren Namen nicht.
Wanderratten, so vermutete der Nobelpreisträger Konrad Lorenz, verstehen ihren Namen ebenfalls nicht. Es scheint also unter den Tieren alles andere als selbstverständlich zu sein, dass sie Eigennamen

verstehen. Konrad Lorenz schiebt die Begründung gleich nach. Seiner Meinung nach erkennen sich Wanderratten nicht individuell, sondern leben in einer sogenannten anonymen Schar. Sie haben einen geruchlichen Sippennamen, das heißt, die Mitglieder der Schar wissen nur, wer zur Sippe gehört und wer nicht. Bei unseren Hunden ist dies anders. Sie erkennen sich einerseits am persönlichen Geruch: Balu weiß zum Beispiel genau, wer Wisla ist, und umgekehrt. Zum anderen erkennen sie sich aber auch am Sippengeruch, das heißt, am typischen Hundegeruch. Die Vierbeiner tragen sozusagen zwei Namen: den Eigennamen und den Sippennamen.

Ich weiß, wer du bist Jeder hat schon erlebt, wie ein Rüde sein Bein hebt, uriniert und damit sein Territorium absteckt. Die Markierung des Territoriums durch Geruch hat ebenso wie Lautäußerungen ihren eigentlichen Sinn in der persönlichen Kenntnis des anderen. Wenn ich weiß, wer der andere ist, dann kann ich abschätzen, ob es zu Grenzstreitigkeiten kommt oder nicht.

Das steht in vollem Einklang mit der heutigen wissenschaftlichen Forschung, die feststellt, dass die Bewohner benachbarter Territorien eine gewisse Toleranz an den Tag legen. Es kann sogar zu freundschaftlichen Beziehungen kommen, namentlich bei solchen Arten, die das Territorium dauernd und unter Umständen jahrelang bewohnen, wie beispielsweise Raubtiere und Antilopen. Das erinnert uns an Menschen, die sich gut kennengelernt haben, sich schätzen, freundschaftliche Kontakte pflegen und Streitigkeiten vermeiden. Heftige, kämpferische Verteidigung eines Territoriums wird in erster Linie durch unbekannte, fremde Individuen ausgelöst.

Persönliches Erkennen kann aber auch an seine Grenzen stoßen, vor allen Dingen dann, wenn die Herde oder Gruppe sehr groß wird. Bei Pavianen gibt es Gruppen mit bis zu 85 Tieren, und jeder von ihnen kennt jeden. Lehrer wissen, wie schwierig es ist, sich die Namen von 85 Schülern zu merken. Mit jedem Namen werden ganz bestimmte Merkmale verbunden wie Haarfarbe, Größe, Geruch oder Persönlichkeitsmerkmale. Ohne Zweifel ist dies eine Herausforderung des Gedächtnisses.

Die vom Menschen seit Jahrtausenden geübte Praxis, vertraute Tiere seiner Umgebung mit einem Rufnamen zu belegen, ist nur aufgrund der Tatsache möglich, dass solche Namen im Prinzip unter Tieren bestanden haben, das heißt, auch Tiere untereinander geben sich Namen. Ein schönes Beispiel hierfür sind die Delfine, wie der Verhaltensbiologe Jason Bruck von der Universität Chicago feststellte. Delfine stoßen ganz bestimmte charakteristische Pfiffe aus, die als Erkennungsmerkmale

▸ Selbst Hund und Katze können Freunde werden, wenn sie zusammen aufwachsen. Da wird auch ein Tatzenhieb nicht krummgenommen.

dienen. Wann immer die Delfine auf einen Artgenossen treffen – ob fremd oder vertraut –, stoßen sie die charakteristischen Pfiffe aus. Und geben dadurch zu erkennen, wer sie sind. Zum andern wird der Delfin von seinen Gefährten mit demselben Pfiff begrüßt oder angekündigt, so als wollten sie sagen: »Hier kommt Peter.« Um sich an diesen charakteristischen Pfiff zu erinnern, reicht schon eine relativ kurze Bekanntschaft von rund drei Monaten. Danach bleibt der gepfiffene Name eines Delfins dauerhaft im Gedächtnis seiner Gefährten (→ GEO Magazin, Literatur, Seite 237). Getoppt wurde diese Leistung der Delfine nur noch von Sarah, einer liebenswürdigen Schimpansin. Ich begegnete Sarah, als ich Sally Boysen an der Ohio State University zwecks Filmaufnahmen besuchte. Die betagte Schimpansin bekam das Gnadenbrot von Sally, war aber geistig noch voll auf der Höhe. In ihrer Jugend lieferte Sarah ein Bravourstück ab. Sarah wurde in der Amerikanischen Zeichensprache unterrichtet. In dieser Sprache werden Plastikkörper für Wörter sowie grafisch abstrakte Symbole verwendet.

Der Hund und sein Bewusstsein: Der Spiegeltest gibt Antwort

Hunde erkennen sich nicht im Spiegel. Aber ist das auch die Antwort darauf, dass sie kein Ich-Bewusstsein haben? Diese Frage bleibt noch offen, denn wir messen vieles allzu sehr an unserer Sicht der Dinge. Interessant war deshalb unser Experiment, ob die Vierbeiner einen Spiegel für sich als Hilfe, als »Werkzeug«, nutzen können. Das Ergebnis hat mich sehr überrascht. Aber lesen Sie selbst ...

Sind Hunde in der Lage, einen Spiegel als Werkzeug zu benutzen? Dieser spannenden Frage wollte ich nachgehen. Ich traue den Vierbeinern viel zu, daher entwickelte ich eine Versuchsapparatur, um dies zu überprüfen. Jasmin Gollrad, die die Experimente in ihrer Staatsexamensarbeit durchführte, kam mir zu Hilfe. Wie sieht so eine Apparatur aus?

VERSUCHSAUFBAU

Die Konstruktion besteht aus einem etwa einem Meter hohen Holzgang, an dessen Ende ein Spiegel steht. Die Hunde müssen den Holzgang entlanggehen und sehen im Spiegel das Zielobjekt – einen Lichtkegel, der sich links und rechts der Holzwand befindet und nur über den Spiegel sichtbar ist. Aber bevor die Versuchsläufe beginnen konnten, mussten die Hunde eine schwierige Lernaufgabe bewältigen. Die Aufgabe bestand darin, immer dorthin zu laufen, wo der Lichtkegel einer Taschenlampe aufleuchtete. Taten sie das, bekamen sie ein Leckerli. Sobald die Verknüpfung Leckerli – Licht erfolgt war, konnte der eigentliche Versuch beginnen. Leicht gesagt, aber schwer durchzuführen.

▸ Der Vierbeiner steht in Startposition. Plötzlich sieht er einen Lichtkegel im Spiegel, der am Ende des Gangs steht.

▸ Langsam geht der Hund auf den Spiegel zu, stutzt und lokalisiert den Lichtkegel neben der Holzwand.

Der Umweg über die Konditionierung Licht – Leckerli ist notwendig, um zu verhindern, dass der Hund beim Suchen nach der Nase geht. Der Geruch muss ausgeschlossen werden.

DAS EXPERIMENT BEGINNT

Erster Kandidat war Tango, ein Australian Shepherd. Wir kennen ihn schon, er hat seine Neugierde und Intelligenz bereits oft bewiesen (→ Seite 146). Tango ist ein Champion, wenn es um die Lösung kniffliger Aufgaben geht. Der Vierbeiner steht in Startposition. Plötzlich sieht er einen Lichtkegel im Spiegel. Er geht auf den Spiegel zu, stutzt und lokalisiert den Lichtkegel links neben der Holzwand. Ohne zu zögern, geht er um die Holzwand herum zum Lichtkegel und bekommt sein Leckerli, das ihm von Weitem zugeworfen wird. Aber Tango ist eine Ausnahme. Von zehn Versuchen wählte er neun Mal richtig. Er hat Erfahrung mit Spiegeln und hat das Prinzip eines Spiegels spielerisch zu Hause gelernt. Oft hat er sein Frauchen Jasmin während der Arbeit mithilfe des Spiegels beobachtet. Die anderen Kandidaten haben größere Schwierigkeiten. Sie gehen erst um den Spiegel herum und suchen den Lichtkegel hinter dem Spiegel. Sie glauben, der Gegenstand liegt vor ihren Augen, und haben noch nicht verstanden, dass der Gegenstand, oder in unserem Fall der Lichtkegel, hinter ihnen liegt. Das dauert! Die meisten Hunde benötigten 10 bis 15 Versuche, bis sie die Reflexionseigenschaften eines Spiegels kapiert hatten. Doch wenn sie diese Hürde genommen hatten, haben die meisten Hunde den Spiegel als Werkzeug verwendet.

AUCH KATZEN NUTZEN SPIEGEL

Vielleicht interessiert das die Leser, die neben einem Hund auch eine Katze halten. Gleiche Versuchsapparatur, gleiche Idee, gleicher Ideengeber, gleiche Fragestellung, aber andere Kandidaten. Unsere Hauskatzen und Corina Schüssele, Studentin der Biologie in Freiburg. Und unsere Erkenntnis aus den Versuchsreihen: Auch Katzen benützen den Spiegel als Werkzeug, selbst dann, wenn man den Lichtkegel spiegelt und das entstandene Spiegelbild nochmals spiegelt. Hut ab vor unseren Katzen. Versuchen Sie einmal selbst, diese Aufgabe zu lösen. Sie werden erstaunt sein, wie schwer das ist.

▸ Tatsächlich hat der Vierbeiner mithilfe des Spiegels herausgefunden, dass er um die Holzwand herumlaufen muss.

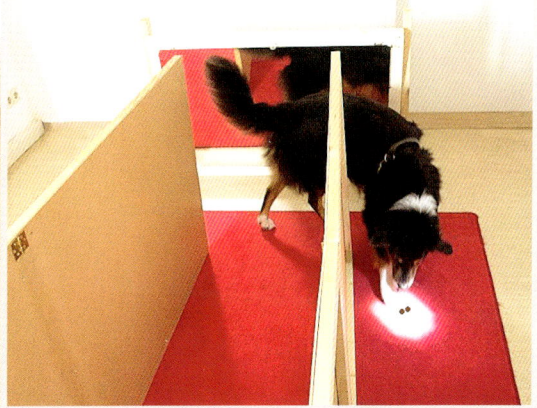

▸ Der Hund berührt den Lichtkegel mit den Pfoten. Prima gemacht! Jetzt gibt es natürlich die wohlverdiente Belohnung.

Sarah kennt die Namen Jeder Name eines Betreuers oder eines Artgenossen hatte ein ganz bestimmtes Plastiksymbol. Der Name Sarah wurde beispielsweise durch eine Plastiksonne symbolisiert. Die Schimpansin Sarah konnte etwa durch eine entsprechende Anordnung der Plastikfiguren an einer magnetischen Wandtafel schreiben: Give apple Sarah. Während einer Unterrichtsstunde schrieb sie: Give apple Gursie. Worauf ihr Lehrer den Apfel sogleich der Schimpansin Gursie gab. Mit Gursie war sie befreundet, das heißt, Sarah kannte den Namen ihrer Freundin. Gratulation! Erstaunlicherweise fällt es uns Menschen schwer, sich vorzustellen, dass es auch geruchliche Namen geben kann. Doch der österreichische Verhaltensforscher Irenäus Eibl-Eibesfeldt konnte an taubblinden Kindern nachweisen, dass sie Menschen mittels Geruch erkennen. Wie jeder weiß, haben Hunde damit keine Schwierigkeiten, schließlich ist ihre Nase der wichtigste Detektor der Umwelt. Welchen Namen mir Balu gegeben hat, weiß ich nicht, aber vermutlich ist er ein Stoffgemisch aus Vogel-, Hund- und Menschengeruch.

Das Tier, das einen Eigennamen trägt, muss ein Wissen von ihm haben, weil es sich durch ihn von anderen Individuen unterscheidet und nur auf ihn reagiert. Sein Eigenname ist Bestandteil seiner tierlichen Persönlichkeit, seines individuellen Seins. Es unterscheidet also zwischen Ich und Nicht-Ich. Dass es Eigennamen im Tierreich gibt, zeigt auf eindrückliche Weise, dass das gesellschaftliche Leben zwischen Artgenossen in einem gegebenen Raum ein sehr viel intimeres ist, als man bisher dachte. Das gilt in besonderem Maße für unsere Hunde. Wer sie verstehen will, muss darauf achten, wie das Individuum im Rudel agiert. Es ist zu kurz gegriffen, wenn man das Sozialverhalten einer Hundemeute nur mit dem Sozialverhalten der Wölfe, den Vorfahren des Hundes, erklären will. Es kann bestenfalls als grobe Richtschnur herangezogen werden.

Mit Namen sind unweigerlich Gefühle verbunden. Wer den Namen Nelson Mandela, Mutter Teresa oder Hitler hört, verbindet damit Menschen, die sich für das Wohl der Menschen einsetzten oder einen grausamen Massenmörder. Meine Frau und ich waren bass erstaunt, als wir in einem kleinen afrikanischen Dorf hörten, wie Leute einen »bösen« Hund Hitler nannten. Auf Nachfrage erklärten sie uns, dass alle bösen Hunde Hitler genannt werden.

Namen, Gefühle und die Vorstellung einer Persönlichkeit sind im Kopf nahezu untrennbar miteinander verbunden. Das ist der Grund, warum die Wissenschaft es vorzieht, den Tieren Nummern zu geben. Sie ist der Auffassung, dass sie dadurch die einzelnen Sachverhalte und Verhaltensweisen objektiver beurteilt. Aber das ist meines Erachtens eine Pseudo-

Objektivität, denn letztlich kann man sich dem Tier nie ganz entziehen. Wer Menschen oder Tiere nummeriert, will nichts mit der Persönlichkeit des Mitgeschöpfes zu tun haben. Wie anders ist es zu verstehen, dass in den KZs der Nazis oder im russischen Gulag Menschen zu Nummern degradiert wurden. In dem Moment, in welchem ich Tiere mit einem Eigennamen belege, habe ich größere Schwierigkeiten, sie zu quälen oder sie zu töten. Die Gans Rosalie zu schlachten, ist mit Sicherheit schwerer als die Nummer 8.

Wie groß bin ich?

Zu unserer Eingangsfrage zurück: Was weiß ein Hund von sich? Hunde kennen ihren Namen, und dieses Wissen ist nicht wenig, wie wir gelesen haben. Aber das ist noch lange nicht alles.

Haben Hunde womöglich ein Bewusstsein, insbesondere ein Körperbewusstsein? Wissen sie, wie groß sie sind, oder wissen sie, wie groß der andere im Vergleich zur eigenen Körpergröße ist? Dafür spricht viel, denn Bewusstsein und Persönlichkeit hängen eng miteinander zusammen. Jeden Tag, wenn ich mit Balu spazieren gehe, bekomme ich darauf eine Antwort. Wo immer Balu mit seinen 85 Zentimetern Schulterhöhe und 70 Kilo Körpergewicht auftaucht, ist die Reaktion seiner Artgenossen sehr ähnlich. Sie nähern sich ihm äußerst vorsichtig oder sie fliehen. Balu scheint um seine Größe zu wissen. Ohne Zögern, ohne eine Spur von Vorsicht oder Angst rennt er auf andere Hunde los.

Dieses Verhalten, das ich Hunderte Male beobachtete, deckt sich mit den wissenschaftlichen Ergebnissen des ungarischen Verhaltensforschers Tamás Faragó und seiner Kollegen (→ Literatur, Seite 237). Sie fanden heraus, dass das Knurren der Hunde die Körpergröße des Hundes verrät. Wie findet man so etwas heraus? Die Forscher zeigten den Hunden mithilfe einer Videoproduktion zwei Fotos und spielten gleichzeitig das Knurren eines Hundes vor. Eines der Bilder entsprach der Originalgröße des knurrenden Hundes, das andere war 30 Prozent größer oder kleiner. Wie zu erwarten, schauten die Hunde länger auf das Foto, das der Originalgröße des knurrenden Hundes entsprach. Die Forscher schlossen daraus, dass die Hunde eine Vorstellung des Hundes haben, der knurrt. Auch wir wollten wissen, ob der Hund weiß, wie groß er ist. In einem einfachen Pilotversuch stellten wir die Hunde vor folgende Aufgabe: In einem Zaun befanden sich Löcher unterschiedlicher Größe, sodass Hunde unterschiedlicher Größe durchschlüpfen konnten. Auf der

SCHON GEWUSST ?

Der Mensch ist der beste Freund des Hundes. Die Vierbeiner lassen sich auf besonders enge Beziehungen zum Menschen ein. Dass sich erwachsene Hunde zum Menschen wie Kinder zu ihren Eltern verhalten, haben Wissenschaftler der Uni Wien herausgefunden. In Anwesenheit von Herrchen oder Frauchen sind Hunde deutlich motivierter, ihre Umwelt zu erkunden und Probleme zu lösen.

Signale erkennen: Wie genau beobachtet Sie Ihr Hund?

Leckerli zeigen und verstecken

Der Hund sitzt Ihnen in etwa einem Meter Entfernung gegenüber. In der Hand halten Sie, für den Hund sichtbar, ein Leckerli. Nehmen Sie nun das Leckerli hinter Ihrem Rücken in die andere Hand, sodass der Hund nicht sieht, in welcher Hand es sich befindet. Dann strecken Sie die Arme seitlich aus.

Hinweise geben

Drehen Sie den Kopf Richtung Leckerli und geben Sie das Kommando »Such«. Hunde, die schon immer Herrchen oder Frauchen genau beobachtet haben, verstehen nach vier bis fünf Mal den Wink mit dem Kopf. Andere brauchen deutlich länger. Schwieriger wird es, wenn Sie den Kopf nicht mehr drehen, sondern dem Vierbeiner in die Augen schauen und dabei den Kopf absolut still halten. Deuten Sie nur mit der Bewegung Ihrer Pupillen an, in welcher Hand das Leckerli versteckt ist.

anderen Seite des Loches lag ein Leckerli. Ohne zu zögern, schlüpfte der Jack Russell Terrier durch das kleine Loch. Mein Bernhardiner und andere sehr große Hunde machten keinerlei Versuche, mit Gewalt durch das Loch zu schlüpfen. Sie steckten zwar die Nase hindurch, aber dabei blieb es auch. Bei einem größeren Loch, durch das sie sich durchzwängen konnten, taten sie es auch. Unsere vorläufigen Ergebnisse zeigen zweierlei. Die Hunde haben eine Vorstellung von der Lochgröße, durch die sie hindurchschlüpfen können. Aber der Unterschied der Lochgrößen muss sehr deutlich sein. Bei geringen Unterschieden verschätzten sie sich und blieben hängen. Aus diesen Versuchen schließe ich, dass

Hunde eine Vorstellung ihrer Größe haben. Eleganter konnte dies der renommierte Schweizer Wissenschaftler und Zoodirektor Professor Hediger an Rothirschen belegen. Häufig sind Rothirschgehege durch schmale Durchlässe in zwei Bereiche unterteilt, damit die Weibchen während der Brunftzeit Ruhe vor den Hirschen finden. Der Durchlass ist so schmal gewählt, dass die Hirsche mit ihren großen Geweihen nicht in den Bereich der Weibchen gelangen können. So weit die Idee. Doch hin und wieder gab es besonders geschickte Hirsche. Sie manövrierten ihr großes Geweih durch die kleine Öffnung, wobei die einzelnen Bewegungen deutlich verrieten, dass die Ausdehnung des Geweihs erstaunlich fein einkalkuliert wurde. Der Hirsch weiß jederzeit Bescheid über die jeweilige Größe seines Geweihes, das innerhalb eines Jahres von null bis zum Maximum wächst. Denn Hirsche werfen jedes Jahr ihr Geweih ab.

Es ist erstaunlich, mit welcher Genauigkeit manche Tierarten ihre Körperdimension zu kennen scheinen, selbst dort, wo sie ihren Blicken entzogen ist. Da juckt sich ein Pferd vorsichtig mit dem Huf am Bauch. Eine Kuh vertreibt mit der Hornspitze eine lästige Fliege, und ein Hund kratzt sich sorgfältig am Ohr.

Auch wenn das Wissen um den eigenen Körper noch lange nicht an das Wissen um die eigene Identität und Persönlichkeit heranreicht, gehört es zu den ersten Anklängen eines Selbstverständnisses: Der eigene Körper – seine sichtbaren und unsichtbaren Teile – erhalten einen gesonderten Platz in der inneren Welt, dem Gehirn.

Es ist alles andere als selbstverständlich, dass wir unseren Körper als zu uns gehörig empfinden. Eine kleine Störung im Gehirn schaltet diesen Baustein unseres Körperbewusstseins aus. Menschen mit einem Hirntumor können ihre eigenen Gliedmaßen, wie etwa ein Bein, nicht mehr als das ihre identifizieren. Und dies gilt insbesondere für manche Tiere. Ein Leopard etwa ist hochgradig gefährdet, wenn nach einem Unfall sein Schwanz vorübergehend taub wird. Dann kann es passieren, dass er sich das gefühllose Körperteil einfach abbeißt. Er ist nicht mehr in der Lage, zwischen eigen und fremd zu unterscheiden, und endet in tödlicher Selbstverstümmelung.

Ob Hunde ähnlich empfinden, wenn sie durch ihre Zwangsneurose unaufhörlich ihren eigenen Schwanz zu packen versuchen, ist meines Wissens noch nicht geklärt. Wann immer Sie dieses Verhalten bei Ihrem Vierbeiner feststellen, unterbinden Sie es, indem Sie den Hund ablenken. Falls dies nicht hilft, suchen Sie einen Profi auf – einen Verhaltenstherapeuten oder einen Tierarzt, der auf psychische Störungen spezialisiert ist (→ Wenn Medikamente Segen bringen, Seite 13).

Es ist lebenswichtig, den eigenen Körper als abgegrenzt von der Umwelt zu erfahren, auch als junger Hund, der erstmals wirbelnd auf seinen Schwanz Jagd macht. Der Vierbeiner lernt mit Sicherheit schnell, das Hineinbeißen zu unterlassen.

Wer bin ich?

Balu tapste tollpatschig durch die Wohnung, plötzlich hielt er inne und schaute gebannt in den Spiegel (→ Zeichnung, Seite 222). Seine ganze Aufmerksamkeit gehörte seinem Spiegelbild. Seine Ohren waren gespitzt, soweit dies bei Schlappohren möglich ist, seine Nasenflügel flatterten heftig und versuchten fremde Moleküle zu fangen – aber ohne Erfolg. Der andere roch nicht. Balu konnte mit seinem Ebenbild nichts anfangen, er konnte es nicht einordnen. Balu war verwirrt, und wie immer in solch einer Situation ging der fünf Monate alte Bernhardiner zum Angriff über. Er bellte und knurrte. Irritierend war freilich für Balu, dass sein Kontrahent keinerlei Respekt zeigte. Im Gegenteil, auch er verfuhr in exakt der gleichen Weise. Das forderte Balu heraus, und er drohte zähnefletschend. Sein Kontrahent ließ sich nicht einschüchtern. Offensichtlich gelang es Balu nicht, die Bewegungen im Spiegel mit seinen eigenen Bewegungen in Verbindung zu bringen, ihre Gleichheit und Gleichzeitigkeit zu erkennen und daraus auf sich als Verursacher zu schließen. Ob Balu überhaupt weiß, was er tut? Immerhin muss Balu eine recht genaue Vorstellung von seinem Artgenossen haben, denn schon bald verlor er das Interesse an der Spiegelfechterei und trottete aus dem Zimmer. Diese »Spiegelkämpfe« habe ich noch dreimal erlebt, dann war der geheimnisvolle Spiegel kein Thema mehr für Balu. Er ging wie selbstverständlich an ihm vorbei und würdigte ihn keines Blickes. War Balu mit fünf Monaten womöglich noch zu jung, um sein Spiegelbild zu erkennen? Ich habe mit vielen Hunden aller Altersstufen den Spiegeltest gemacht. Immer mit einem ähnlichen Ergebnis: Keiner erkannte sich im Spiegel. Hunde sind im Tierreich, was den Spiegeltest angeht, keine Ausnahme. Die Mehrzahl der Tierarten besteht den Spiegeltest nicht. Nur Menschenaffen, Delfine, Elefanten und die Elster Gerti erkennen sich im Spiegel. Und selbst wir Menschen haben als Kleinkinder bis zu einem Alter von 15 bis 18 Monaten damit Schwierigkeiten. Warum erkennen sich Kleinkinder erst im Alter von etwa eineinhalb Jahren, und warum scheitern so viele Tierarten im Spiegeltest? Offenbar die Spiegeltüchtigkeit eine grundlegende geistige Fähigkeit, die weit über die Nutzung von

Gut ausgeschlafene Vierbeiner lösen Probleme besser als müde Tiere. Achten Sie bei Ihrem Hund darauf, wenn Sie mit ihm Intelligenztests machen. Nehmen Sie auf seinen Schlafrhythmus Rücksicht.

▶ Wie facettenreich sich einem Welpen die Umwelt erschließt, hängt stark von seinem Besitzer ab – ebenso wie bei Eltern und Kindern.

Spiegeln hinausgeht? Ist die Fähigkeit, sich im Spiegel zu erkennen, gleichbedeutend mit der Fähigkeit, sich als Individuum zu begreifen – als eigenständige Persönlichkeit, die sich von allen anderen abhebt? Dann wäre die Selbstwahrnehmung im Spiegel nur das äußere Zeichen für ein Wissen um die eigene Identität, für ein Ich-Bewusstsein: Das bin ich, der handelt. Das bin ich, der fühlt. Das bin ich, der denkt.

Xindra erkennt sich im Spiegel Eine, die ich schon seit Jahren kenne, hat mir die Augen geöffnet, was es bedeutet, sein Spiegelbild als Ebenbild zu identifizieren. Es ist die Schimpansenmama Xindra des Basler Zoos. Es war eine Stunde des tiefen Glücks und der Erkenntnis. Wir drehten für den Film »Haben Tiere ein Bewusstsein?«. Die Schimpansenmütter saßen mit ihren Kindern dicht an die Glasscheibe gepresst und beobachteten den Aufbau der Kameras. Und dann geschah, was keiner geplant und erwartet hatte. Zufällig stand die Kamera so, dass sie auf Xindra gerichtet war, und zufällig stand auch der Monitor so, dass Xindra sich darin sehen konnte. Gebannt starrte Xindra auf das Fernsehbild, nur sachte den Kopf wiegend. Dann wechselte sie zielstrebig ihre Position, um einen Blick hinter den Fernseher zu werfen. Aber da war niemand, schon gar kein Schimpanse. Xindra wollte es genauer wissen. Sie führte einige gekünstelte Verrenkungen durch. Schließlich steigerte Xindra ihre Vorführung zu einer grotesken Akrobatiknummer: Sie stützte sich auf ihre kräftigen Arme und schwang den gesamten Körper zwischen den Armen hindurch vor und zurück wie eine Schiffschaukel. Dabei ließ sie den Fernseher keine Sekunde aus den Augen. Das Ganze wirkte ungeheuer komisch, aber seltsamerweise lachte niemand. Im Gegenteil, wir wagten kaum zu flüstern, so eindrucksvoll und rührend war Xindras Experiment zur Selbsterkennung. Als ihr Gegenpart im Fernsehen die gleiche Shownummer absolvierte, löste sich ihre Spannung sichtbar. Sie musste erkannt haben, dass es ihr eigenes Bild war. Nun hatte sie die Gelegenheit, eigene Körperteile zu besichtigen, die sie vorher nie zu Gesicht bekommen hatte. Sie besah sich ihren weit geöffneten Mund und befühlte sorgfältig ihre Zähne. Sie bohrte mit ihrem Finger in der Nase. Sie zog an ihren Brustwarzen, und schließlich drehte sie ihr Hinterteil zur Kamera und betrachtete über die Schultern hinweg, ebenfalls zum ersten Mal in ihrem Leben, ihre Rückseite. Sachte tastete sie mit ihren Fingern über die rosa Schwellung, ihre Vulva, die sie für Eros, den Schimpansenmann, so attraktiv machte.

Was taten die anderen Schimpansen? Keiner schien das Geheimnis des Bildschirms zu durchschauen. Keiner begriff, was Xindras aufregende Entdeckung gewesen war: Hier kann man sich selbst sehen. Eros teilte ab und zu einen demonstrativen Fußtritt gegen die Glaswand aus. Die Halbwüchsigen waren zwar am Fernsehbild interessiert und liefen stürmisch auf die Kamera zu. Aber auf halber Strecke verließ sie der Mut, und sie suchten erschreckt das Weite – wahrscheinlich, weil der andere im Kasten genauso ungestüm daherkam.

Das Verhalten von Xindra war so eindeutig, dass es eigentlich keines weiteren Beweises bedurfte, dass sie sich tatsächlich im Spiegel erkannte. Mit dieser Meinung stand ich nicht alleine. Der renommierte Primatologe Professor Kummer erklärte mir: »Es ist eindeutig. Xindra hat ein Ich-Bewusstsein.« Und dennoch wollten wir selbst unbedingt den klassischen Spiegeltest durchführen.

Am nächsten Tag war es so weit. Wir stellten meinen mitgebrachten Schlafzimmerspiegel an die Glasscheibe. Die Schimpansen interessierten sich nicht besonders für ihn. Alles war wie gehabt. Das änderte sich schlagartig, als Reto Weber, der Tierpfleger, auftauchte. Nicht mit leeren Händen. Er verteilte Apfelstücke. Dabei kraulte und tätschelte er seine Schimpansen, und ganz nebenbei schmierte er einigen von ihnen einen Farbfleck auf die Stirn. Reto hatte vorher seine Finger in Farbe getaucht. Ob es wirklich unbemerkt geschah, lässt sich natürlich nicht mit Sicherheit behaupten. Jedenfalls verhielten sich die Schimpansen so, als sei nichts geschehen – auch diejenigen, die mit einem silberweißen Klecks gezeichnet waren. Zu den »Gezeichneten« gehörte auch Xindra. Minuten vergingen, ohne dass etwas Aufregendes passierte. Unser Kameramann lag auf der Lauer, als Xindra im Abstand von drei bis vier Metern den Spiegel passierte. Schlagartig hielt sie inne. Aus den Augenwinkeln musste sie eine Bewegung wahrgenommen haben, denn fast erschrocken wandte sie den Kopf. Sie fixierte den Spiegel, rückte näher und begann nach kurzer Zeit, ihr Gesicht zu untersuchen. Aber vorher schob sie den Kopf etwas vor, als wollte sie ganz genau hinsehen. Dann rieb sie sich ohne zu zögern die Stirn, bis die Farbe weggewischt war. Dies ließ nur einen Schluss zu: Xindra wusste, dass es ihre eigene Stirn war, die diesen seltsamen Farbtupfer trug. Der Spiegeltest hat die letzten Zweifel ausgeräumt, dass Xindra eine Vorstellung von sich hat.

Was ist Bewusstsein? Warum reagieren Hunde im Vergleich zu Schimpansen so unterschiedlich auf ihr Spiegelbild? Dafür kann es verschiedene Gründe geben. Schimpansen nehmen die Welt mit ihren Augen ähnlich wahr wie wir Menschen. Sie sehen ähnliche Farben wie wir und können die Linse ebenso gut auf die Nähe und Ferne einstellen. Kurzum, Schimpansen stehen uns da näher als Hunde. Vielleicht ist aber auch der optische Sinn nicht das richtige »Werkzeug«, mit welchem Hunde ihr Selbst registrieren. Vielleicht gibt ihnen eher der Geruch die Information: Das bin ich, der denkt, das bin ich, der fühlt, das bin ich, der handelt. Experimente in dieser Richtung zu entwickeln, fällt uns schwer, weil im Vergleich zum Hund unsere Geruchswelt kümmerlich entwickelt ist. Möglicherweise hat aber der Hund wirklich keine Vorstellung und kein Konzept von sich selbst, also kein Ich-Bewusstsein. Auch damit kann er leben, weil es verschiedene Formen von Bewusstsein gibt, wie beispielsweise Körperbewusstsein und Aufmerksamkeitsbewusstsein.

Nun stellt sich die Frage: Was ist Bewusstsein? Wir fühlen es, wenn Schmerzen ins Bewusstsein dringen, und wir wissen es, wenn wir bei Rot über die Ampel fahren. Bewusstsein zu definieren, ist schwierig, weil es sich nicht einfach um einen bestimmten Zustand des Gehirns handelt, sondern um eine sich ständig ändernde innere Welt. Hier vermischen

SCHON GEWUSST ?

Ein Do Khyi, auch Tibet-Mastiff oder Tibetdogge genannt, mit einer Schulterhöhe von etwa 90 cm und einem Gewicht von 90 kg, wurde 2011 für 1,5 Millionen Dollar von einem chinesischen Kaufmann erworben. Damit ist dieser Do Khyi der bisher teuerste Hund aller Zeiten.

sich Wahrnehmungen der Sinnesorgane mit Erinnerungen und Erwartungen, mit Ängsten und Wünschen, mit Zielvorstellungen und Folgeabschätzungen. Ein großer Teil unserer Handlungen wird im Unterbewusstsein entschieden (→ Bewusstsein und Unbewusstsein, Seite 38).

Für Hunde ist der Spiegel nach relativ kurzer Zeit langweilig. Sie beachten ihn nicht mehr. Erzählen möchte ich Ihnen aber noch von einer Affenart, den Kapuzineraffen. Sie erkennen sich zwar nicht im Spiegel, benützen aber kleine Handspiegel, um Korridore zu überblicken, die außerhalb ihres Sichtbereichs liegen. Die ganz Schlauen unter ihnen benützen den Spiegel sogar als Werkzeug, indem sie Futter in einem benachbarten Abteil ausfindig machen, welches sie direkt – ohne den Spiegel – nicht wahrnehmen konnten. Auch Elefanten benützen Spiegel als Werkzeuge. Aber sind auch unsere Hunde zu solch einer intelligenten Handlung fähig (→ Der Hund und sein Bewusstsein, Seite 212)?

In jedem Macho steckt eine Mimose

Seit einigen Tagen kratzte sich Balu häufig. Seine Haut war am Bauch stark gerötet. Es wurde Zeit, zum Tierarzt zu gehen. Gesagt, getan. Wir betraten das große Wartezimmer, und noch nie zuvor sah der acht Monate alte Balu so viele Hunde und Katzen in einem Raum. Eine Salve von Gerüchen kam ihm entgegen. Große und kleine Hunde starrten ihn an. Keiner bellte, nur die Nasenflügel seiner Artgenossen bewegten sich heftig. Vermutlich fragten sie sich: Wer ist der Neue? Er ist groß und jung, das sah man. Was sie gerochen haben, weiß ich nicht. Nach dieser kurzen Inspektion drehten sich einige um und dösten weiter, andere trauten dem Frieden noch nicht so recht und richteten ihre Aufmerksam-

▶ Wer bist du? Verwundert schaut Balu sein Spiegelbild an. Ist das ein fremder Artgenosse? Balu erkennt nicht, dass er selbst es ist, den er im Spiegel sieht.

keit auf Balu. Es lag Spannung in der Luft. Ich schaute mich nach einem geeigneten Sitzplatz um und machte einen Schritt dorthin. Für Balu war dieser Schritt zu viel, er sträubte seine Nackenhaare, knurrte und bellte. Seine üblichen Reaktionen in Spannungssituationen. Ich sprach mit ihm und forderte ihn mit scharfem Tonfall auf, Platz zu machen. Er beruhigte sich, soweit ich das sehen konnte. Doch was auf seiner inneren Bühne vor sich ging, blieb mir vorerst verborgen.

Wir saßen friedlich da und warteten, bis wir aufgerufen wurden. Die Tür des Behandlungszimmers öffnete sich, und wir wurden aufgefordert einzutreten. Balu weigerte sich beharrlich. Alles Zureden half nichts. Ich musste ihn regelrecht in den Behandlungsraum ziehen. Er hatte Angst, das verriet sein leicht eingezogener Schwanz. Meine Kommandos befolgte er im Behandlungsraum gar nicht mehr. Ich versuchte ihn zu beruhigen, indem ich ihn streichelte und liebevoll zu ihm sprach. Das half zwar, doch vom Tierarzt behandeln ließ er sich nur widerwillig. Nur mit größter Mühe konnte ihn der Tierarzt schließlich untersuchen. Hund, Tierarzt und ich standen unter Stress. Was geht wohl in diesem Moment in Balus Körper vor? Die Körperchemie verrät es. Kommt ein Tier in Stress, erhöht sich im Blut oder im Speichel die Menge eines bestimmten Hormons, des sogenannten Stresshormons Cortisol.

Das Cortisol ist ein Indikator für den psychischen Zustand eines Tieres. Befindet sich zu viel Cortisol im Blut, dann ist der Organismus im Stress und fühlt sich nicht wohl. Mit diesem biochemischen Handwerkszeug und dem Verhalten, das ein Hund in einer bestimmten Situation – hier dem Schwanz-Einziehen – zeigt, kann man feststellen, ob sich ein Hund wohlfühlt oder nicht.

Für Hunde und Besitzer ist der Besuch beim Tierarzt eine stressige Angelegenheit, wie Maria Lichtneckert von der Uni Wien in ihrer Diplomarbeit nachwies (→ Literatur, Seite 236). Balu befindet sich also in guter Gesellschaft. Frau Lichtneckert protokollierte akribisch das Verhalten der Hunde im Warteraum, während der Behandlung im Untersuchungszimmer und zuletzt nach der Untersuchung im Behandlungsraum. Sie protokollierte, wie häufig folgende Verhaltensweisen auftreten: Zittern, Jaulen, Knurren, Bellen, Beißen, Schwanz-Einziehen, Ohren-Anlegen, Verstecken, geduckter Gang.

Dabei stellte sie fest, dass es zwei Gruppen von Hunden mit unterschiedlicher Persönlichkeitsstruktur gab: Hunde, bei denen diese Verhaltensweisen häufig oder wenig vorkamen. Die Vierbeiner, die die entsprechenden Verhaltensweisen häufig zeigten, waren gestresst. Die Hunde, die hingegen diese Verhaltensweisen wenig zeigten, waren entspannt.

▶ Auch wenn man nur den Kopf durchs Loch der steinernen Torschwelle strecken kann: Aussicht und Gerüche sind überaus spannend.

Kann man vom Verhalten der Hunde auf ihre innere Welt schließen? Wie immer, wenn man keine oberflächlichen Antworten sucht, ist die Welt komplizierter, als man denkt. Im Wartezimmer nimmt der Cortisolwert – wie erwartet – bei den gestressten Hunden stärker zu als bei den entspannten. Während der Behandlung passiert etwas Unerwartetes. Hier steigt der Cortisolwert bei den entspannten Hunden stärker an als bei gestressten und bleibt auch nach der Behandlung bei den entspannten Hunden höher. Warum dies so ist, liegt noch im Dunkeln. Maria Lichtneckert bietet folgende Erklärung an: Die höheren Werte der entspannten Hunde könnte man damit erklären, dass Hunde und Menschen, die eher ein ruhiges Leben führen, in unangenehmen bzw. beängstigenden Situationen weniger belastbar sind, wodurch eine stärkere physiologische Reaktion zu erkennen ist. Diese Erklärung macht in meinen Augen Sinn und erinnert mich an unsere verwöhnte Lebensweise. Bei der geringsten Störung rasten manche Mitbewohner aus. Zurück zu Balu. Im Behandlungszimmer verhielt er sich völlig ängstlich. Die Angst überfiel ihn. Er hatte sich nicht mehr unter Kontrolle. Seine Ängstlichkeit ist ein Persönlichkeitsmerkmal und verstärkte sich leider mit zunehmendem Alter. Ein besonderer Einschnitt für Balu war der Tod von Wisla. Fiel ein Gegenstand, etwa ein Buch, vom Tisch, zuckte er zusammen und verließ den Raum. Früher, als Wisla noch lebte, schaute er, was sie in solch einer Situation tat. Und Wislas Antwort war immer die gleiche. Sie reagierte nicht. In aller Regel hob sie nicht einmal den Kopf. Das beruhigte Balu und verdeckte seine schlummernde Angst in ihm. Balu braucht viel Zuwendung und Streicheleinheiten, die wir ihm freudig geben. Er ist ein perfekter Schmuser und im wahrsten Sinne des Wortes eine Mimose. Eine Mimose ist eine Pflanze, die auf kleinste Berührungs-reize reagiert, indem sie ihre Fiederblätter schließt. Was bei Pflanzen die Fiederblätter sind, ist bei Mensch und Tier die Psyche, die bei kleinsten Störungen reagiert. So auch bei Balu. Sieht, riecht oder hört er etwas, was er nicht kennt, hebt er Kopf und Schwanz und schaut aufgeregt umher. Balu ist wirklich eine Mimose. Seine Neigung zur Ängstlichkeit versuche ich dadurch zu bekämpfen, dass ich ihm die Chance gebe, seine Angst durch eigenes Erleben in den Griff zu bekommen. Damit habe ich die besten Erfahrungen gemacht.

Als kleines Kind bekam ich Diphterie – eine Krankheit, bei der die Luftröhre in kurzer Zeit so anschwillt, dass man keine Luft mehr be-kommt. Aus Mangel an Zeit und Narkosemittel wurde mir seinerzeit die Luftröhre ohne Betäubung aufgeschnitten. Alles war hinterher gut bis auf ein Trauma der Angst, das mich überfiel, wenn ich das Gefühl hatte, ich bekomme nicht genügend Luft, etwa wenn ich beim Tauchen durch enge Kanäle oder Röhren schwamm. Ich setzte mich immer wieder dieser Situation aus. Das half, und ich bekam meine Angst unter Kontrolle.

Das Gleiche mache ich mit Balu – mit gutem Erfolg. Er lernt so, seine Angst vor bestimmten Geräuschen oder Gegenständen mit einem positiven Erlebnis zu verbinden. Aber Balus Persönlichkeit hat zwei Seiten: Die andere ist der Macho in ihm. Außerhalb des Hauses ist die Ängstlichkeit verflogen. Klirrende oder laute Geräusche beeindrucken ihn nicht. Er präsentiert sich seinen Artgenossen als unbesiegbarer Kämpfer. Seine ganze Körperhaltung lässt keinen Funken Ängstlichkeit erkennen. Seine Signale, die er fremden Menschen und Artgenossen sendet, sind eindeutig. Ich bin der Größte und Stärkste, was er auch in aller Regel ist. Die meisten Hunde haben Angst vor ihm, und das stärkt sein Selbstver-trauen in seine Körperkraft. Wenn er sich besonders überlegen fühlt, fährt er noch sein Glied aus und versucht damit zu imponieren.

Diese beiden Seelen in der Persönlichkeit von Balu machen die Erzie-hung ziemlich schwer. Einerseits muss man ihn wie ein rohes Ei behan-deln, andererseits muss man ihm klarmachen, dass er sich an gewisse Regeln zu halten hat. Das erfordert viel Einfühlungsvermögen und Situati-onsverständnis. Das Zusammenleben mit Balu ist eine Herausforderung, ohne die das Leben allerdings nur halb so schön und spannend wäre.

Warum gibt es Persönlichkeiten?

Tieren Persönlichkeit zuzuschreiben, widerstrebt vielen Menschen. Sie ziehen zwischen Mensch und Tier eine scharfe Trennlinie. Hier das Tier, dort der Mensch, die »Krone der Schöpfung«. Spätestens seit Charles Darwin, dem Begründer der Evolutionstheorie, wissen wir, dass diese Trennlinie nicht existiert, sondern der Übergang von Mensch und Tier fließend ist. Aber das Schwarz-Weiß-Denken hat Tradition und ist nichts Neues in der Geschichte der Menschheit. Immer dann, wenn man von seinen Mitgeschöpfen keine genauen Kenntnisse und kein exaktes Wissen hatte, zog man zwischen sich und den anderen Lebewesen eine Mauer des Unwissens mit schrecklichen Folgen. Wie lange hat es gedauert, bis der Mensch mit schwarzer Haut als gleichwertig angesehen wurde? Selbst große Philosophen und Denker wie Immanuel Kant haben Schwarzen die Persönlichkeit abgesprochen und damit indirekt die Sklaverei gerechtfertigt. Grausame Verbrechen wurden im Namen eines Überlegenheitswahns begangen. Urvölker wie Indianer oder Aborigines hat man deshalb nahezu ausgerottet. Langsam beginnen wir zu verstehen, warum uns Vorurteile blind machen und warum die Natur zu dem Trick greift, Lebewesen mit Persönlichkeitsmerkmalen hervorzubringen. Die Wissenschaft ist dabei, die Bedeutung der Persönlichkeit im Evolutionspuzzle zu enthüllen. Je weiter die Forscher in der Stammesgeschichte zurückblicken, desto verwunderter stellen sie Unterschiede zwischen einzelnen Individuen einer Art fest. Selbst Kraken und Erbsenläuse haben Persönlichkeit. Die Biologin Wiebke Schütt zum Beispiel wollte wissen, ob sich Lauspersönlichkeiten auch zwischen genetisch identischen Tieren unterscheiden. Ihre Antwort: ja.

Nun zur Eingangsfrage zurück. Warum gibt es Persönlichkeiten? Die Antwort der Biologen hört sich vereinfacht so an: Die Persönlichkeit eines Lebewesens ist eine der Kräfte, die Evolutionsprozesse beschleunigen oder verhindern. Denn in einer sich schnell ändernden Umwelt werden diejenigen Populationen begünstigt, die viele unterschiedliche Persönlichkeitstypen hervorbringen. Dadurch werden die Chancen erhöht, dass ein Individuum unter ihnen ist, das mit den neuen Bedingungen gut fertig wird und sich anpassen kann. In der Tiefsee, wo die Umweltbedingungen stabiler sind, dürfte man demnach weniger Persönlichkeiten finden.

Wer Tieren Persönlichkeit zubilligt und sie nicht zur Sache degradiert, muss ihnen auch Rechte zugestehen. So, denke ich, hat jeder Hund das Recht auf eine seiner Persönlichkeit entsprechenden Ausbildung. Den Schwerpunkt der Erziehung nur auf Rassemerkmale zu legen – nach dem

Von Natur aus vorsichtige Hunde begegnen auf einem Spaziergang unbekannten Gegenständen, wie etwa einem Krahn oder einer Parkbank, mit drohendem Bellen. Auch wenn wir nichts Bedrohliches wahrnehmen, sehen die Hunde die Welt anders als wir. Führen Sie in diesem Fall den Hund zu dem Gegenstand und lassen Sie ihn daran schnuppern. So erkennt er, dass keine Gefahr davon ausgeht.

▶ Dieser Irish Terrier vergewissert sich, ob sein Frauchen auch tatsächlich noch in seiner Nähe ist. Die beiden sind nämlich eng verbunden.

Motto: Hütehunde verhalten sich so, Schutzhunde so –, wird der einzelnen Hundepersönlichkeit nicht gerecht. Im Extremfall kann dies zur Tierquälerei werden. Hunde sind nicht die geborenen Befehlsempfänger und Untertanen des Menschen. Sie sind keine »Instinktroboter«. Auch die Vierbeiner haben individuelle Wünsche und Gefühle, die berücksichtigt werden müssen. Selbstverständlich muss ein Hund in der menschlichen Gesellschaft bestimmte Regeln lernen und befolgen, um ein friedliches Zusammenleben zu gewährleisten. Das versteht sich von selbst. Aber ein regelrechter Erziehungswahn – wie er heute häufig praktiziert wird – ist nicht angebracht. Lassen Sie Ihren Hund Hund sein, und lassen Sie mich mit einem Zitat meines großen Vorbildes, dem Tierversteher und Nobelpreisträger Konrad Lorenz, dieses Buch abschließen: »Jeder Hund ist besser als keiner.«

Register

Adressen

Verbände und Vereine

Fédération Cynologique Internationale (FCI),
Place Albert 1er, 13,
B-6530 Thuin, www.fci.be

Verband für das Deutsche Hundewesen e. V. (VDH),
Westfalendamm 174,
44141 Dortmund,
www.vdh.de

Österreichischer Kynologenverband (ÖKV),
Siegfried-Marcus-Str. 7,
A-2362 Biedermannsdorf,
www.oekv.at

Schweizerische Kynologische Gesellschaft (SKG/SCS),
Brunnmattstr. 24,
CH-3007 Bern, www.skg.ch

Deutscher Tierschutzbund e. V., Baumschulallee 15,
53115 Bonn,
www.tierschutzbund.de

Schweizer Tierschutz (STS),
Dornacherstr. 101,
CH-4008 Basel,
www.tierschutz.com, Beratungsstelle Tel. 0041/61/3659999

Österreichischer Tierschutzverein, Berlagasse 36,
A-1210 Wien,
Tel. 0043/1/897 33 46 ,
www.tierschutzverein.at

Deutscher Hundesportverband e. V., Nordstr. 14a,
06886 Lutherstadt Wittenberg,
www.dhv-hundesport.de

Berufsverband der Hunderzieher/innen und Verhaltensberater/innen e. V. (BHV),
Auf der Lind 3,
65529 Waldems-Esch,
www.bhv-net.de

Forschungskreis Heimtiere in der Gesellschaft,
Postfach 11 07 28,
28087 Bremen,
www.mensch-heimtier.de,
info@mensch-heimtier.de

Industrieverband Heimtierbedarf (IVH) e. V.,
Emanuel-Leutze-Str. 1b,
40547 Düsseldorf,
www.ivh-online.de

Urlaubs-Beratungsservice des deutschen Tierschutzbundes,
Tel. 0228/6049627,
Mo-Do 10-18 Uhr, Fr 10-16 Uhr

Fragen zur Hundehaltung

beantworten Ihr Zoofachhändler und der Zentralverband Zoologischer Fachbetriebe Deutschlands e. V. (ZZF), Tel. 0611/44755332 (nur telefonische Auskunft möglich: Mo 12–16 Uhr, Do 8–12 Uhr), www.zzf.de

Haftpflichtversicherung

Fast alle Versicherungen bieten auch Haftpflichtversicherungen für Hunde an. Informieren Sie sich bei Ihrer Versicherung.

Krankenversicherung

Uelzener Versicherungen,
PF 2163, 29511 Uelzen,
www.uelzener.de

Puntobiz GmbH, Immendorfer Str. 1, 50354 Hürth,
www.tierversicherung.biz

AGILA Haustierversicherung AG, Breite Str. 6-8,
30159 Hannover, www.agila.de

Allianz, Königinstr. 28,
80802 München,
www.katzeundhund.allianz.de

Registrierung von Hunden

Deutsches Haustierregister, Deutscher Tierschutzbund e. V., Baumschulallee 15,
53115 Bonn, www.deutsches-haustierregister.de

TASSO e.V., Abt. Haustierzentralregister, 65784 Hattersheim, Tel. 06190/937300,
www.tasso.net,
E-Mail: info@tasso.net

Internationale Zentrale Tierregistrierung (IFTA), Nördliche Ringstr. 10, 91126 Schwabach,
Tel. 00800/ 43820000 (kostenlos), www.tierregistrierung.de

Literatur

Bücher

Birmelin, Immanuel: **Tierisch intelligent: Von schlauen Katzen und sprechenden Affen.** Franckh-Kosmos Verlag, Stuttgart

Birmelin, Immanuel: **Von wegen Spatzenhirn! Die erstaunlichen Fähigkeiten der Vögel.** Franckh-Kosmos Verlag, Stuttgart

Feddersen-Petersen, Dorit U.: **Ausdrucksverhalten beim Hund.** Franckh-Kosmos Verlag, Stuttgart

Hegewald-Kawich, Horst: **Hunderassen von A bis Z.** Gräfe und Unzer Verlag, München

Miklósi, Ádám Dr.: **Hunde – Evolution, Kognition und Verhalten.** Franckh-Kosmos Verlag, Stuttgart

Ruge, Nina/Bloch, Günther: **Was fühlt mein Hund? Was denkt mein Hund?** Gräfe und Unzer Verlag, München

Schlegl-Kofler, Katharina: **Das große GU Praxishandbuch Hunde-Erziehung.** Gräfe und Unzer Verlag, München

Schlegl-Kofler, Katharina: **Welpenerziehung.** Gräfe und Unzer Verlag, München

Schlegl-Kofler, Katharina: **Hundesprache.** Gräfe und Unzer Verlag, München

Schmidt-Röger, Heike: **Das große Praxishandbuch Hunde.** Gräfe und Unzer Verlag, München

Stein, Petra: **Naturheilpraxis Hunde.** Gräfe und Unzer Verlag, München

Trumler, Eberhard: **Mit dem Hund auf du.** Piper Verlag, München

Winkler, Sabine: **Hunde-Clicker-Box.** Gräfe und Unzer Verlag, München

Wolf, Kisten: **Die besten Hundespiele.** Gräfe und Unzer Verlag, München

Zeitschriften

Der Hund. Deutscher Bauernverlag GmbH, Berlin

Partner Hund. Ein Herz für Tiere Media GmbH, Ismaning

Unser Rassehund. Hrsg. Verband für das Deutsche Hundewesen e. V., Dortmund

Dogs. Gruner + Jahr, Hamburg.

Ein Herz für Tiere. Ein Herz für Tiere Media GmbH, Ismaning

Adressen im Internet

www.hunde.com
Infos rund um den Hund, Diskussionsforum

www.hundeadressen.de
Infos zu Sport, Erziehung, Ausbildung, Züchteradressen

www.hundewelt.de
Alles Wissenswerte über Rassehunde mit wichtigen Adressen

www.spass-mit-hund.de
Mit vielen Ideen rund um Spiele und Beschäftigung

www.hallohund.de
Hundemagazin mit Themen rund um den Hund

www.ferien-mit-hund.de
Viele Adressen von Hotels, Ferienhäusern und Ferienwohnungen für den Urlaub mit Hund

www.tierklinik.de
Informationsportal zur Tiermedizin, mit Ratgeber, Notdienst- und Spezialistensuche

www.hunde-helfen-menschen.de
(Hunde helfen Menschen e. V.) Verbesserung der Mensch-Hund-Beziehung in der Gesellschaft

Quellenhinweise

Literatur

▸ Balcombe, Jonathan: Tierisch vergnügt: Ein Verhaltensforscher entdeckt den Spaß im Tierreich. Franckh-Kosmos Verlag (→ Buch, Seite 106)

▸ Coren, Stanley: Wie Hunde denken und fühlen: Die Welt aus Hundesicht: So lernen und kommunizieren Hunde. Franckh-Kosmos Verlag (→ Buch, Seite 134)

▸ Damasio, Antonio: Descartes' Irrtum. List (→ Buch, Seite 63)

▸ Darwin, Charles: Die Abstammung des Menschen. Nikol Verlag (→ Buch, Seite 167)

▸ Dudel, Josef/Menzel, Randolf/Schmidt, Robert F.: Neurowissenschaft: Vom Molekül zur Kognition. Springer Verlag (→ Buch, Seite 80)

▸ Feddersen-Petersen, Dorit U.: Hundepsychologie: Sozialverhalten und Wesen. Emotionen und Individualität. Franckh-Kosmos Verlag (→ Buch, Seite 138)

▸ Gould, James L./Grant Gould, Carol: Bewusstsein bei Tieren. Spektrum Akademischer Verlag (→ Buch, Seite 152)

▸ Grandin, Temple: Ich sehe die Welt wie ein frohes Tier: Eine Autistin entdeckt die Sprache der Tiere. Ullstein Buchverlage (→ Buch, Seite 120)

▸ Hauser Marc D.: Wilde Intelligenz: Was Tiere wirklich denken. C.H. Beck (→ Buch, Seite 155)

▸ Horowitz, Alexandra: Was denkt der Hund? Wie er die Welt wahrnimmt – und uns. Spektrum Akademischer Verlag (→ Buch, Seite 130)

▸ Kandel, Eric/Kober, Hainer: Auf der Suche nach dem Gedächtnis: Die Entstehung einer neuen Wissenschaft des Geistes. Pantheon Verlag (→ Buch, Seite 94)

▸ Kummer, Hans: Weiße Affen am Roten Meer. Piper Verlag (→ Buch, Seite 68)

▸ Roth, Gerhard: Persönlichkeit, Entscheidung und Verhalten: Warum es so schwierig ist, sich und andere zu ändern. Klett-Cotta-Verlag (→ Buch, Seite 13, 38, 105)

▸ Roth, Gerhard: Fühlen Denken Handeln: Wie das Gehirn unser Verhalten steuert. Suhrkamp Verlag (→ Buch, Seite 61)

▸ Schultz, Wolfram: Wie sich Neuronen entscheiden, Seite 83 ff. In: Bonhoeffer, Tobias/Gruss, Peter: Zukunft Gehirn: Neue Erkenntnisse, neue Herausforderungen. C. H. Beck (→ Buch, Seite 102)

Wissenschaftliche Artikel

▸ Damasio, Antonio: Lernen, wie Geist funktioniert. In: Der Spiegel, Heft 10 vom 2. März 1992: Rätsel Gehirn. Forscher erkennen das Bewusstsein. (→ Buch, Seite 64)

▸ Gosling, Samuel D.: Personality Dimensions in Nonhuman Animals: A Cross-Species Review. In: American Psychological Society, Volume 8, Number 3, June 1999 (→ Buch, Seite 17, 26). From Mice to Men: What Can We Learn About Personality From Animal Research? In: Psychological Bulletin, 2001 (→ Buch, Seite 17, 26)

▸ Lichtneckert, Maria: Stress bei Hunden und Besitzern vor, während und nach einem Tierarztbesuch unter Betrachtung des Stresshormons Cortisol. Diplomarbeit, Universität Wien 2011 (→ Buch, Seite 223)

▸ Marschall, Joachim: Tierisch individuell (im Artikel Verweis auf Bart Kempenaers). In: Gehirn & Geist Nr. 10, November 2010 (→ Buch, Seite 58)

▸ Möslinger, Helene: Cooperative string-pulling in wolves. Diplomarbeit, Universität Wien 2009 (→ Buch, Seite 170)

▸ Plagmann, Silke: Experimentelle Untersuchungen zu kognitiven und sozialen Mechanismen der Kooperation an je einer Guppe Europäischer Wölfe und Deutscher Schäferhunde. Doktorarbeit, Universität Kiel 2010) (→ Buch, Seite 170)

▸ Range, Friederike: Selective Imitation in Domestic Dogs. In: Current Biology 17, 2007 (→ Buch, Seite 169)

▸ Saetre, Peter: From wild wolf to domestic dog: gene expression changes in the brain. In:

Molecular Brain Research 126, 2004 (→ Buch, Seite 26)

▸ Svartberg, Kenth: Shyness-boldness predicts performance in working dogs. In: Applied Animal Behaviour Science 79, 2002 (→ Buch, Seite 26)

▸ Svartberg, Kenth/Forkman, Björn: Personality traits in the domestic dog. In: Applied Animal Behaviour Science 79, 2002 (→ Buch, Seite 26)

▸ Wells Deborah L./Hepper, Peter G.: Prenatal olfactory learning in the domestic dog. Applied Animal Behaviour Science 72, 2006 (→ Buch, Seite 188)

Zeitschriften

▸ GEO Magazin: Tatort Gehirn: Wie verantwortlich sind wir für unser Handeln? Heft Nr. 10, Oktober 2013 (→ Buch, Seite 211)
▸ Spiegel Special: Die Entschlüsselung des Gehirns. Heft Nr. 4 vom 1. November 2003 (→ Buch, Seite 89)
▸ Unterricht Biologie: Düfte – Riechen & Schmecken. Heft Nr. 207, September 1995 (→ Buch, Seite 122)

Internet

▸ www.sueddeutsche.de/wissen/intelligenz-zwei-teeloeffel-mehr-grips-1.1335377 (→ Buch, Seite 179)
▸ www.cleverdoglab.at (→ Buch, Seite 215)

Wichtige Hinweise

Die Informationen und Empfehlungen in diesem Buch beziehen sich auf gesunde, normal entwickelte und charakterlich einwandfreie Hunde. Es gibt Hunde, die aufgrund von Krankheiten, mangelhafter Sozialisierung oder schlechter Erfahrungen mit Menschen in ihrem Verhalten auffällig sind und eventuell zum Beißen neigen. Diese Tiere sollten nur von erfahrenen Hundehaltern aufgenommen werden. Bei Hunden aus dem Tierheim können Pfleger und Tierheimleitung oft Auskunft über die Vorgeschichte des Vierbeiners geben. Der Autor hat sich bemüht, dem Leser sämtliche Sachverhalte entsprechend dem derzeitigen aktuellen wissenschaftlichen Stand zu vermitteln. Trotz aller Sorgfalt und Genauigkeit können weder Verlag noch Autor Garantien oder Haftungen für Personen-, Sach- oder Vermögensschäden übernehmen, die durch die Anwendung der vermittelten Sachverhalte und Methoden entstehen können. Für jeden Hund ist ein ausreichender Versicherungsschutz zu empfehlen.

Dank

Mein Dank gilt allen Beteiligten, die direkt oder indirekt am Entstehen dieses Buches mitgeholfen haben. Mein besonderer Dank gilt meiner Frau, die sich auf das Abenteuer Balu eingelassen hat, ohne den dieses Buch nicht entstanden wäre. Die problemorientierte und konstruktive Zusammenarbeit mit Frau Gabriele Linke-Grün und Frau Anita Zellner vom GRÄFE UND UNZER VERLAG war Balsam für meine Seele. Ihre aufmunternde Kritik gab dem Buch den letzten Schliff. Wir waren ein Team. Und nicht zu vergessen – Dank an alle meine lieben und treuen vierbeinigen Begleiter.

Der Autor

Dr. Immanuel Birmelin ist ein international bekannter Verhaltensforscher und war jahrelang Mitglied der Fachgruppe für Verhal-
tensforschung der Deutschen Veterinärmedizinischen Gesellschaft
e. V. Zudem ist er als Sachverständiger für artgerechte Tierhaltung
tätig. Er beschäftigt sich seit über 30 Jahren mit der Erforschung
von Haus-, Zoo- und Zirkustieren.

Immanuel Birmelin dreht zusammen mit Volker Arzt erfolgreiche
Filme wie »Wenn Tiere reden könnten« oder »Wer ist küger: Hund
oder Katze?«, die ein Millionenpublikum begeistern. Er ist regelmäßig zu Gast in Talkshows wie »Stern TV«. Darüber hinaus ist der
Autor auch als wissenschaftlicher Berater bei Tierfilm-Produktio-
nen tätig. Hunde liegen Immanuel Birmelin besonders am Herzen.
Er untersucht intensiv die Intelligenz und individuelle Persönlichkeit unserer Vierbeiner und konnte mit seinem Team in Tests
zeigen, dass Hunde denken können. Es ist ihm wichtig, dass man
den Hund nicht zum willenlosen Diener des Menschen
degradiert, sondern begreift, dass er ein denkendes,
feinfühliges Mitgeschöpf ist. Wer das als Hundehalter realisiert, wird seinem Hund viele Dinge
wesentlich leichter beibringen können und
mit einer innigen Mensch-Tier-Beziehung
belohnt werden.

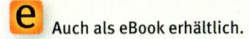

Bildnachweis

Cover und U4: Debra Bardowicks
Unser Titelhund, der Doggenrüde Aaron, möchte ständig auf dem Schoß sitzen und wird erst dann richtig wach, wenn er sein Quietsch-Spielzeug bekommt. Zum Glück hatte die Fotografin beim Shooting genug dabei.

Illustrationen: **Katharina Rücker-Weininger**

Florian Beyer: 212, 213; **Immanuel Birmelin**: 187, 197, 203, 212-213, 219; **Corbis**: 129-1; **Tatjana Drewka**: 8, 32, 46, 82-1, 177; **F1online**: 23; **Fotolia**: 28, 37, 227; **Getty Images**: 2-3, 69, 71, 83-2, 87, 107-1, 127, 129-2, 138, 181, 193-1, 193-2, 206, 208, 211; **Oliver Giel**: 42, 43, 49, 53, 54, 82-2, 90, 95, 100, 101, 114, 123, 136, 142, 145, 148, 149, 150, 154, 161, 165, 168, 172, 199, 216; **Istock**: 15, 19, 75-2; **Laif**: 224; **Masterfile**: 57, 83-1; **Pfotenblitzer**: 93; **Plainpicture**: 4, 10, 35, 60, 63, 67, 84, 101, 103, 108, 183; **Prisma**: 184; **Shotshop**: 121; **Shutterstock**: U2, 75-1, 111, 116, 131; **Tierfotoagentur**: 6, 45, 79, 107-2, 135, 157, 163; **Vario Images**: 238-2; **Zoonar**: 189.

Impressum

© 2014 GRÄFE UND UNZER VERLAG GmbH, München. Alle Rechte vorbehalten. Nachdruck, auch auszugsweise, sowie Verbreitung durch Bild, Funk, Fernsehen und Internet, durch fotomechanische Wiedergabe, Tonträger und Datenverarbeitungssysteme jeder Art nur mit schriftlicher Genehmigung des Verlages.

Projektleitung: Anita Zellner
Lektorat: Gabriele Linke-Grün
Bildredaktion: Petra Ender
Umschlaggestaltung und Layout: independent Medien-Design, Horst Moser, München
Satz und Gestaltung: Ludger Vorfeld
Herstellung: Susanne Mühldorfer
Reproduktion: Longo AG, Bozen
Druck und Bindung: Printer Trento, S.r.l., Trento

ISBN 978-3-8338-3467-7

1. Auflage 2014

Syndication: www.jalag-syndication.de

Liebe Leserin, lieber Leser,
haben wir Ihre Erwartungen erfüllt? Sind Sie mit diesem Buch zufrieden? Haben Sie weitere Fragen zu diesem Thema? Wir freuen uns auf Ihre Rückmeldung, auf Lob, Kritik und Anregungen, damit wir für Sie immer besser werden können.

GRÄFE UND UNZER Verlag
Leserservice
Postfach 86 03 13
81630 München
E-Mail:
leserservice@graefe-und-unzer.de

Telefon: 00800 / 72 37 33 33*
Telefax: 00800 / 50 12 05 44*
Mo–Do: 8.00–18.00 Uhr
Fr: 8.00–16.00 Uhr
(* gebührenfrei in D, A, CH)

Ihr GRÄFE UND UNZER Verlag
Der erste Ratgeberverlag – seit 1722.

Umwelthinweis: Dieses Buch ist auf PEFC-zertifiziertem Papier aus nachhaltiger Waldwirtschaft gedruckt.

 www.facebook.com/gu.verlag

Ein Unternehmen der
GANSKE VERLAGSGRUPPE